Clemens Kuby
Unterwegs in die nächste Dimension

Clemens Kuby

Unterwegs in die nächste Dimension

Meine Reise zu Heilern und Schamanen

Kösel

Bildquellen (alle Nutzungsrechte beim Autor):
Thomas Falke: S. 81; Ward Holmes: S. 82;
Gerardo Milsztein: S. 175, 189, 197;
Liane Theuerkauf: S. 223; Gabriele Wengler: S. 53, 57.
Alle übrigen Fotos: Clemens Kuby.

Zert.-Nr. GFA-COC-1298
www.fsc.org
© 1996 Forest Stewardship Council

Verlagsgruppe Random House FSC-DEU-0100
Das für dieses Buch verwendete FSC-zertifizierte Papier
Munken Premium liefert Arctic Paper Munkedals AB, Schweden.

12. Auflage 2006, 68.–77. Tausend

Umschlag: Kosch Werbeagentur GmbH, München
Umschlagmotive: Astrid Kuby (Autorenporträts);
ZEFA/F. Lukasek (Landschaft)
Druck und Bindung: Kösel, Krugzell
Printed in Germany
ISBN-10: 3-466-34469-7
ISBN-13: 978-3-466-34469-7

www.koesel.de

Vorwort

Prof. Dr. med. Franz Porzsolt

Ohne jeden Zweifel verdient das Buch den Titel *Unterwegs in die nächste Dimension* in mehrfacher Hinsicht. Es führt in Bereiche, die dem Alltagsdenken weitgehend abhanden gekommen sind und die uns nun dazu auffordern, die eigene Bewusstseinsebene zu erweitern.

Der Autor hat über viele Jahre hinweg Heiler und Schamanen in aller Welt besucht und damit ein beeindruckendes Dokument über Geistiges Heilen geschaffen. Es ermöglicht, ein anderes Verständnis für Heilung zu entwickeln, sofern wir bereit sind, den Blickwinkel zu verändern und Vorurteile gegenüber Heilern abzubauen.

Der Autor selbst ist unterwegs in eine neue Dimension. Er beschreibt am Beispiel seines persönlichen Schicksals, wie man plötzlich – und diese Ereignisse kommen meistens sehr plötzlich – in eine hoffnungslose Lage gerät, die jegliche Aussicht auf Gesundung zunichte macht. Oft gibt es eine lange Vorgeschichte dazu, die man durch sorgfältiges Nachdenken im Nachhinein selbst entdecken kann. Es ist ungemein spannend, zu lesen, wie Clemens Kuby trotz der Hoffnungslosigkeit seine Situation und das Geschehene als Herausforderung begreift. Er entscheidet im tiefsten Innern, nicht aufzugeben, und überlässt sich der Führung einer unterbewussten Ebene. Seine Reise in die nächste Dimension beginnt. Auf diese Weise gelingt es ihm, viele Bereiche, die wir der Gesundheit zurechnen, zurückzugewinnen. Eindrucksvoll wird klar, wie man das Besondere der wiedergewonnenen Gesundheit beschreiben kann oder anders ausgedrückt: Nur wenn Gesundheit fehlt, kann man erkennen, aus wie vielen einzelnen Dimensionen Gesundheit wirklich besteht und wie viele verschiedene Komponenten dazu beitragen, dass sie sich konstituiert. Das wird am Beispiel des Autors und anderen, über die er schreibt, besonders deutlich. Stellt man diesen Überlegungen die Systeme und Methoden gegenüber, mit welchen wir Gesundheitsleistungen noch immer bewerten und vergüten, möchte man verzweifeln.

Auch der Leser gelangt durch dieses Buch in eine neue Dimension. Viele von uns hatten irgendwann in ihrem Leben das Ticket für eine solche Reise bereits in der Tasche. Es war ihnen dabei aber nicht klar, dass sie es selbst in der Hand hatten, die Dinge zum Positiven hin zu verändern. Es sind die Verzweifelten, die armen Teufel, die ihre Reise noch vor sich haben, aber nicht wissen, dass es eine andere Reisemöglichkeit als die herkömmliche gibt.

Mancher wird sich im Buch wiederfinden und wissen, was es heißt, »auf null zu sein« oder wenn »das Ego verhindert, mit der Seele zu reden«. Die Erfahrung zeigt aber auch, dass es immer wieder Menschen gibt, die nicht bereit sind, sich mit ihrer Situation abzufinden, und deshalb versuchen, alle noch verfügbaren Energien zu mobilisieren. Wie bei Sportlern wächst in ihnen die maximale Entschlossenheit, Höchstleistungen zu vollbringen. All jene, aber auch alle, die sich ohnehin aufmachen wollen, hinter den Horizont zu schauen, werden beim Lesen eine neue Dimension kennen lernen. Nur weil wir noch keine Messmethoden haben, diese neuen Dimensionen zu ermessen, sollten wir nicht behaupten, dass es sie nicht gibt. In der Wissenschaft gilt »Absence of evidence does not constitute evidence of absence« (Wenn man im Wald keine Pilze findet, bedeutet das nicht, dass es dort keine gibt).

Wenn einer dann seine Reise in die nächste Dimension antritt und in einer noch so aussichtslosen Situation seine Gesundheit wiedergewinnt, kommentieren die Kritiker abwertend, dass es diese Fälle einer spontanen Heilung schon immer gegeben habe. Stimmt, die gibt es vereinzelt und es trifft auch zu, dass die Medizin in vielen anderen Fällen den erwünschten Effekt mehr oder weniger erzielen konnte. Doch Hand aufs Herz, waren es immer unsere Heilmethoden, die wirksam wurden, und nicht doch sogenannte Spontanheilungen, und waren es zudem nicht wesentlich mehr Fälle, in welchen der erwünschte Effekt nicht erreicht werden konnte? Sollten wir uns nicht fragen, ob wir in diesen Fällen in der nächsten Dimension nicht weitergekommen wären? Es sind ja nicht die Ergebnisse, über die wir uneins sind; Uneinigkeit besteht lediglich im Modell, das die Ergebnisse erklärt.

Clemens Kuby bietet uns aufgrund seiner reichen Erfahrung mit sich selbst und anderen ein Modell an, mit dem wir Geistiges Heilen ernst nehmen und mit den gleichen Methoden bewerten können, die wir auch bei unseren akzeptierten Heilmethoden anwenden. Es geht nicht um ein Entweder-Oder, sondern um ein Sowohl-als-Auch. Das Buch *Unterwegs in die nächste Dimension* hilft uns, diesen Bewusstseinssprung zu vollziehen.

Ulm, im Juli 2003
*Franz Porzsolt**

---

* *Prof. Dr. med. Franz Porzsolt leitet die* Klinische Ökonomik *am Universitätsklinikum Ulm und die Arbeitsgruppe* Evidence Based Health Care *am Humanwissenschaftlichen Zentrum der Ludwig-Maximilians-Universität in München. Sein Arbeitsschwerpunkt befasst sich mit der Beschreibung des Wertes (nicht der Kosten) von Gesundheitsleistungen aus der Sicht des Patienten.*

Inhalt

Prolog 13

Aufbruch 17

Katharsis – ohne Reise 19

Null-Punkt 23
Seele vice versa Ego 26
Wunder erforderlich 29
Neuer Horizont 33
Selbstheilung 40
Konsequenzen 48

Dalai Lama – Ladakh 52

Praktischer Buddhismus 58
Erforschung des Geistes 63
Begrenzung des Denkens 67
Geist oder Materie? 72
Living Buddha 80
Tibet – Widerstand des Geistes 88
Folter gegen Spiritualität 94

Karmapa – Tibet und Nepal 101

Wiedergeburt miterleben 105
Eine Person – zwei Leben 108
Das Wiedersehen 111

Sai Baba – Indien 116

Erster Kontakt 121
Heilung durch Zauber 125

Die Todas – Südindien 131
Ein Volk von tausend Menschen 134
Religion als Macht 139

José Silva – Deutschland und USA 146

Unterwegs 151

Evgeny Boderenko – Russland 153
Experimente 159

Godfrey Chips – USA 166
Unwetter 169

Laurence Cacteng – Philippinen 174
Wirksame Illusionen 179
Das Philippinische Wunder 181

Lhamo Dolkar – Nepal 186
Seinen Körper verleihen 188
Demut 192

U Shein – Burma 194
Heiler und Alchemist 195
Besetzungen 199
Tabletten allein heilen nicht 201

HiAh Park – Korea 203
Aufruhr der toten Seelen 206
Wunder erwartet 212

Papa Elie – Burkina Faso 215
Schamane als TV-Show 218

Don Agustin – Peru 222
Aus der Dschungel-Apotheke 226
Was stimuliert? 231

Scheich Ibrahim – Sudan 235
Sufis sind Muslime 236
Krankheit als Katalysator 239
Ich werde zum Medium 241
11. September 246
Begierde 249

Ankommen 253

Experiment Menschsein 255
Die Schöpfung 256
Teilen und Verdichten 257
Leidvolle Wirklichkeit 261
Dialektik des Seins 264
Vertreibung aus dem Paradies 268
In der Not 273
Kontinuität des Geistes 282
Meditation 285
Kontrollierte Wiedergeburt 288
Liebe und Karma 292
Partnersuche 294
Karma erkennen 295
Wunschkind 296
Antrieb Sehnsucht 301
Karma-Therapie 302
Körperbewusstsein 306

Gier regiert 313
Innovation im Gesundwerden 316
Kirche und Heiler 321
Wer heilt, hat Recht 324

Angst vor Krankheit und Tod verlieren 326
Sterben will gekonnt sein 328
Nachuntersuchung 333

Dank 335

Kontakt 338

Prolog

Die Themen meiner Kino-Dokumentationen erschienen mir stets unausweichlich und meistens erlangten sie lebensverändernde Bedeutung. Sie zogen mich so stark in ihren Bann, dass ich über Jahre an ihnen arbeitete. Bei *Living Buddha* zum Beispiel waren es sieben Jahre, den *Todas – am Rande des Paradieses* vier Jahre und dieses Mal, bei dem gleichnamigen Film *Unterwegs in die nächste Dimension*, fünf Jahre.

Der Auslöser war eine Katastrophe. Ich bin schwer krank gewesen mit der Diagnose »unheilbar« und konnte mich dann selbst auf intuitive Weise heilen – oder, je nach Glaubenskonzept, hat Gott, der Zufall, das Karma, das Glück oder das Schicksal mich geheilt. Danach wollte ich wissen, wie Geistige Heilung zustande kommt, bei mir und in anderen Fällen.

Es hieß, Geistiges Heilen sei Schamanismus und den gäbe es nur in exotischen Ländern. Also besuchte ich sie auf allen Kontinenten und machte ausführliche Erfahrungen mit Heilern aller Art. Ich stellte fest, dass man mit Schamanismus etwas mystifiziert, das jeder Mensch besitzt und was überhaupt nicht exotisch, sondern eine Funktionsweise unseres Gehirns ist. Das Gehirn will und kann nicht unterscheiden zwischen real und fiktiv. Wirklichkeit ist nicht das, was wahr ist, sondern das, was wirkt, und das Fiktive wirkt oft sogar noch stärker als das Reale, wie jeder Theater- und Kinofan weiß.

Schamanen und Heiler sind genauso wenig Scharlatane wie Regisseure und Schauspieler. Der Schamane versteht es als Performancekünstler, seine Klienten mit Zauberei und Entertainment so zu beeindrucken, dass sie echte körperliche Reaktionen zeigen. Er macht sich zu Eigen, dass der Mensch sich letztlich immer selbst heilt. Unter diesem Gesichtspunkt ist alles, auch das, was die Schulmedizin macht,

»nur« Stimulus für die Selbstheilungskräfte. In diesem Buch werden viele Beispiele für erfolgreiche geistige Heilungsprozesse beschrieben.

Natürlich gibt es weder eine Garantie noch eine Krankenversicherung für die Aktivierung der Selbstheilungskräfte, aber es gibt einen Weg dahin. Es ist der Weg zur eigenen Seele, der Ort, wo jede Krankheit und jede Heilung beginnt. Um diesen Weg einzuschlagen, müssen wir uns primär als geistiges und nicht als materielles Wesen verstehen. Dieser Umdenkprozess ist in unserer Kultur, in der die Kirchen uns zum Arzt und nicht zu Gott schicken, um geheilt zu werden, das Schwierigste. Alles, was uns umgibt, verleitet uns zu einem materialistischen Weltbild; mit diesem Weltbild sind wir auf die materiellen Interventionen der Apparatemedizin festgelegt.

Viele Ärzte, Heilpraktiker und andere Heilberufler praktizieren mehr oder weniger offen, neben ihren materiellen Interventionstechniken, Geistiges Heilen. Viele Menschen wissen, dass sie ein geistiges Wesen sind, und kurieren sich mit diesem Bewusstsein selbst. Jetzt ist es an der Zeit, sich zu outen. Die Gesellschaft braucht diese Erfahrungen.

Wir wissen alle, dass unser Gesundheitssystem mit dem technischen Körperverständnis und der Apparatemedizin auf Dauer nicht funktioniert; nicht nur, weil es zu teuer geworden ist und uns Arbeitsplätze in großem Stil kostet (Stichwort: Lohnnebenkosten), sondern auch, weil Heilerfolge immer schwerer zustande kommen.

Machen wir uns die Erfahrungen armer Länder zu Eigen, die nicht das Geld für eine teure, materielle Medizin haben und seit Urzeiten geistige, preisgünstigere Interventionen beherrschen, lernen wir von unseren einheimischen geistigen Heilern und berücksichtigen wir, was die moderne Forschung über unser Gehirn weiß – dann ist eine wirkliche Gesundheitsreform möglich, bezahlbar und für unser Wohlergehen ein Geschenk.

Jeder kann heute die Gesundheitsreform in die eigenen Hände nehmen und seine Selbstheilungskräfte aktivieren. Es gibt bereits viele Praktiker, Autoren und Berater, die uns wirkungsvolle geistige Werkzeuge mit auf den Weg geben. Bewusst verzichte ich darauf, sie zu zitieren, denn ich wüsste nicht, wo ich anfangen und aufhören sollte. Es sind zu viele Einflüsse, denen ich in diesem und früheren Leben ausgesetzt war, um jetzt belegen zu können, wie meine Gedanken entstanden sind.

Jeder, der den Entschluss fasst, sein Weltbild zu ändern, findet seine Wegweiser. Es gibt nicht den einen richtigen Weg, jeder folgt seiner Wahrheit. Er darf sie nur nicht zum Dogma machen, das führt zu Intoleranz und Krieg. Die Idee, der Wunsch, die Sehnsucht, das Gebet, das Mantra, die Hinwendung, die Absicht – all das ist unser stärkster Antrieb in diesem lebendigen Universum. Wenn wir damit unser Glück schmieden, formen wir unser Schicksal selbst.

Viel Freude und Erfolg dabei.

Ihr
Clemens Kuby

für

meine

Kinder

Aufbruch

Katharsis – ohne Reise

Meine Seele zu respektieren, sie überhaupt wahrzunehmen und das Gespräch mit ihr zu suchen beginnt, als ich 33 Jahre alt bin und einen tragischen Unfall erleide. Heute muss ich mir eingestehen, dass ich diesen Unfall in einem Zustand von Ausweglosigkeit unbewusst herbeigeführt habe. Ich stürze in einer kalten, regnerischen Nacht um 3 Uhr 20 aus dem Fenster meines Dachgeschoss-Studios aus 15 Metern Höhe auf Asphalt. Ein Krankenwagen bringt mich 87 km weit ins Kreiskrankenhaus von Bad Mergentheim bei Würzburg, von wo aus man mich mit einem Hubschrauber in die europäische Querschnittsklinik nach Heidelberg-Schlierbach verlegt.

Nach drei Tagen intensiver Diagnostik und Beratungen darüber, wie und wann man mir beibringt, wie mein weiteres Schicksal aussehen wird, tritt Prof. Dr. Paeslack, Chefarzt der Klinik, an mein Bett und erklärt mir ohne Umschweife, was Sache ist: Rollstuhl für immer! Ich bin ab dem 2. Lendenwirbel, also genau ab der Hüfte, querschnittsgelähmt, der Wirbel zertrümmert.

Ich vernehme eine Stimme in mir, die sagt: »Bleib ganz ruhig. Nur keine Panik.« Wenn mich nicht alles täuscht, spricht da meine Seele. Mit wem aber redet sie? Mit sich selbst? Nein, es scheint so, als rede sie mich von außerhalb an. Wer bist du, der das feststellt?

Das bin ich mit meinem Ego. Ich stehe meistens auf der Seite meines Egos, selten auf der Seite meiner Seele. Ein Zwiegespräch meines Egos mit mir gibt es nicht bzw. kann es nicht geben, denn sobald ich mich mit meinem Ego nicht mehr identifiziere, das heißt mich außerhalb von ihm stelle, löst es sich auf ins Nichts.

Bei der Seele ist das anders. Auch wenn ich mich nicht mit ihr identifiziere, löst sie sich nicht auf. Irgendwo ist sie immer; sie kann verstummen, sie kann außer Sichtweite geraten, aber immer bleibt ein leichtes dehnbares Band zwischen ihr und mir bestehen. Jetzt, wo man mir eröffnet, dass mein Leben verwirkt ist, steht sie direkt und ohne Ablenkung groß und klar vor mir.

Ich kann ihr nicht mehr ausweichen, schon physisch nicht. »Physisch« klingt in diesem Zusammenhang mit der Seele vielleicht merkwürdig, aber in meinem Fall bezieht es sich auf den *Streyker*. Der Streyker ist ein ganz schmaler, mit Segeltuch bespannter Aluminiumrahmen in Körpergröße, auf den man mich bäuchlings gepackt hat, nackt, die Arme am Körper, die Zehen über den Segeltuchrand, die Stirn und das Kinn jeweils auf einem schmalen Polster, sodass Mund, Nase und Augen frei nach unten schauen. Gemäß eines vom Arzt exakt festgelegten Lagerungsplanes werden auf der Rückseite meines Körpers viele kleine, harte und weichere Kissen verteilt und am Schluss von einem Stationsarzt überprüft.

Den Dialog mit der Seele führen.

Nun wird der zweite Aluminiumrahmen mit bespanntem Segeltuch von dem Haken an der Wand neben mir genommen, exakt über den anderen Rahmen platziert, auf dem ich liege, und mit einer großen, kreisrunden, im Durchmesser etwa 1 Meter großen, mechanischen Klemme, die in der unteren Hälfte auf Rollen läuft, mit dem anderen Alurahmen fest verbunden. Ich werde aufgefordert, auszuatmen, dann den Atem anzuhalten – und in diesem Moment wird die Klemme zusammengepresst, bis mir Druck und Schmerz kurz die Sinne rauben und ich werde – wie ein Sandwich – blitzschnell vom Bauch auf den Rücken gewendet. Auf diese Weise soll sich meine Wirbelsäule keinen Millimeter verschieben. Dann wird mit tröstenden Worten die Klemme wieder geöffnet und ich liege auf diesen diversen, arrangierten Kissen so auf dem Rücken, dass die Bruchstelle in meiner Wirbelsäule überdehnt wird.

Das Ganze wiederholt sich alle drei Stunden in umgekehrter Richtung. Eine andere Lage Kissen wird auf der Vorderseite meines Körpers nach Plan gelagert und wieder werde ich in der Schraubzwinge gewendet und schaue danach durch das Fenster in meinem Alurahmen auf ein kleines Resopaltischchen, dessen Höhe einstellbar ist.

Durch das ständige Wenden vermeidet man bei wochenlangem und monatelangem absolutem Stillliegen Druckstellen an der Haut, die zu schweren Wunden führen können. Liegt aber auch nur ein einziges Kissen verkehrt, führt dies zu Muskelspannungen, die so unerträglich werden, dass man entweder ausnahmsweise zurückgedreht und das Kissenarrangement überprüft wird oder aber es wird einem nahe gelegt, sich daran zu gewöhnen bzw. die Unbequemlichkeiten bis zur nächsten planmäßigen Drehung zu ertragen. Wer da empfindlich ist, bettelt die Pfleger und Schwestern um Minuten an, die sie vor der Planzeit kommen mögen, um einen aus der unerträglichen Lage zu befreien – nur, um früher in die nächste unerträgliche Lage zu kommen.

Ich nehme diese körperlichen Quälpunkte als mentale Herausforderung an und versuche sie zu ignorieren. Nach einer Weile funktioniert das in 90% der Fälle. Da, wo es nicht gleich oder erst später funktioniert, ist es für mich eine interessante Übung, zu beobachten, wann mein Geist anfängt, sich um andere Dinge, als um Jucken, Drücken, Klemmen oder Ziehen im Körper zu kümmern. Das gilt auch für die starken Schmerzen, von denen ich reichlich, sehr reichlich habe.

Zugleich lässt sich nicht ignorieren, dass man bei einer Querschnittslähmung seine Toilette nicht mehr steuern kann und man zum Baby wird, das noch in die Windeln macht, allerdings künstlich, von schweren Abführmitteln herbeigeführt. Die Möglichkeit, Wasser zu lassen, wird durch Katheter ersetzt, wobei mir ein 50 cm langer Schlauch durch die Harnröhre in die Blase geschoben wird. Ein schwieriges Unterfangen. Bei zurückgezogenem Penis schiebt sich der Schlauch nur schwer hinein, und obwohl man eigentlich nichts spürt, ist es dennoch furchtbar unangenehm. Ist der Schlauch ganz eingeführt, klopfen sie einem mit der Faust auf die Blase, bis sie sich entleert und der Urin durch den Plastikschlauch in einen durchsichtigen Beutel läuft, der am Bettgestell hängt. Seine Menge wird genauso exakt gemessen wie das, was man trinkt. Die Bilanz muss stimmen auf relativ hohem Niveau, sonst wird man zusätzlich anderweitig schwer krank.

Lesen kann ich nur, wenn ich auf dem Bauch liege und mir ein Pfleger oder eine Schwester die Seiten umblättert. Manche Patienten lassen sich Kopfhörer aufsetzen und die Kassetten umdrehen. Für mich gibt es erst mal weder das eine noch das andere.

Wir liegen zu sechst in einem sehr großen Zimmer mit ausreichend Platz zwischen den Betten, sodass Rollstühle auf beiden Seiten heranfahren können. Sehen kann ich meine Zimmergenossen zum ersten Mal, als die Pfleger große, fahrbare Schwenkspiegel so aufstellen, dass ich über zwei, drei Spiegel ihre Gesichter zu sehen bekomme, denn in den ersten zwei Monaten ist es mir nicht möglich, den Kopf zu drehen oder zu heben. Es ist eine Null-Stellung. Die Nervenschocks, die ich schon durch die kleinste Bewegung meiner Wirbelsäule auslöse, sind viel heftiger als 220 Volt.

Besuch möchte ich keinen. Es gibt ihn auch nicht so fern der Heimat und aller meiner Freunde. Zwischen dem mühevollen Füttern, Waschen und Windeln bleibt viel Zeit, um auf die Seele zu hören. Die Stimmung im Zimmer ist schwer und weich zugleich, das Durchschnittsalter 27. (Das entspricht genau dem Bundesdurchschnitt aller Querschnittseintritte.) Die meisten sind Sportler, groß, stark, topfit. Drachenflieger, Hobbyrennfahrer oder nur Beifahrer oder Schwimmer, die mit einem Hechtsprung in zu seichtes Wasser ihrem Schicksal eine Wende verpassten. Darin sind wir uns alle gleich. Und bei zwei Drittel aller Betroffenen platzt während dieser Schicksalswende auch noch die Beziehung, ich selbst wollte es sogar so.

Null-Punkt

Nichts kann so bleiben, wie es war. Nicht nur, weil mein altes Fachwerkhaus am Hang nicht rollstuhlgerecht umgebaut werden kann, sondern weil mein bisheriges Lebenskonzept in diese Katastrophe geführt hat. Ich trenne mich augenblicklich und vollständig von meiner Frau, ihren Kindern, dem Haus, das mit dem Alterssitz meiner Mutter verbunden ist, von der Idee, auf dem Land zu leben, von allem, was daran hängt, ohne die geringste Ahnung, wie mein Leben weitergehen kann. Der Punkt null ist in jeder Hinsicht erreicht.

Die erste Frage, die ich nicht loswerde, ist: Wer oder was hat Schuld an meinem Schicksal? Wie konnte mir das passieren? Viele empfinden einen solchen Schicksalsschlag als Strafe Gottes, auch wenn sie bisher nicht an Gott geglaubt haben. In solchen Momenten wird der Einfluss des kulturellen Umfelds auf die individuelle Psyche offensichtlich. Die mentale Institution des strafenden Gottes ist im Abendland stark verankert. Ob man will oder nicht – wer in diese Situation kommt, fragt sich: Womit habe ich das verdient? Habe ich einen Fehler gemacht? Wenn ja, welchen? Fehler sind falsche Erwartungen. Mein Zustand lässt mir viel Zeit darüber nachzudenken.

Fehler sind falsche Erwartungen.

Manchmal kommt ein feinfühliger Pfleger vorbei und tupft mir die Tränen von den Wangen, die ich schon einige Minuten und in den ersten Tagen mehrmals vergieße, ohne sie mir selbst abwischen zu können, weil schon die kleinste Armanhebung starke Schmerzen über die Wirbelsäule auslöst. Manche weinen hin und wieder auch laut oder schimpfen über ihr Schicksal. Eben deshalb liegt man in dieser Klinik zu sechst im Raum, unabhängig davon, welcher Versicherungsklasse man angehört. Es soll niemand durchdrehen. Es gibt höchstens ein oder zwei neue Fälle pro Zimmer, die anderen haben schon gelernt, ihr Schicksal ein wenig zu tragen, und machen den Frischverzweifelten Mut.

Ich selbst bin merkwürdigerweise nicht verzweifelt, ganz und gar nicht, kann aber nicht genau sagen warum. Ich empfinde diesen Null-Punkt in gewisser Weise sogar als etwas Großartiges. Mein Leben, Raum und Zeit stehen still. Ich bin glücklich, weil ich noch am Leben sein darf.

In jenem Augenblick, als ich auf dem Asphalt aufprallte, hielt ich den aufflammenden, unsagbaren Schmerz für das Fegefeuer, das uns als Kind für die Zeit nach dem Tod prophezeit worden war, falls wir uns nicht richtig verhielten. Ich habe nicht für möglich gehalten, dass die Religionslehrer wahr gesprochen hatten, betrachtete ihre Vorträge vielmehr als unfaire Panikmache, um mich an ihre Kirche zu binden. Sie hatten versprochen, dass nur der nicht ins Fegefeuer nach dem Tod käme, der ihnen folgte und brav war. Ich war nicht brav gewesen und mit fünfzehn wieder aus der Kirche ausgetreten, zwei Tage vor der Konfirmation.

Ist das jetzt die Quittung? Wie lange werde ich wohl diese Höllenqual auszuhalten haben, frage ich mich. Dumme Frage, wenn man tot ist. Das kann eine Ewigkeit dauern. Im Tod steht die Zeit. In meinem Fegefeuer-Schmerz tauchen schließlich doch noch Zweifel auf, ob ich vielleicht nicht wirklich tot bin?

Es gibt nur einen Weg für mich, diese Frage zu klären: Es müssen Leute kommen, die mich für tot erklären, egal, ob ich glaube, noch mit ihnen zu sprechen. Dann wüsste ich, dass meine Stunde geschlagen hat. Es ist, wie gesagt, 3 Uhr 20 in dieser windigen, von Mondlicht und Wolken zerfetzten Nacht und es schüttet. Der kleine Weiler, in dem mein Haus steht, liegt am Ende einer Straße, da kommt jetzt niemand vorbei, der mich entdecken könnte. Vielleicht sollte ich probieren zu schreien, so laut es geht. Natürlich ist das keine Gewähr dafür, dass ich noch am Leben bin, denn einen Schrei kann sich meine unsterbliche Psyche auch imaginieren. Ich probiere es trotzdem ... Habe ich wirklich geschrien? Zuversichtlich macht mich, dass in den umliegenden Häusern Lichter angehen und Menschen mit über den Kopf gezogenen Jacken auf die Straße in den strömenden Regen treten und in dieser finsteren Vollmondnacht etwas zu erkennen suchen. Bis endlich Erich, der Seniorbauer von gegenüber, ruft: »Da liegt ja der Clemens«, und sein Sohn, der Günter, herbeieilt: »Clemens, was is'?« »Ich bin vom Dach gefallen«, antworte ich irgendwie. Dann kommt der erlösende Satz: »Ja, du machst Sachen ...«

Nun weiß ich, dass ich nicht tot bin, meine Worte wurden gehört. Ich kann mich zwar noch immer nicht bewegen und habe wahnsinnige Schmerzen, aber ich bin nicht tot, also ist es auch kein Fegefeuer.

So liege ich querschnittsgelähmt auf dem Streyker in der Heidelberger Klinik und vor lauter Glück, am Leben zu sein, kullern mir stille Tränen herunter. Es ist meine Chance, ein neues Leben zu führen, auch wenn ich nicht über das Wie nachdenke, aber es ist Leben, ein neues Leben. Gleichzeitig entgehen mir nicht die tiefernsten Mienen der Ärzte mit meinem Befund in der Hand und ich höre sie immer wieder das Wort *Rollstuhl* aussprechen und dass das ein Leben sei, das ich mit 150.000 anderen in Deutschland zu teilen hätte, und so weiter. Ich höre sie, aber ich höre ihnen nicht zu. Meine Seele interessiert das nicht, sie hat viel, viel Wichtigeres zu tun.

Seele vice versa Ego

Mein Ego ist jetzt relativ kleinlaut. Mein Ego ist sowieso ein Feigling. Es tönt immer nur so groß, wenn der Körper fit ist; doch wehe, wenn ihm etwas fehlt. Mein Ego kann mit Schmerzen nicht umgehen, sie sind ihm unangenehm und sie hindern es daran, so zu tun, als habe es alles im Griff. Bei Krankheit, stelle ich regelmäßig fest, zieht sich das Ego zurück. Die Seele darf dann umso stärker hervortreten. Wie jetzt. Wenn ich weine, weine ich nicht wegen der Schmerzen oder aus Selbstmitleid, sondern aus Einsicht – aus Gewahrwerden meiner missachteten Seele. Was ist sie nur für ein zartes, wunderbares Geschöpf! Dabei kenne ich sie nicht einmal wirklich. Doch sie begleitet mich auf Schritt und Tritt, immerzu. Sie drängt sich nicht auf, aber wenn ich nach ihr schauen würde, wäre sie da. Sie ist eigentlich immer da, aber das Ego verdrängt sie aus dem Gesichtskreis mit dem Vorwurf, sie störe, habe nichts zu sagen, sei vollkommen realitätsfremd, könne gar nicht mitreden und verstünde von der Sache ohnehin nichts – kurzum, sie solle den Mund halten und sich verdünnisieren oder unsichtbar machen.

Na ja, da die Seele nicht kämpft, sieht und hört man auch nichts mehr von ihr, bis ...? Ja, bis es passiert. Mein Fall aus dem Fenster war kein Zu-Fall, wenn das Ego es auch so hinstellen möchte und dauernd von Un-Fall redet. Die Seele aber weiß es besser. Jetzt spricht sie und das Ego hat Pause. Das ist der Moment, in dem mir schon wieder Tränen herunterlaufen. Manche mögen sich an einen solchen Moment erinnern, nachdem sie nach einer Krebsdiagnose das erste Mal allein waren, oder sie sich eingestehen mussten, dass sie Aids haben oder eine andere schwere Krankheit. Richtig ernst wird es für jeden, wenn das Urteil lautet: »Unheilbar!«

Man ist dann zwar noch am Leben, aber auf null. Wer wirklich auf null ist, jammert nicht mehr. Null ist null. Jammern ist nicht null. Ich möchte im Zustand null so lange wie möglich bleiben. Meine Seele ist jetzt voll und ganz präsent. Der Seele sind Schmerzen egal. Nur das Ego jammert. Meine Seele hat zum Schmerz ein zwar mitfühlendes, aber nicht mitleidendes Verhältnis. Sie sieht den Schmerz als ihr Sprachrohr, als Ruf nach ihrer Beachtung. Sie meldet im Schmerz ihre Defizite, die das egobestimmte Leben bei ihr verursacht haben. Die Seele sieht im Schmerz nicht den Schmerz, sondern das, was der Schmerz zu erzählen hat – und das ist kein Gejammer, sondern ein tiefes, wichtiges Anliegen. Wie verstehe ich dieses Anliegen? Wie höre ich, was meine Seele mir sagen will?

Wenn ich absolut still liege und ganz flach atme, ohne dabei in Sauerstoffmangel zu geraten, der einen tieferen Atemzug erforderlich macht, dann habe ich keine Schmerzen. Ein Schwebezustand. Aber schon ein einziger tiefer Atemzug, der die Lungen dehnt und damit auf mein Rückgrat drückt, löst heftigsten Schmerz aus, der alle Konzentration auf die Seele zunichte macht. Es ist die Kunst eines feinen Balanceakts, das flache Atmen so zu dosieren, dass die Luftzufuhr immer gerade ausreicht.

Meine Augenlider sind dabei nur einen kleinen Schlitz geöffnet. Sie dürfen weder auf- noch zumachen. Ich befinde mich in einer seelischen Wippe zwischen Schlafen und Wachen. Die Wippe soll in einem labilen Gleichgewicht zum Stillstand kommen, ohne auf einer Seite den Boden zu berühren, auch wenn die Gewichte unterschiedlich verteilt sind. Die Aufgabe heißt, einerseits nicht einzuschlafen, denn das käme einem Aufsetzer gleich; die andere Seite wäre dann ganz oben in den Lüften, könnte wunderbar vor sich hin träumen, aber die Konzentration ginge verloren. Wenn ich aber andererseits meinen Sehschlitz zu weit öffne und auf die umherlaufenden Personen und Geräusche achte und womöglich innerlich darauf reagiere, käme das einem Aufsetzer der anderen Seite, dem nach außen orientierten Wachzustand gleich, und ich könnte meiner Seele wiederum nicht genau zuhören. Der Wachzustand bedenkt die

Außenwelt, der Schlafzustand die Traumwelt. Meine Seele verstehe ich jedoch am besten, wenn ein stabiler Balance-Zustand zwischen Atem und Wahrnehmung herrscht. Und das ist genauso das, was auch jede tiefe Meditation ausmacht.

An andere körperliche Bewegung ist nicht zu denken, dafür sorgen schon die hochgeladenen Elektroschocks bei den leisesten Kompromissen. Das heißt: Ich darf kleinen körperlichen Unannehmlichkeiten, wie Juck- und Druckreizen, nicht nachgeben, wenn ich größere Schmerzen vermeiden will. Sicher, es gibt Momente, wo ich die Zähne zusammenbeiße und Rückenmuskeln oder andere Muskeln oberhalb der Hüfte bewusst an- oder entspannen muss, weil durch das ewige Stillliegen irgendwo im Körper ein unerträglicher Druck entsteht. Dabei muss ich auf einen Nervenschmerz gefasst sein, der sich so anfühlt, wie wenn der Zahnarzt mit Druckluft einen Zahn mit offen liegendem Nerv desinfiziert. Nur dass hier das zentrale Nervensystem im Rückenmark reagiert. Jeder kann sich vorstellen, dass man alles dafür tut, um diese Schocks zu vermeiden. Insofern wirke ich in meiner vollständigen Regungslosigkeit wie ein vollkommen selbstzufriedener, ausgeglichener Patient, der keinerlei Bedürfnisse kennt.

Wenn ich meinen Pflegern und Schwestern, die ich alle sehr mag, sage, meine Zufriedenheit komme nicht freiwillig zustande, sondern werde mir durch die Androhung von Schmerzen diktiert, schauen sie mich ungläubig an. Es ist aber so, und ich weiß diesen Zwang zu schätzen, manchmal sogar zu genießen, denn in dieser absoluten inneren Ruhe ist meine Seele ganz nah bei mir. Wir lieben uns und ich brauche nicht an gestern und nicht an morgen zu denken. Es ist tiefster Meditationszustand über Stunden, Tage und Wochen.

Wunder erforderlich

Zwischendurch höre ich meine Seele sagen: »Du, ich bin da, wahrscheinlich aber nur so lange, wie auch die Schmerzen da sind und du dich in diesem Null-Zustand aufhältst. Wenn du stabilisiert bist, dann wird dein Ego sich wieder aufblasen und ich muss weichen. Ich glaube kaum, dass du dann noch mit mir weiter so eng zusammenbleibst wie jetzt. Nutze die Zeit. Das Ego bringt keine Wunder zustande. Das Ego wird sich an das halten, was die Ärzte sagen, es bietet dir keinen Weg zur Heilung. Dazu fehlt ihm die Vorstellungskraft, um Prozesse im Körper auszulösen, die von den normalen Vorgängen abweichen. Wenn du wartest, bis du stabilisiert bist, dann bist du stabilisiert für den Rollstuhl.«

Das klingt verdammt richtig, muss ich zugeben. »Clemens, sei nicht faul. Beweg dich, alles hat seine Zeit« heißt die Losung der Seele. »Lass es nicht so weit kommen, bis du dich mit der Diagnose abgefunden hast, denn dann ist dein Schicksal besiegelt. Bewege dich!«, rät die Seele. Und sie meint das nicht körperlich, denn das Körperliche ist ihr zweitrangig. Meinen Einwand, ich wäre doch aber gelähmt, hält sie für eine Ausrede zur Vermeidung der Arbeit mit dem Bewusstsein.

Das Ego hält Bewusstseinserweiterung für Luxus, ihm ist nur körperliche Fitness wichtig. Wenn die Seele Wunder vollbringen kann, dann soll sie es bitte tun, aber dafür sein Bewusstsein erweitern zu müssen, hält das Ego für widersinnig; außerdem, wie soll man mit dem vorhandenen Bewusstsein das Bewusstsein erweitern, dafür müsste etwas von außen dazukommen, aber was? Zum Glück geht es mir so miserabel, dass das Ego zu diesem Disput mit der Seele keine Kraft hat. Letztendlich müsste die Seele zurückstecken, das Wunder würde ausbleiben und das Ego irgendwann, wenn der Körper stabilisiert ist, die Rollstuhlexistenz billigend in Kauf nehmen. Zurzeit aber regiert noch die Seele und dafür bin ich bei allem Unglück, wie schlimm es sich von außen auch darstellen mag, unendlich dankbar. Ich kann mir zwar ebenso wenig wie mein Ego vorstellen, wie eine Bewusstseinserweiterung bei den vorhandenen Ressourcen vonstatten gehen kann, aber ich weiß, dass meine Seele mir dabei helfen wird. Das Beste ist, den gewonnenen Meditationszustand aufrechtzuerhalten und zuzuschauen, was kommt.

Das Ego kennt keine Wunder, gibt aber vor, zu wissen, wo's langgeht.

»Fehler sind falsche Erwartungen.« Dieser Satz klingt in mir noch nach. Welche Erwartungen habe ich vor dem Sturz gehabt? Erwartungen sind Muster, in denen ich denke; eingetretene Pfade, auf denen ich mich bewege. Wenn die Seele mahnt, ich müsse mich bewegen, um gesund zu werden, dann muss ich einerseits meine Muster erkennen, andererseits den Horizont erweitern. Was heißt das konkret? In solchen abstrakten Kategorien kann ich mich nicht entwickeln. Ich möchte die Aufgabe als griffiges Bild vor mir haben.

Das erste Bild, das sich in meiner erzwungenen Meditation entfaltet, ist eine unendliche Landschaft, eher eine Ebene, in der eine überdimensionale Schale steht. Die Schale sieht aus wie eine umgedrehte Schädeldecke und ist nach oben hin offen. Darin befindet sich mein Bewusstsein. Alles, was ich denken kann, befindet sich in dieser umgestülpten, überdimensionalen Gehirnschale.

Ich setze mich hinein und entdecke, dass ich mich in einem großen Fußballstadion befinde. Ich sitze mittendrin auf mittlerem Rang, eingepfercht zwischen den Massen. Unten auf dem Rasen spielt Club *Links* gegen Club *Rechts*. Bei jedem Tor und jedem Beinahtor brüllen mal die Linken, mal die Rechten. Außer der politischen Auseinandersetzung gibt es ein Pausenprogramm, genannt Kultur. Diese Vision entfaltet sich auf vielfältigste Weise.

Das Stadion repräsentiert unsere komplexe Gesellschaft, wie wir sie erfahren. Für meine Seele fällt dabei zu wenig ab. Sie ist weder Fan des einen noch des anderen Clubs, sie möchte wissen, was es außerhalb des Stadions gibt, und will raus. Ich weiß es nicht. Ich kann über den Stadionrand nicht hinaussehen. Warum will meine Seele raus? Das Stadion hat doch alles, was das Leben begehrt. Ich selbst habe in meinem bisherigen Leben einiges dazu beigetragen, dass zum Beispiel ein neuer Club da unten auf dem Rasen mitspielt und ein gewisses Alternativprogramm in den Pausen läuft, aber das erfreut meine Seele nicht oder zumindest nicht mehr. Die 68er-Bewegung beispielsweise und das, was aus den Grünen wurde, bieten ihr keine Freude und Befriedigung.

Als ich 1974 dazu beitrug, eine neue Partei aufzubauen und zum Erfolg zu führen, die ich *Die Grünen* nannte, jubelte meine Seele. In der letzten heißen Phase 1979 fuhr ich schließlich allein zwischen Tauberbischofsheim (bei Würzburg) und dem Bodensee von Ort zu Ort und organisierte für jeden Abend einen Vortrag mit mir als Landtagskandidat der zu gründenden neuen Partei. Erstaunlich, wie voll jedes Mal die Nebensäle der Gastwirtschaften waren, in denen ich spontan etwa zwei Stunden sprach und anschließend die gesetzlich notwendigen Unterschriften für die Parteianmeldung sammelte, was in letzter Minute auch gelang. Hier sprach nicht das Ego, hier verschaffte sich meine Seele Luft. Sie witterte Befreiung aus der geschlossenen Gesellschaft des Stadions.

Sechs Jahre war ich insgesamt in Deutschland unterwegs gewesen, um Verbündete für meine Idee von einer neuen, grünen Partei zusammenzuführen. Ich hatte den Vorteil, dass meiner Mutter diese Ideen bereits vetraut und wir uns über die politische Strategie immer einig waren. Sie wiederum hatte diese Gedanken und Visionen von ihrem jüngeren Bruder in England, dem E.F. Schumacher, der damals schon sein weltberühmtes Buch *Small is beautiful* geschrieben hatte und das »Intermediate Technology Institute« führte, das weltweit Regierungen – vor allem in der Dritten Welt –, aber auch den amerikanischen Präsidenten Jimmy Carter in ökologischen Fragen beriet.

Meine Mutter brachte mich mit August Haußleiter und Herbert Gruhl, den führenden Ökologen in Deutschland zusammen. August Haußleiter hatte seiner kleinen, bayrischen Partei, der AUD, erst kürzlich ein ökologisches Programm gegeben und der Bundestagsabgeordnete Herbert Gruhl war wegen seines wichtigen Buches *Ein Planet wird geplündert* aus der CDU herausgeflogen. Mit ihnen führte ich ab 1979 Wahlkampf.

Ich schrieb Parteiprogramme und -statuten, unzählige Briefe und Artikel, hielt Parteireden nach innen und außen, telefonierte mit Gott und der Welt, bis die Partei endlich stand und 1980 auf Anhieb über die 5-%-Hürde mit sechs Abgeordneten in den Stuttgarter Landtag einzog. Mit diesem sensationellen, von keinem unserer Gegner erwarteten Erfolg ging jedoch das alte Ego-Machtgerangel wieder los und alle meine idealistischen Visionen wurden zunichte gemacht.

Meine Seele wurde traurig und trauriger. Ich hatte ihr so viel Hoffnungen gemacht. Doch nichts von der Liebe und der Freiheit, womit ich sie und viele andere Seelen so begeistern konnte, war Ende 1980 noch zu spüren. Meine schärfsten Gegner, ehemalige Mitstreiter in der Studentenbewegung, sprangen plötzlich aus egoistischem Machthunger auf unseren Zug auf und arbeiteten sich mit allen erlaubten und unerlaubten Tricks in die Lokomotive vor. Als ich das zu spüren bekam, sprang ich ab – im wahrsten Sinne des Wortes – und brach mir dabei das Rückgrat.

Hatte ich falsche Erwartungen? Die starke, fantasievolle, hoffnungsvolle Vision, für die mir meine Seele unendlich viel Energie, Gespür und Ideen schenkte, war nach der Gründung der Bundespartei in der Lokomotive nicht mehr gefragt. Es wurde dort kalt, brutal, intrigenreich und durch und durch egoistisch. Dieser neue Club, den ich selbst auf den Rasen geschickt habe, fand auf den Rängen des Hexenkessels seine Fans und sitzt seit 1998 in der Regierung. Ein Jahr früher, als ich es auf dem Gründungskongress in Sindelfingen 1979 voraussagte.

»Fehler sind falsche Erwartungen.« Unter *Politiker sein* hatte ich mir etwas anderes vorgestellt. Das zeigte sich sofort, als die Partei eine professionelle Partei wurde. Mein Ego hätte diesem Muster vielleicht entsprechen können, aber meine Seele quatschte ihm zu viel dazwischen. Sie hat mich immer zu neuen Horizonten streben lassen. Um in meiner Metapher zu bleiben: Sie will auch jetzt wieder, dass ich das Stadion überwinde.

Diesmal ist die Hürde allerdings wesentlich höher als bei allen neuen Horizonten, die ich vorher erklommen habe. Diesmal ist die Hürde mit einer körperlichen Lähmung verbunden und ich kann mir mit aller Fantasie nicht vorstellen, was Bewusstseinserweiterung mit Gesundheit zu tun haben soll.

Neuer Horizont

Durch die Metapher des Stadions weiß ich, was ich zu tun habe, um meinen Horizont zu erweitern. Ich muss das Stadion verlassen. Seine Wächter sind die Sicherheitsbedürfnisse meines Egos und all die rationalen Wenns und Abers gegen einen gewagten, geistigen Auf- und Ausbruch.

Die Metapher des Stadions eignet sich, um mit ihr reale Veränderungen in meinen Mustern und Gehirnstrukturen vorzunehmen. Alles, was ich bis jetzt denken kann, spielt sich im Stadion ab. In ihm befindet sich meine Gesellschaft, meine Sprache, mein Leben. Ich frage mich, was es außerhalb zu entdecken geben sollte, das zu neuem Bewusstsein führen könnte?

Das Wunder des Seins besteht darin, zu erkennen, dass eine Antwort innerhalb der Metapher auch für das wirkliche Leben gilt. Wie innen, so außen. Für den Geist, der den Körper regiert, ist eine virtuelle Handlung genauso wirkungsvoll wie eine reale Handlung. So kann die Heilung sich vollziehen, behauptet meine Seele.

Über solche Zusammenhänge wusste ich vor 20 Jahren aber noch nichts. Da ich jedoch eine Metapher gefunden hatte und darin agieren konnte, brauchte ich den Zusammenhang auch nicht zu wissen.

Die Pfleger wundern sich, warum ich so still und genügsam auf meinem Streyker liege. Ich brauche niemanden, der mich beschäftigt, das Buch hinlegt und umblättert, eine Kassette auswählt und einlegt. Ich will immer noch keinen Besuch. Ich nehme die Pflegedienste ohne Murren geduldig auf mich, stelle keine Forderungen, klage nicht über mein Schicksal und nicht über Schmerzen. Ich liege einfach den ganzen Tag und die ganze Nacht ganz still, so, wie es sich auf dem Streyker gehört, und werde alle drei Stunden gewendet.

Durch diese Kliniksituation bleibt mein Ego auf Tauchstation, und die üblichen Einwände gegen solche Konzepte, wie sie meine Seele vertritt, kommen nicht hoch. Die Schmerzen und das Elend, in dem ich mich physisch befinde, sind dauerhaft genug, um der Seele ausreichend Zeit für ihr Bemühen zu geben. Durch diese Konstellation entsteht in meinem Kopf ein Freiraum, in den neue Bilder und Gedanken einschießen.

Über die Stadionmauer kann ich nicht schauen, aber ich finde Kriterien, die erfüllt sein müssen, wenn ich das Stadion verlassen habe. Ein raffinierter Schachzug meiner Seele. Da ich die Horizonterweiterung mit meinem derzeitigen Bewusstsein nicht leisten kann, liefern mir die Kriterien eine Orientierung dafür, wann Bewusstseinserweiterung möglicherweise stattfindet.

Nach tagelangen Überlegungen komme ich auf etwas, das sich durch fünf Kriterien auszeichnet, die es in meinem Stadion zusammen nicht gibt. Sollten sie also irgendwo zusammen anzutreffen sein, könnte ich davon ausgehen, mich nicht mehr in diesem Stadion zu befinden. Das ist die Bedingung für die notwendige Bewusstseinserweiterung, die meine Seele fordert. Die Kriterien verlangen einen Ort

ohne Straße,
ohne Elektrizität,
ohne Tourismus,
ohne weißes Mehl,
ohne Zucker.

Gibt es eine solche Gegend überhaupt? Wenn ja, welches andere Bewusstsein herrscht dort? Ich kann es mir nicht vorstellen. Immer wieder gehe ich diese fünf Punkte durch, warum ausgerechnet diese? Sehr zivilisiert kann es dort, wo sie erfüllt sind, nicht zugehen. Missionare, Händler und andere Vertreter des Abendlandes können dort nicht heimisch sein. Gibt es einen solchen Ort überhaupt noch auf unserem Planeten? Die Idee ist absurd, aber sie gefällt mir. Sie reizt mich, an sie zu glauben. Meinem Ego brauche ich davon gar nicht erst zu erzählen, es schüttelt darüber nur den Kopf und weiß ohnehin, dass es für einen Querschnittsgelähmten vollkommener Quatsch ist, sich mit solchen Ideen zu befassen.

Es dauert nicht lange, da kommt mich eines Tages doch jemand besuchen, mein alter Freund Fritz. Dem muss ich meine neueste Idee natürlich sofort erzählen. Er schaut mich daraufhin nicht etwa mitleidig lächelnd an, nein, er stimmt begeistert zu und trumpft damit auf, ein solches Land zu kennen.

Ich bin platt. Denn ganz bestimmt habe ich nicht damit gerechnet, dass so prompt jemand zu mir nach Heidelberg in die Klinik kommt und weiß, wo genau diese fünf Kriterien erfüllt sind, die ich mir auf meinem Streyker mühevoll zurechtgedacht habe. Ich glaube, Fritz macht einen Witz. Aber nein, auf meine Frage »Wie heißt das Land?« hat er tatsächlich eine Antwort:

»Ladakh.« Das sagt mir zwar nichts, aber er kann es mir erklären. »Ganz oben im Westhimalaja, in der Ecke zwischen China, Afghanistan, Pakistan und Indien.« »Ah ... so ... alles klar.« Ich denke, Menschen, die so unzivilisiert sind, dass sie diese fünf Kriterien erfüllen können, gäbe es, wenn überhaupt, dann vielleicht nur noch ganz hinten links im Amazonas, wo kein Mensch wie ich hinkommt.

Fritz erzählt, dass er schon mal dort war.

»Au!!«, das tut weh, verdammt weh. Fritz versteht nicht, was mit mir plötzlich los ist, weshalb ich weiß im Gesicht werde und die Augen verdrehe. »Es war nur wieder einer von diesen heftigen Nervenschocks, die durch meinen Körper schlagen. Deine Antwort hat mich so gerissen, dass ich unkontrolliert zusammenzuckte.«

»Warum?«, fragt er.

»Na, weil du da schon warst!«

»Dreimal sogar.«

Vorsicht, jetzt darf mich nichts erschüttern, weder Freude noch Verwunderung. Ich könnte aus der Haut fahren über so viel himmlische Zuneigung! Das ist die Heilung, jubelt meine Seele heimlich, ohne mir diesen kausalen Zusammenhang ins Bewusstsein zu bringen.

Ich kann Fritz nicht erklären, welche überwältigende Zuversicht sein lapidarer Satz, er sei schon da gewesen, bei mir auslöst. Die Seele grinst fühlbar zufrieden tief in mir. Dann muss Fritz wieder gehen. Mein Nervenkostüm hält mehr nicht aus. Als er aus dem Zimmer ist, falle ich in tiefe Meditation. Konzentriere mich ausschließlich auf meinen flachen, gleichmäßigen, schmerzlosen Atem und sonst nichts. Mir ist nicht bewusst, dass dies der erste große Moment meiner Heilung ist. Meine Seele steht mitten im Herzen, sie erfüllt alles. Ich spüre, ganz viel kommt (wieder) in Fluss. Bin unendlich dankbar und glücklich über so viel Liebe.

Kaum habe ich mich erholt, geht die Seelenarbeit weiter. Sie verlangt praktische Schritte. Dazu gehört eine Perspektive, ein Vorhaben, ein echtes Ziel, auf das ich zugehe.

Wenn mein Ego schon wieder etwas zu sagen hätte, würde es mich wegen solcher Fantastereien verhöhnen. Es würde immer wieder die Röntgenbilder anschauen und das Gespräch mit den Ärzten suchen, die auf vollkommen vernünftige Weise klar machen, welches Ausmaß und welche Konsequenzen meine L2-Fraktur hat.

Tatsächlich lässt es sich nicht vermeiden, dass bei Visiten die Ärzte über mich urteilen, aber ich stelle mich vollkommen uninteressiert, sodass sie im Wesentlichen nur bei der Pflege die Parameter meiner Entwicklung abfragen und die scheinen normal, weshalb weitere Gespräche nicht nötig sind. Der Rollstuhl ist in Auftrag gegeben, bald kann mit der Aufrichtphase im Hubbett mit mir begonnen werden.

»Oh, oh Clemens ... keine Panik! Ganz ruhig bleiben«, sagt meine Seele. Bis zur Stabilisierungsphase dauert es noch.

Heute, über 20 Jahre später, wäre ich mit einer solchen Fraktur schon operiert. Der L2 wäre mit Metall von L1 auf L3 überbrückt worden. Ich säße schon ab der 2. Woche im Rollstuhl. So hätte man die Kreislaufprobleme vermieden und meine Aufenthaltsdauer in der Klinik wäre wesentlich verkürzt worden. 1981 war die OP-Technik aber noch nicht so weit und die Wirbel um den Bruch mussten sich selbst stabilisieren. Das war genau die Zeit, die mir noch blieb, um meine Selbstheilungskräfte zu mobilisieren.

»Ladakh«? Dazu fällt mir nichts ein. Was und wie denken die Menschen dort? Auch dazu kann ich mir nichts vorstellen. Das beunruhigt mich. Die Seele schaut skeptisch, als wolle sie mich fragen: Wozu willst du das wissen? Fast hätte ich mich über diese Skepsis entrüstet, denn schließlich will sie mich doch dorthin haben. Ihre Gutherzigkeit jedoch lässt mich erkennen, dass dieses Bedürfnis, wissen zu wollen, was kommt, ein Ego-Bedürfnis ist. Dahinter steht nichts anderes als das übliche Verlangen nach Sicherheit. Mit diesem Sicherheitsbedürfnis gewinnt man aber kein Neuland. »Es geht hier um Sein oder Nichtsein, mein lieber Clemens, oder hast du dich mit dem Rollstuhl schon abgefunden?«

»Nein.«

»Also, was ist dann der nächste Schritt?«

»Aufbruch.«

»Genau!«, antwortet die Seele und fügt hinzu: »Wenn du wieder laufen können möchtest, brauchst du einen guten Grund dafür.«

Man braucht einen guten Grund, um wieder gesund zu werden.

Mein Ego würde, sofern es sich nicht verkrochen hätte, antworten: »Aber ich kann doch nicht mehr laufen, das steht doch nun mal fest.« Und es hätte einen Kompromiss angeboten, würde beispielsweise neue Bewusstseinsfelder finden, die auch im Rollstuhl zu erreichen sind. Das Ego versteht nicht, dass die neuen Bewusstseinsfelder, die die Seele für mich braucht, kein Selbstzweck sind, sondern Voraussetzung für das Über-Leben.

Zum Glück muss ich mich mit meinem Ego nicht herumschlagen und bekomme von niemandem Besuch, der seine vernünftigen Einwände vertritt. Insofern ist es ein Geschenk, dass mich auch meine Familie nicht besucht, obwohl ich vier Geschwister habe. Alle würden sich Sorgen machen, welche Illusionen ich hege, auch meine Frau, wenn ich mich nicht am ersten Tag nach dem Sturz von ihr getrennt und sie gebeten hätte, mich nicht zu besuchen.

Meine Seele ist derzeit mein einziger persönlicher Ansprechpartner. Ich empfinde diese Auszeit als das Geschenk meines Lebens. Mein Ego hat Pause, welch eine Erholung! Der Preis dafür ist allerdings sehr schmerzhaft und vielleicht nicht wieder gutzumachen. Ich muss alles dafür tun, was einem Wunder gleichkommt, sonst ist mein Schicksal besiegelt.

Der erste Schritt ist getan.* Das Ziel ist klar, wenn auch nicht sichtbar. Das Sicherheitsargument, man müsse vorher sehen, wohin es geht, zählt nicht. Mein Kompass sind die fünf Kriterien. Außerdem will ich Fritz fragen, ob er nicht mein Guide sein möchte. Der Aufbruch zu neuen Bewusstseinshorizonten erscheint machbar, jetzt brauche ich nur noch meine Beine.

Bisher habe ich mein Geld als Filmemacher verdient. Warum nicht weiterhin? Wenn man seine Krankheit überwinden möchte, darf man sich von ihr nicht dominieren lassen, gibt mir meine Seele zu verstehen. Ich bitte Fritz, mich noch mal zu besuchen. Ich frage ihn, ob er die Produktionsleitung übernehmen würde, wenn ich in Ladakh einen Film drehe? »Warum nicht?«, meint er.

Großartig, damit ist meine Motivation, wieder laufen zu wollen, manifestiert. Ich beschließe, einen Film über unzivilisierte Menschen in Ladakh zu drehen, deren Bewusstsein ein anderes sein muss als das meine.

---

* *Während ich dieses Kapitel schreibe, habe ich zu meinem Erstaunen feststellen müssen, dass weder ich noch die Ärzte oder sonst irgendjemand sich darüber klar waren, welche einzelnen Schritte tatsächlich zu meiner Heilung geführt haben. Erst mit der Selbstreflektion, durch das Schreiben dieses Buches mehr als 20 Jahre nach dem Ereignis, begreife ich, wie die Spontanheilung überhaupt zustande kam. Noch Monate nach Beendigung dieses Kapitels kommen immer wieder neue Details der Geistigen Heilung an die Bewusstseinsoberfläche. Die übliche Fixierung auf das Physische und die Verdrängung der geistigen Prozesse macht die Analyse des Geistigen Heilens so schwierig und anstrengend. Streckenweise muss ich dieselben fürchterlichen Schmerzen noch einmal am Schreibtisch erleiden, die ich damals hatte, um mir bewusst zu werden, was seelisch und geistig bei mir eigentlich passiert war. Ohne die radikale Veränderung meiner damaligen Lebens- und Bewusstseinslage hätte ich den Rest meines Lebens im Rollstuhl verbracht.*

Selbstheilung

Am nächsten Morgen nach dem Frühstück, das ich flach auf dem Rücken liegend, geschickt mit einem Strohhalm und etwas Hilfe einer Schwester verzehre, liege ich wieder ganz ruhig auf meinem Streyker und verfalle in meine fast schon gewohnte tiefe Meditation ohne jede Ablenkung, nur den flachen Atem kontrollierend. Meine Aufmerksamkeit wandert zu meinem großen Zeh am gelähmten rechten Bein hinunter. Ich bin fest konzentriert: »Da ist doch was? Huscht da nicht der Schatten eines Gefühls vorbei? Vorbei ...« Ich bleibe konzentriert und warte ab ohne Erwartung. Es tut sich nichts weiter. »Nimm's nicht so wichtig«, denke ich mir. »Neugierde stört nur, falls da im Zeh wirklich Leben war.« Ich gehe mit meinem Bewusstsein zurück in die meditative Leerheit.

Nach ein paar Stunden kann ich es mir nicht verkneifen, meine Aufmerksamkeit erneut zum Zeh hinuntergehen zu lassen, denn diesen kurzen Schatten eines Gefühls – den kann ich mir doch nicht eingebildet haben? Es ist deprimierend, wenn trotz aller aufgewendeten Kraft, um irgendeine Verbindung zu den gelähmten Körperpartien herzustellen, kein Durchkommen ist – tot, kein Funke von Reaktion. Mein Bewusstsein kann den gewünschten Körperteil nicht einmal orten, er könnte genauso gut amputiert sein. Diese Frustration schlägt um in Resignation und lähmt den Wunsch, immer wieder innerlich zu testen. Die Ärzte sagen ohnehin, dass es absolut zwecklos ist.

Am Morgen danach, fast zur selben Zeit nach dem Frühstück, passiert es aber noch einmal. Diesmal weiß ich hundertprozentig, dass dort unten in meinem großen Zeh ein Gefühl war, wenn nicht sogar eine Bewegung. Ich könnte ..., aber ich darf mich ja nicht aufregen. Schon ein Zucken genügt und ein heftiger Schmerzschlag würde meine Konzentration zerstören. Ganz ruhig bitte ich die Pfleger und Schwestern unseres Zimmers zu mir ans Bett. »Nehmt mir bitte die Bettdecke vom Fuß und dann schaut zusammen auf meinen großen Zeh, ob sich da irgendetwas rührt?«

»Ach Clemens ...«

»Bitte tut mir den Gefallen ... eins – zwei – drei ... Habt ihr's gesehen? Mein Zeh hat sich bewegt.«

Eine der Pflegerinnen sagt: »Tut mir Leid, ich muss meine Arbeit weitermachen.«

Der Nächste: »Clemens, sei mir bitte nicht böse, ich hab zu tun.«

Noch einer: »Ich auch.«

Nur Peter und Nora stehen noch bei mir.

»Bitte bleibt da, ich mache es noch einmal. Schaut bitte ganz genau hin. Eins – zwei – drei ... jetzt habt ihr es aber gesehen?«

Sie schauen mich liebevoll, aber ziemlich mitleidig an.

»Ich spinn doch nicht.«

Peter fängt an, mir zu erklären, warum ich nicht spinne. »Diese Gefühle gibt es immer wieder, stimmt's, Manfred?«

Manfred am Fenster, der sich seit einer Stunde schweißtreibend alleine in seinen Rollstuhl arbeitet und es noch immer nicht schafft: »Ach Clemens, quäl dich nicht, ich hab das so oft, ich denke sogar, mein Schwanz steigt wieder, aber das ist alles Einbildung.«

»Entweder sind die Nerven im Rückenmark durch oder sie sind nicht durch. Ein bisschen durch gibt es bei Nerven nicht«, erklärte Peter weiter, ohne Manfreds Beispiel aufzugreifen, das mich auch mal interessieren würde, denn da ist bei mir ja auch alles tot.

Ich bitte Schwester Nora: »Tu mir einen Gefallen, leg deine Handinnenfläche ganz gespannt und hauchzart auf die Spitze meines großen Zehs und sag, ob du was spürst.« Sie tut mir den Gefallen und ich zähle noch mal: »Eins – zwei – drei ... ?? ??«

Nora ist etwas verwirrt. »Kannst du es noch mal machen?«

»Ich kann nicht mehr.« Es ist wahnsinnig anstrengend. Wegen der unterdrückten Aufregung oder weil ich an mir selbst zweifeln soll – ich weiß es nicht.

Nora motiviert mich: »Clemens, komm, zeig's mir.«

»Eins – zwei – drei.«

Sie schaut den Peter plötzlich so bedeutungsvoll an. »Komm du mal. Probier selbst, ich glaube ...«

Peter legt seine Hand auf meinen großen Zeh, aber da tut sich nichts (mehr?). »Ist gut, Clemens. Du kannst klingeln, wenn noch was ist.«

Nora im Weggehen zu Peter: »Ich glaub, ich hab was gespürt, meinst du, dass das möglich ist?«

»Ausgeschlossen ...«

Nora dreht sich an der Tür noch einmal kurz zu mir um. Durch meine flache Lage sehe ich sie kaum, aber glaube, sie hat mir zugelächelt.

Ich weiß, dass ich nicht spinne, und Nora hat etwas gespürt. Auch wenn alle dagegenreden – da ist etwas. Ich hoffe nur, es bleibt nicht dabei, sondern entwickelt sich. Seele, wo bist du?

Die Innenansicht eines Wunders.

Am Nachmittag, als die neue Schicht ihren Dienst aufnimmt und unser Zimmer gerade so herrlich sonnendurchflutet leuchtet, bitte ich um einen neuen Test. Ich erzähle den Pflegern und Schwestern aber nichts vom Vormittag, nur Manfred tönt gleich herum. Allerdings war ich bei Schichtwechsel auch schon Gespräch gewesen, wie man mir später gesagt hat. Egal, die Pfleger und Schwestern sind alle sehr nett. Diesmal legt Dorothea ihre Handfläche auf meinen großen Zeh, denn mit nur hinschauen gebe ich mich nicht mehr ab. »Eins – zwei – drei !«

»Ja«, sagt sie.

Sie sagt ja?

»›Ja‹, sagst du?«

»Ich glaube schon«, meint sie.

Ich presse die Tränen zurück.

»Bernd, teste mal«, sagt Dorothea zu ihrem Kollegen.

Bernd spürt ebenfalls eine hauchzarte Bewegung im vordersten Glied meines großen Zehs.

»Ist das nicht toll?!« »Ist das nicht toll?«, frage ich. Bernd: »Wir müssen das jetzt weiter beobachten, ob es mehr wird oder ob es wieder weggeht.«

»Das geht nicht mehr weg«, sage ich, »im Gegenteil, wartet mal ab.«

Am nächsten Morgen bei der Visite kommt Stationsarzt H. gleich auf mich zu: »Guten Morgen, Herr Kuby, was hat man mir da erzählt? Schwester, nehmen Sie ihm mal die Decke ab.« Er fasst meinen linken Fuß an. »Da tut sich was?«

Dorothea: »Herr Doktor, rechts, behauptet Herr Kuby, könne er seit gestern seinen großen Zeh bewegen.«

Dr. H.: »Ausgeschlossen, da haben wir ja eine vollständige Paraplegie.«

Dorothea: »Herr Kuby könnte Sie das fühlen lassen.«

Dr. H.: »Na, dann zeigen Sie mal, was Sie können.«

Ich schau ihn nicht an. Ich kann nicht antworten.

Dorothea: »Clemens, was ist? Zeig ihm doch, was du uns gestern vorgeführt hast?!«

Ich habe nicht die Kraft, zu antworten. Ich weiß, es wird nicht funktionieren, wenn Dr. H. jetzt auf meinen Zeh schaut. »Später!«, sage ich und schaue niemanden an.

Dr. H. lächelt indigniert und sagt: »Wäre ja auch zu ungewöhnlich ...«, dann wendet er sich von mir ab und geht zum nächsten Bett.

Dorothea schaut mich befremdet an und schüttelt den Kopf, bevor sie Dr. H. folgen muss.

Ich könnte schon wieder heulen. Warum bin ich nur so sensibel? Alles schlägt mir gleich aufs Gemüt, das stört mich furchtbar. Vielleicht liegt es aber auch an der riesigen Freude, die in meiner Seele lauert und gerne ausbrechen würde. Ich bin total aufgewühlt, muss mich aber strikt im Zaum halten.

Bisher habe ich nie richtig darüber nachgedacht, was es heißt, querschnittsgelähmt zu sein. Ich verdränge es systematisch, sagen sogar die Ärzte. Das stimmt, das will ich auch, denn ich will meinen Status nicht fixieren, auch wenn medizinisch gesehen keine Chance auf Heilung besteht. Für mich ist das ein Gesunderhaltungsprinzip, das ich auch bei Schnupfen, Halsweh oder anderen kleineren oder größeren Problemen schon lange anwende. Ich erkenne die Beschwerden als Krankheiten einfach nicht an. Ich ignoriere sie, ich gebe ihnen keine Namen und verhalte mich so, als wären sie ein Gerücht, das irgendjemand erfunden hat. Zwar muss ich mich auch mal ein bisschen mehr schnäuzen oder öfters mal einen Tee trinken und mich warm halten, aber eine Krankheit mit Namen vergebe ich nicht. Jeden, der kommt und sagt: »Oh Mensch, hat's dich jetzt auch erwischt? Bist du aber erkältet!?«, ignoriere ich. Ich nuschle irgendeine Antwort wie »Da ist nichts; ist gleich wieder weg«, und wechsle sofort das Thema.

Krankheiten ohne Namen verschwinden schneller wieder.

Vor allem rede ich mit keinem Mediziner darüber, denn für sie ist jede Krankheit ein gefundenes Fressen. Sie entwerfen augenblicklich ein Szenario für das, was alles passieren kann, wenn ich meine Krankheit nicht behandle. Ihnen zu widersprechen ist nutzlos und bewirkt genau das Gegenteil – das Szenario wird zum Horrorszenario. Nimmt man ihre Diagnose an, hat man die Krankheit schon akzeptiert. Besonders krass ist das natürlich bei einer Querschnittslähmung, die nicht nur durch Röntgenbilder, sondern durch die nicht zu leugnende Lähmung selbst attestiert ist. Deshalb halte ich auch schon die ganze Zeit über meinen Mund und bin heilfroh, dass mich niemand besuchen kommt, der mit mir über mein zukünftiges Rollstuhlleben redet. Nur so habe ich eine Chance.

Aber was heißt hier Chance? Mit dieser umstrittenen, winzigen Zehbewegung kann ich ja noch lange nicht laufen. Tag für Tag aber wird es mehr. Bei der Wochenvisite bringt Dr. H. plötzlich seine Kollegin von der Frauenstation mit. Sie darf sich mal meine Zehen anschauen, denn inzwischen bewegen sich nicht nur der große, sondern auch schon die kleinen ein wenig mit. »Herr Kuby, Sie haben gute Aussichten, Ihren Rollstuhl nicht immer benützen zu müssen. Ab und zu werden Sie auch mit Krücken zurechtkommen. Sehr beachtlich. Mit mehr dürfen Sie aber nicht rechnen. Ab morgen beginnen wir jetzt mit einer Physiotherapie und sehen, wie weit wir kommen.«

Ich liebe meine Physiotherapeutin. Sie hat unglaubliches Geschick und Einfühlungsvermögen. Das meiste, was sie mit mir macht, sind zwar furchtbare Quälereien, aber sie kann Reflexe auslösen und mit meinen Nerven umgehen, so, als wären sie ihre Kinder, die sie genial zu motivieren versteht. Die Physiotherapeuten und -therapeutinnen in Schlierbach sind diejenigen, denen ich einen Preis für die enorm hohe Erfolgsrate bei hinzugewonnener Mobilität von Querschnittsgelähmten verleihen würde. Das innovative Konzept dafür stammt von Professor Paeslack.

Den täglichen Fortschritt bei den Patienten erarbeiten sie in ihrem schweren 8- bis 10-Stunden-Arbeitstag. Sie sind hoch qualifiziert, hauptsächlich durch Fortbildungen in den USA, und liegen weit über dem üblichen Leistungslevel. Ihr Erfolg, denke ich, liegt auch in ihrer Hingabe und ihrem tiefen Einfühlungsvermögen. Bei ihnen habe ich das Gefühl, ihre Seelen arbeiten voll mit. Sie verbreiten eine Fröhlichkeit, die angesichts der Schicksale ihrer Patienten als völlig unangebracht gelten kann, aber sie sind so warmherzig und ehrlich, dass sie auch für die deprimierendsten Fälle einen Lichtblick darstellen.

Eine Woche später ist Chefvisite. Professor Paeslack kommt mit seinem gesamten Stab und – wie so häufig – auch mit Kollegenbesuch aus Übersee. Wenn er kommt, dann springt unsere Zimmertür sperrangelweit auf, und schon steht er mit ein paar schnellen Schritten neben mir am Bett, weil ich der Erste an der Tür bin.

»Herr Kuby«, gibt er mir die Hand, »Sie sind berühmt.«

Was für ein Unsinn, denke ich.

»Es wird viel von Ihnen gesprochen, jetzt wollen wir doch mal sehen, was da wirklich dran ist.«

Chefarzt Paeslack ist ein wunderbarer Mensch. Er hat sozusagen magische Hände. Wenn jemand vom Hals weg gelähmt ist, berührt er ihn genau dort, wo er noch etwas spürt, und stellt damit ein unmittelbares Vertrauen zum Patienten her. Seine Stimme ist so weich und stark, so voller Zuversicht und Bodenständigkeit, dass alle Grübelei ein Ende findet. Bei ihm weiß man immer, woran man ist, er macht einem nichts vor und ist trotzdem einfühlsam. Ich glaube, alle lieben ihn und auch er selbst erweckt den Eindruck, alle seine Patienten und Mitarbeiter zu lieben. Davon lebt die Klinik.

Ich kann ihm fünf sich auf und nieder bewegende Zehen vorführen. Er hält mit seiner Hand dagegen und sagt: »Ziehen Sie jetzt mal den Fuß an.«

»Das kann ich noch nicht.«

Er dreht sich zu seinem Stab und erklärt mit lateinischen Begriffen etwas, das einige mitschreiben, andere nicken bedächtig. Er wendet sich mit einem warmen Lächeln wieder mir zu und sagt: »Ganz erstaunlich, ganz erstaunlich. Ich sehe, Sie trainieren fleißig jeden Tag. Das setzen wir fort und dann sehen wir mal, wo wir sind, wenn ich in vier Wochen wieder aus dem Urlaub zurück bin. Diese Zeit brauchen Sie, bevor wir irgendetwas sagen können, was aus Ihnen wird. Ganz erstaunlich ...« – und sein Blick verinnerlicht sich.

Nach vier Wochen kommt er mit noch größerem Gefolge in unser Zimmer. Braun gebrannt und sehr ernst. Ich liege nicht mehr auf dem Streyker, sondern in einem normalen Bett. Ich führe ihm freudestrahlend vor, wie ich das Bein selbstständig anwinkele und den Fuß etwas kreisen lassen kann. Er weiß Bescheid, er hat meine Akte genau gelesen. Dann tritt er rechts an mein Bett, fasst mit beiden Händen nach meiner Hand. Lächelt mich warmherzig und ernst an, schaut streng auf seinen weißen Tross von zirka 30 Ärzten und Ärztinnen internationaler Herkunft und bittet um etwas Ruhe. Alle starren ihn an, es wird mucksmäuschenstill.

Er legt meine Hand auf die Decke zurück und geht neben meinem Bett hinunter auf die Knie, schließt die Augen, faltet die Hände und fängt an, laut zu beten. Einige in seinem Team legen instinktiv ebenfalls die Hände zusammen und senken den Kopf. Paeslack spricht:

»Dank sei Dir, großer, allgegenwärtiger Herrgott, dass Du uns Deine unermessliche Güte und Macht zeigst, indem Du an diesem Menschen hier, an Clemens Kuby, das Wunder der Heilung vor unseren Augen vollzogen hast. Es stand nicht in unserer Macht und unserem Wissen, dass er wieder wird laufen können. Wir danken Dir, oh gütiger, großer Gott aus ganzem Herzen in Ewigkeit. Amen.«

Mir laufen die Tränen übers Gesicht. Niemand hatte mit einer solchen Handlung des Chefarztes gerechnet, keiner hat bei ihm je so etwas gesehen, wahrscheinlich ist alles spontan. Sagen kann ich nichts, nur lächeln. Paeslack tätschelt meine Wange, als er wieder aufsteht, und verabschiedet sich: »Da ist Ihnen großes Glück zuteil geworden.« Und er hält mir noch einmal die Hand. Jeder Einzelne in seinem Tross kommt zu mir und gibt mir ebenfalls die Hand, meistens stumm und ergriffen. Einer sagt: »Gratuliere.«

Konsequenzen

Als ich am 23. Dezember 1981 in Heidelberg-Schlierbach entlassen werde, um nach den Feiertagen in einer Reha-Klinik in Süddeutschland das Laufenlernen fortzusetzen, gehe ich zum Schluss ins Büro von Professor Paeslack, um ihm noch einmal meinen tiefen Dank auszusprechen. Wir freuen uns beide über meine »Wiederauferstehung« und er bestätigt noch einmal, dass er nichts dafür könne. Ich sage ihm, wie froh und glücklich ich über mein Schicksal bin, aber ich erwähne auch die Schmerzen, die ich noch ständig habe. »Meinen Sie, die verschwinden noch?«

»Oh«, sagte er, »die sind gut.«

»Wieso sind die gut?«

»Dann vergessen Sie nicht, welches Glück Sie hatten, dass Sie jetzt nicht im Rollstuhl sitzen.«

Ein heißer Strahl durchzuckt meinen Körper. Stimmt! Wie schnell vergisst man, dass Gesundheit nicht selbstverständlich ist, wenn man schmerzfrei ist, und wie schnell ist auch das tägliche Gespräch mit der Seele vergessen, dabei hält einen nur dieses dauerhaft gesund.

Es dauert noch vier Monate, bis ich mich wieder fast normal bewegen kann. Das Oberflächengefühl am rechten Bein kommt größtenteils nicht wieder zurück, aber ansonsten geht alles, bis auf das Tragen von Lasten, sehr gut. Alles, was schwerer als ein Kilo ist, schmerzt noch bis etwa eineinhalb Jahre nach dem Fall, aber ich werde stetig stärker. Manchmal lupfe ich heute sogar 15 bis 20 kg. Dafür muss ich dann allerdings nach ein bis zwei Stunden schmerzhaft büßen.

Vor dem Sturz habe ich bei meinen Filmen meistens die Kamera selbst geführt, nun ist klar, dass ich nur noch Regisseur sein kann und alles andere, bei dem es nichts zu tragen gibt. Insofern habe ich Glück mit meinem Beruf und es tut meinen

Filmen gut, dass ich mich auf die Regie, die Finanzierung und den Schnitt konzentriere.

Ich weiß, was ich meiner Gesundheit, das heißt meiner Seele, schuldig bin. Noch im Krankenstand beginne ich die Möglichkeiten eines Filmprojekts in Ladakh zu ergründen. Ein äußerst schwieriges Unterfangen, weil Ladakh ein streng abgeriegeltes, militärisches Sperrgebiet der Inder ist und weil mir für das Vorhaben lange niemand Geld geben will, bis ich schließlich eine Redaktion im WDR Köln, eine im SWR Baden-Baden und eine im BR München finde, von denen sich jeder mit einer kleinen Summe beteiligt, zusammen mit 44% an meinen kalkulierten Kosten. Außerdem stelle ich bei der Filmförderungsanstalt (FFA) in Berlin einen Antrag auf Projekt-Film-Förderung. Die FFA lehnt das Projekt jedoch wegen zu geringer Erfolgsaussichten ab. Dafür aber kann ich für meine Pläne die Lufthansa gewinnen, die mir sämtliche Flugkosten sponsert.

Es beginnt ein jahrelanges Ringen, bis ich es im August 1985 wage, mit nur 120.000 DM loszulegen. (Hätte mir damals jemand gesagt, dass der Film am Ende 600.000 DM kosten würde, hätte ich ihn wohl nie begonnen.) Auf dem Weg zum Flughafen überkommt mich plötzlich das Gefühl, in Delhi meine indische Consultin anrufen zu müssen, um zu hören, ob sie wirklich morgen Nacht wie verabredet um 2 Uhr in Delhi auf dem Flughafen mit den Visa und der Drehgenehmigung stehen wird? Gott sei Dank erreiche ich sie von einer Telefonzelle am Straßenrand aus und sie meint, welch ein Glück es sei, dass ich noch mal anriefe, denn es sei leider wieder etwas schief gegangen und wenn ich morgen ankäme, würde ich sicherlich verhaftet und zurückgeschickt werden, weil die Genehmigung des Ministeriums noch mehr Zeit beanspruche.

Ich dirigiere den Taxifahrer wieder zurück nach Hause. Fritz ist schon vor zwei Wochen nach Indien vorausgeflogen, um die Weiterreise von Delhi nach Ladakh vorzubereiten und um dort dann für unsere Logistik zu sorgen. Als ich schließlich 10 Tage später von der indischen Botschaft gültige Papiere erhalte, lande ich mit meinem Team am nächsten Tag in Delhi in der Erwartung, von Fritz am Flughafen in Empfang genommen zu werden. Weit und breit ist aber kein Fritz zu sehen. Schließlich rufe ich bei seiner Frau in Zürich an und sie sagt, er komme soeben zur Tür herein. Ich fasse es nicht! Er lässt einfach seinen Job im Stich und sagt entschuldigend: »Ich hatte gestern den Eindruck, das Projekt kommt nicht mehr zustande, und da bin nach Hause geflogen, nachdem ich dich in München nicht erreicht habe.« Ich bin außer mir! Da bereiten wir uns vier Jahre auf diesen Moment vor und 24 Stunden, bevor es losgeht, kippt die ganze Sache seinetwegen. Was soll ich dazu sagen? Nur so viel noch: »Wohin muss ich jetzt weiterfliegen?«

»Leh.«

»Und weiter?«

»Was weiter?«

»Ja das ganze Wort.«

Dann reißt die Verbindung ab und ich bin auf mich selbst gestellt. Die ganze Zeit habe ich mich nicht darum gekümmert, wo Ladakh genau liegt und wie ich dahin komme. Ich habe das alles bei Fritz in guten Händen geglaubt.*

Im Nachhinein stellt es sich als ein vollkommen unerwartetes Geschenk des Himmels heraus, dass Fritz abgereist ist. Denn auf diese Weise bin ich gezwungen, vom ersten Tag an mit Ladakhis, und nur mit Ladakhis zusammenzuarbeiten. Sie ermöglichen einen unmittelbaren, vollkommen offenen Zugang zu Menschen, die meine fünf Kriterien erfüllen. Sie sind tatsächlich ohne Straße, ohne Strom, ohne Tourismus, ohne weißes Mehl und ohne Zucker.

---

* *Ausführlich ist diese Geschichte in meinem Buch zum Film* Das Alte Ladakh *(Goldmann Verlag, München 1988) erzählt.*

Nun habe ich endlich den Rahmen für meine Heilung durch Bewusstseinsveränderung. Man könnte einwenden, ich sei ja schon geheilt, was also soll jetzt nachträglich noch eine solche Reise damit zu tun haben? Wenn ich an meine Seele denke, sollte ich solcher Logik misstrauen. Ich musste nach Ladakh, denn ich hatte auf dem Streyker vor vier Jahren meinen Willen für die Bewusstseinserweiterung erklärt. Mich jetzt von diesem Zusammenhang abzukoppeln wäre ein Vertrauensbruch und der würde unweigerlich zu der Frage führen, wie lange dann wohl die Heilung hält. Instinktiv weiß ich, dass ein Abkoppeln für meine Gesundheit äußerst gefährlich ist. Mein Ego meint zwar, es sei viel gefährlicher, mit einem so labilen Rücken, wie ich ihn habe, hier in der Wildnis auf 5.000 Meter Höhe »herumzuturnen«. Doch der Geist regiert den Körper – und mit dem passiert jetzt was ...

Dalai Lama – Ladakh

Mit meinem Team und am Steuer ein tollkühner ladakhischer Jeep-Fahrer gerate ich über eine Abkürzung zwischen mehreren Serpentinen bergab auf steinigem Wildweg in einen Militärkonvoi von 16 Landrovern. An der Spitze, im zweiten Wagen hinter dem weißen Pilotfahrzeug, sitzt das Oberhaupt des tibetischen Buddhismus, Seine Heiligkeit der 14. Dalai Lama. Er befindet sich in inoffizieller Mission durch ladakhische, heilige Stätten und stärkt im Interesse Indiens die kulturell zu Tibet gehörende ladakhische Bevölkerung gegen einen befürchteten Einmarsch der Chinesen. Erst vor ein paar Tagen war ich aufgeklärt worden, wer der Dalai Lama überhaupt ist. Bisher hatte ich nur ein paar Klischees über ihn im Kopf: »Gottkönig«, »Theokrat«, »Maos Feind« etc.

Durch das waghalsige Abkürzungsmanöver unseres Fahrers reihen wir uns völlig unbeabsichtigt und unentdeckt an zwölfter Stelle in den Konvoi ein, der von Militär vorn und hinten gegen jeden Eindringling abgesichert ist. Just in diesem Moment muss die gesamte Kolonne an der nächsten Steigung anhalten, da der Sechszylindermotor im Auto des Dalai Lama heftig raucht. Neugierig ergreife ich diese einmalige Gelegenheit und gehe an zehn Fahrzeugen vorbei, in denen offenbar honorige Persönlichkeiten sitzen, die mich nicht beachten, bis ich beim Wagen des Dalai Lama ankomme. Die Bodyguards aus dem Fahrzeug hinter ihm sind gerade damit beschäftigt, dem Fahrer Seiner Heiligkeit dabei zu helfen, an einer am Berg unweit gelegenen Quelle Wasser für den Autokühler zu sammeln. Es hindert mich also niemand daran, an das offene Seitenfenster Seiner Heiligkeit heranzutreten, der im Wagen allein wartet, und ihn – völlig ahnungslos – auf Englisch zu begrüßen: »Good Afternoon«.

Zufällig traf der Autor den Dalai Lama (zum ersten Mal) 1985 in Ladakh.

Tensing Gyatso, wie der Dalai Lama mit Geburtsnamen heißt, erwidert in hohem Kopfton auf seine weltberühmte, immer herzliche, humorvolle Art: »Oh, da sind Sie ja, mein Freund«, als würden wir uns schon immer kennen, und setzt dann mit tiefer Kehlkopfstimme fort: »Was machen Sie hier?«

»Ich möchte hier einen Film über unzivilisierte Menschen drehen.«

Der Dalai Lama schüttet sich aus vor Lachen. »Warum kommen Sie dann nicht mit mir?«

Ich muss nun ebenfalls lachen und in diesem Moment packen mich von hinten zwei Bodyguards, sodass ich den Boden unter den Füßen verliere. Sie sind aufgebracht, weil sie mich nicht schon vorher bemerkt haben, und reißen mich grob vom Wagenfenster weg. Ich zapple in der Luft. Der Dalai Lama macht eine kleine Handbewegung und die Bodyguards lassen mich fallen. Seine Heiligkeit setzt das Gespräch in ungestörter Fröhlichkeit fort: »Kommen Sie, setzen Sie sich zu mir.«

»Vielen Dank, aber ich habe da unten meinen Wagen mit meinem Team.«

Der Dalai Lama dreht sich auf seinem Sitz herum und schaut auf die Passstraße zurück: »Die können hinterherfahren.«

Inzwischen bin ich umringt von vielen Personen, unter anderem ist sein Sekretär dabei. Alle betrachten mich wie einen Außerirdischen, der gerade gelandet ist, und es wird viel hin und her palavert, bis das Führungsmilitär auf Weiterfahrt dringt. Die Kühler der Fahrzeuge sind alle wieder mit Wasser aufgefüllt, sodass die Raserei durch den ladakhischen Himalaja fortgesetzt werden kann. Spontan reisen wir nun acht Tage mit Seiner Heiligkeit durch die entlegensten Winkel Ladakhs. Täglich kann ich mich mit ihm stundenlang unterhalten. Oft können wir drehen, obwohl eigentlich alles ganz geheim und ohne Presse ablaufen soll.*

Diese Begegnung leitete bei mir einen großen Bewusstseinswandel ein, der alles übertraf, was ich je im »Stadion« zu ahnen wagte. In meiner geistigen Entwicklung vom Existenzialisten Albert Camus über den Sozialisten Jean-Paul Sartre, weiter über mein Engagement in der 68er-Studentenbewegung, unter anderem mit meinem Mitschüler Dany Cohn-Bendit und meinem Freund Rudi Dutschke, bis hin zu den 1973/74 bei mir einsetzenden ökologischen Ideen, dann dem Aufbau und der Gründung der *Grünen* sowie dem Abschied von dieser Partei war der mir durch den Dalai Lama persönlich vermittelte tibe-

---

* *Daraus wurde ein Film in zwei Versionen fürs ZDF und die ARD. In den Jahren danach drehe ich mit Seiner Heiligkeit noch drei Filme und treffe ihn bis zum heutigen Tag bei vielen Gelegenheiten persönlich wieder.*

tische Buddhismus die gewaltigste Bewusstseinserweiterung, die ich bis dahin erfahren hatte.

Als Seine Heiligkeit am 19. August 1985 aus Ladakh abreist, nennt man uns »Das Team Seiner Heiligkeit«, wodurch wir, wo immer wir in Ladakh drehen, herzlich willkommen sind und höchste Kooperation und Zuneigung genießen. Wir filmen noch sechs Wochen Tag für Tag und kommen mit 20 Stunden schönstem belichtetem Film und Tonmaterial wieder nach Hause.

Drei Tage später werde ich mit Blaulicht ins Krankenhaus gefahren und vier Wochen in Quarantäne gehalten, weil ich schweren Typhus aus Ladakh mitgebracht habe, an dem ich fast gestorben wäre. Aber auch diese Krankheit dient ganz wesentlich meiner geistigen Orientierung. Nach dem Studium von Ken Wilbers *Halbzeit der Evolution* und einem Einführungsbüchlein in den tibetischen Buddhismus komme ich gesund aus dem Krankenhaus heraus und schneide innerhalb der nächsten sechs Monate den Kinofilm *Das Alte Ladakh**, der zu einem verblüffenden, im deutschen Kino mit einem Dokumentarfilm bisher noch nicht dagewesenen Publikumserfolg wird. Als ich dafür den Deutschen Filmpreis mit 400.000 DM erhalte, ist der Weg zu meinem nächsten Film über das buddhistische Bewusstsein *Tibet – Widerstand des Geistes** geebnet. Dieser Film wiederum führt mich zu meinem größten Erfolg *Living Buddha*.*

Insgesamt reiste ich sechsmal nach Tibet, fuhr dort auf 3.500 bis 5.600 Meter Höhe und Tausende von Kilometern im Jeep über Rüttelwege, ritt tagelang auf Pferden und lief viele Kilometer ohne irgendwelche Rückenprobleme. Manchmal, wenn ich kurze, heftige Nervenschocks erhielt, weil ich mich verhoben hatte, erinnerte ich mich an die Worte meines Profes-

---

* *Zu beziehen über mind films GmbH, siehe Seite 338.*

sors in Schlierbach, wie gut es sei, dass ich noch Schmerzen habe, um mir der Gnade bewusst zu bleiben, die mir widerfahren ist.

Bei meinem Vorhaben, gemäß meiner fünf Kriterien einen Film über »unzivilisierte« Menschen zu drehen, ist der Erste, der mir dafür über den Weg läuft, ausgerechnet der Dalai Lama – der zivilisierteste Mensch, den ich je kennen lernen durfte. Diese verblüffende Erfahrung manifestiert sich nicht nur in ihm, dem Friedensnobelpreisträger, sondern in allen Menschen, mit denen ich in Ladakh drehe. Sie haben zwar kein fließendes Wasser, keinen Strom und keine Straße etc., sie sind ungewaschen und leben in dunklen und verrußten Stein- und Lehmhäusern mit kleinen Fenstern ohne Glas, dennoch sind sie sehr zivilisiert. Niemand, den wir sprechen, hat in seinem Leben je von einem Mord oder einem Krieg gehört. Ihre Intelligenz ist so hoch, dass sie auch Dinge verstehen, die sie vorher noch nie in ihrem Leben gesehen oder über die sie nie etwas gehört haben, wie zum Beispiel unsere Filmkamera. Damit ich erklären kann, was ich damit mache, schieße ich Polaroidfotos von ihnen, die jedes Mal riesiges Gelächter auslösen und später auf ihren Altären einen Platz finden. Der Geistliche im Tal, der Geshe, ein studierter Mönch, der sich um das Seelenheil seiner Bevölkerung kümmert, verblüfft uns mit sinnvollen, witzigen Vorschlägen, wie magische Zusammenhänge durch Schnitt im Film dargestellt werden können. Unser ladakhischer Produktionsleiter bittet ihn, uns die berühmte Magie zur Anwerbung einer Geliebten zu verraten. »Nein!«, das verbiete ihm sein Gelöbnis, »aber im Film«, meint er, »lässt sich das doch durch Schnitt und Gegenschnitt so darstellen.« Das sagt einer, der noch nie zuvor einen Film gesehen hat ...

Nachdem wir uns schon besser kennen, kommt er regelmäßig auf seinem Weg von seiner Gompa (Wohn- und Zeremoniehäuschen) ins Dorf bei uns im Camp vorbei, das wir für

Mit dem Film *Das Alte Ladakh* begann die Bewusstseinsveränderung des Autors.

zwei Monate dort aufgeschlagen haben. Eines Tages muss er mit mir ein ernstes Wort darüber sprechen, was ich zu tun und zu lassen hätte, um ein guter Buddhist zu werden. Sehr wichtig ist, dass ich in Zukunft keinen Knoblauch und keine Zwiebeln mehr esse. Mit diesem Verzicht habe ich aber ein Problem und erwidere: »Auf Zwiebeln könnte ich notfalls verzichten, aber ein bisschen Knoblauch habe ich doch sehr gern in manchem Essen.« Er überlegt einen Moment, schaut mich prüfend an, schlägt mir dann auf den Oberschenkel und sagt: »Okay, dann iss Knoblauch.«

Praktischer Buddhismus

So undogmatisch der Geshe die Philosophie vertritt, so locker leben die Ladakhis zusammen. Mit der Zeit finden wir heraus, dass es alle möglichen Familienkonstellationen im Dorf gibt. Gleich mehrere Frauen besitzen zwei Ehemänner und ihre Kinder wachsen in dem Gefühl auf, von beiden Papas abzustammen. Es gibt auch einen Mann mit zwei Frauen. Wir können nicht sagen, ob die Paare lesbisch oder homosexuell sind, die gleichgeschlechtlich in einer Hütte zusammenwohnen. Ihre Weltanschauung kennt keine Gebote, wer mit wem wie lange zusammenleben darf oder muss. Die buddhistische Philosophie mahnt nur zum gegenseitigen Respekt und verlangt, dass durch Trennung niemand in soziale Not geraten darf. Diesen Respekt übt man täglich durch Mantras, das sind liebevolle Vorsätze und Absichtserklärungen für ein harmonisches Zusammenleben der Familie, der Gemeinschaft, des Landes, der Welt und aller Lebewesen, inklusive derer, die unsereinem lästig fallen, wie Moskitos und Ratten.

Die mentale Konditionierung wird zum Beispiel auch bei schweren Lasten angewendet: Die Träger singen, sobald sie die zentnerschweren Gerstenbündel auf dem Rücken haben, den ganzen Weg vom Feld bis ins Dorf: »Es ist nicht schwer, es wiegt kaum was, wir tragen leicht und sind ganz schnell.«

Niemand in unserem Team kann ein Bündel, das sie so nach Hause bringen, auch nur anheben, obwohl einige in meinem Team viel stärker gebaut sind als die Ladakhis. Ihre Ernten verbessern sie ebenfalls durch mentale Beeinflussung des Wetters und des Pflanzenwachstums. Dabei folgt die Gemeinde ihrem Geshe und versammelt sich zur gemeinsamen, fast zweistündigen Konzentrationsübung auf die günstigsten Bedingungen ihrer Ernte. Das schließt nicht aus, dass sie auf der materiellen Ebene ein hochintelligentes Bewässerungssystem so effektiv wie möglich

Mit Gedanken physische Kräfte mobilisieren.

betreiben. Alles, was wächst, wächst durch Gletscherwasser, denn es fällt das ganze Jahr so gut wie kein Regen.

Keine Familie arbeitet allein auf ihren Feldern, man hilft sich nacheinander gegenseitig aus, sodass man in großen Gruppen die Arbeit verrichtet. Dahinter steht kein Bezahlungssystem, sondern das stets vorherrschende Bedürfnis nach Kommunikation und Unterhaltung. Die Gruppenarbeiten laufen unter ständigem Singen und Lachen ab und es gibt niemanden, der kommandiert. Man richtet sich nach denen, die mehr Erfahrung haben als man selbst. Wir beobachten zwar auch lebhafte Auseinandersetzungen, aber dabei handelt es sich nicht um Streits, wie unser Übersetzer sagt, sondern um Temperamentsausbrüche, die niemand krumm nimmt.

Es gibt auch sonderbare Einzelgänger/innen im Dorf, die wir aber nicht ansprechen sollen. Sie werden von der Dorfgemeinschaft mitversorgt und haben ein oder zwei Betreuer. Ich halte mich nicht immer an diese Empfehlung und mache dann heftige Erfahrungen mit »Verrückten«, die aber immer irgendwie positiv ausgehen und sogar zu unserer Anerkennung beitragen, die wir sehr bald im Dorf genießen.

Nach sechs Wochen liege ich plötzlich mit über 40 Grad Fieber mehrere Tage im Zelt, ohne zu ahnen, dass ich Typhus habe. Im Morgendunkel, kurz nach 5 Uhr, höre ich um mein Zelt herum leise Stimmen und Schritte. Nach einer Zeit kommt mir dieses Getuschel sonderbar vor und ich schaue nach. Ich traue meinen Augen nicht: Da hat eine Gruppe von etwa 15 Dorfbewohnern darauf gewartet, dass ich wach werde, und sogleich zeigt mir eine Frau ihr in ein Schafwoll-Fleece gewickeltes nacktes, abgemagertes Baby, das Durchfall in fortgeschrittenem Stadium hat. Die flehenden Augen der Sippe bitten mich, dieses Baby zu retten. Ich weiß genau: Wenn ich jetzt den Kopf schüttle und mich in mein Zelt zurückziehe, werden sie mich in ihrem Herzen der unterlassenen Hilfeleistung anklagen. Tue ich etwas und das Baby stirbt, dann geben sie mir die Schuld. Ich weiß nicht, welche Variante die schlimmere ist. Erklären kann ich nichts.

Ungeachtet dessen, dass kein Übersetzer in der Nähe ist, muss ich handeln. Das Einzige, was ich habe und wovon ich glaube, damit nichts zu verschlimmern, ist ein joghurthaltiges Darmmittel. Ob das Baby damit überlebt, kann ich nur inständig erhoffen (stark hoffen, das heißt beten). Ich zeige den Angehörigen, wie man die Kapsel öffnet, um den Puder herauszunehmen, und mache ihnen klar, dass sie dem Baby alle zwei Stunden den Inhalt einer Kapsel eingeben sollen. Die ganze Sippe zieht dankbar wieder ab. Ich sinke in meinem hohen Fieber zurück auf meine Matte und bleibe mit meiner Konzentration bei dem Baby. Dankbar und erleichtert erfahre ich nach zwei Wochen, dass das Kind überlebt hat.

Ist dies das Ergebnis eines spirituellen oder materiellen Vorgangs? Wer oder was ist dafür verantwortlich, dass das Baby überlebt hat? Es gibt eine materielle, chemische Ebene durch das verabreichte Mittel und es gibt mehrere geistige Ebenen. Mit einem materialistischen Weltbild scheint der Fall einfach: Das Mittel hat gewirkt. Wobei Pharmakologen in Frage stellen würden, ob dieses harmlose Mittel in einem solchen schweren Krankheitsfall überhaupt zu verantworten gewesen wäre und nicht eine ganz andere medizinische Maßnahme hätte erforderlich sein müssen, damit das Baby überlebt.

Unter einem energetisch-geistigen Weltbild, wie die Ladakhis es mir vermittelt haben, werden aber auch die Umstände der Verabreichung berücksichtigt, die für die Wirksamkeit ebenfalls eine wichtige Rolle spielen. Wäre der Mutter (bzw. dem Baby) das Mittel anonym überreicht worden, die Wirkung wäre ungleich schwächer ausgefallen oder gar nicht eingetreten. In Deutschland hat Prof. Dr. Franz Porzsolt eine vergleichende Studie mit Medikamenten durchgeführt, die einmal von einem Automaten und das andere Mal von einem Arzt ausgegeben wurden. Er konnte nachweisen, dass die Wirksamkeit im zweiten Fall ungleich höher war. Der geistige Einfluss des Helfenden geht sogar noch weiter, wie die Placeboforschungen beweisen. Bis zu 80% Wirksamkeit konnte Professor Porzsolt für ein Placebo erzielen, das bar jeden Wirkstoffes war, im Vergleich zu dem entsprechenden Medikament.

Wodurch hat das Baby also überlebt?

Die stärksten geistigen Faktoren im Weltbild der Ladakhis sind Absicht und Mitgefühl. In der Aktion der zirka 15 Dorfbewohner, die Mutter mit ihrem Baby nachts aus dem Dorf herauszubegleiten und unter neun Zelten das meine ausfindig zu machen, um mich bei Tagesanbruch um Hilfe zu bitten, ist eine starke Demonstration von Mitgefühl und Absicht für das Wohlergehen des Babys. Mein Verhalten war, medizinisch gesehen, vielleicht fahrlässig, aber ich hatte keine andere Wahl und diese Wahl zeigte ebenfalls eine positive Absicht. Die Heilung konnte aber nur von Dauer sein, wenn der seelische Konflikt gelöst wurde, der zu der großen Schwäche des Babys geführt hatte. Die Tatsache, dass die Mutter nicht mit wenigen, sondern mit ihrer ganzen Sippe um Hilfe nachgesucht hat, zeigt schon einen Teil der Konfliktlösung.

Vielleicht suchte und brauchte die Seele des Babys diese breite Zuwendung der Sippe? Wie sollte die Seele ihre Sehnsucht nach Anerkennung und Liebe anders ausdrücken als mit der Drohung, in Kürze den Körper zu verlassen? Bei den hygienischen Bedingungen, die in Ladakh herrschen, ist es keine Kunst, Durchfall zu kriegen, mit dem man seiner seelischen Not Ausdruck verleihen kann. (»Die Situation ist beschissen.«) Nachdem die Sippe demonstrativ darauf reagierte und um das Leben des Babys aufrichtig gerungen hat, entschloss sich seine Seele zu bleiben.

Dafür kann es viele Gründe geben. Vielleicht hatte es sich bisher nicht angenommen gefühlt, denn es war ein Mädchen (in

Ladakh sind Jungs meistens willkommener), oder es hatte den falschen Vater, um von der Sippe angenommen zu werden. Unter dem geistig-energetischen Lebensverständnis der Ladakhis stellt sich die Ursache für Heilung anders dar als mit einem materialistischen Weltbild. Unter dem herrschenden materialistischen Weltbild ist es vollkommen legitim, dass sich hochangesehene Wissenschaftler, Ärzte und Chemiker offen dazu bekennen, dass sie mit ihren Möglichkeiten der naturwissenschaftlichen Ursachenforschung nur Teilerklärungen erhalten und für den Rest, den sie derzeit nicht erklären können, Gott verantwortlich machen. Auch Wissenschaftler können und wollen aus ihrer ganz persönlichen, subjektiven Erfahrung heraus nicht leugnen, dass mehr Kräfte wirken, als von ihnen wissenschaftlich, materialistisch anerkannt sind. Solange man diese Kräfte aber nicht analysiert und in sich zu unterscheiden lernt, brauchen sie einen Ort, an dem sie aufgehoben sind, und den nennen auch stramme Materialisten bei uns Gott.

Das Ego mag zufrieden sein mit dem, was sich wissenschaftlich nachweisen lässt, aber die Seele spürt die ungeklärten Kräfte und hängt von ihnen ab. Diese einfach zu negieren führt bei der Seele zu gefährlichen Defiziten, wie ich sie an mir selbst erlebt habe.

Interessant ist, dass in Gesellschaften mit einem energetisch-geistigen Weltbild der Heiler oder Schamane seinen Patienten fast nie individuell behandelt, sondern in der Gruppe, denn Beziehungsprobleme werden dort als die häufigste Ursache für Krankheiten gesehen.

Bei wem bedankt man sich nun eigentlich, dass das Baby überlebt hat? Beim Baby, dass es auf so selbstaufopfernde Weise für die Bereinigung des Beziehungsproblems gesorgt hat?
Bei der Mutter, dass sie mir das Baby gebracht hat?
Bei der Sippe, dass sie sich in solch großer Zahl für das Baby engagiert hat?

Beim Hersteller des Medikaments, das zumindest nicht geschadet hat?

Die Ladakhis danken in einer Zeremonie dem Aspekt des Mitgefühls (sie nennen es Chenrezig) dafür, dass es bei dem Baby geholfen hat. Wir würden uns entweder beim Arzt bedanken oder bei Gott. In diesem Fall gab es den Arzt nicht und Gott steht ebenfalls für den Aspekt des Mitgefühls und der Liebe, so wie Chenrezig bei den Ladakhis.

Jeder muss in solchen Fällen seine persönliche Antwort finden, bei wem er sich für was bedankt. Ich betrachte es als Geschenk des Himmels, wenn sich für mein Bewusstsein wieder etwas entschlüsselt.

Erforschung des Geistes

Wir müssen berücksichtigen, dass der Buddhismus seit mehr als 2.500 Jahren den Geist erforscht, während wir in westlichen Ländern schwerpunktartig die Materie erforschen. So weit, wie wir es auf unserem Gebiet der Materie gebracht haben, hat der Buddhismus es auf seinem Gebiet des Geistes gebracht. Wir dürfen auf keinen Fall glauben, Buddhisten, die im Himalaja auf dem Dach der Welt leben, seien unzivilisiert und primitiv und könnten uns geistig nicht das Wasser reichen. Was die so genannten Intellektuellen, Professoren und Gelehrten der buddhistischen Bergvölker in puncto Geist erforscht und zur Anwendung gebracht haben, steht in keinster Weise dem nach, was das Abendland in puncto Materie erforscht und bisher zur Anwendung gebracht hat. Am deutlichsten zeigt sich dieser unterschiedliche Interessensansatz in der Sprache.

Als ich 1987 das erste Mal durch Tibet fuhr, lernte ich, dass alles, was wir an Technik dabeihatten, von den Tibetern *Moto* genannt wird – egal, ob es sich dabei um ein Auto oder eine Kamera handelte. Um differenzieren zu können und um unsere Bauanleitungen für den Otto-Motor, das Handy, den Computer oder unsere Filmkamera übersetzen zu können, würden die Tibeter ein komplett neues Vokabular brauchen. In der tibetischen Sprache gibt es für diese technischen Sachverhalte nichts, aus dem sich Begriffe wie Ventil, Unterlegscheibe, Sprengring, Zündung, Semmering, Verteiler etc. ableiten ließen. Man müsste den gesamten Schatz an technischen Wörtern aus einer industrialisierten Sprache ins Tibetische übernehmen, um sich über diese Dinge unterhalten zu können.

Andererseits besitzen die Tibeter zum Beispiel 20 Begriffe für Bewusstsein. Wir hingegen können uns gar nicht vorstellen, wie man Bewusstsein in 20 verschiedene Bereiche unterteilen kann. Ebenso kompliziert und unverständlich erscheint den Tibetern unser technisches Vokabular, das sie nicht detailgenau übersetzen können und zu dem sie deshalb auch keinen Zugang bekommen, solange sie in ihrer Kultur bleiben. Interessieren sie sich für Technik, dann müssen sie also nicht nur unsere Sprache lernen, sondern auch etwas über unsere Weltanschauung. Daher leben Tibeter oft in einer Parallelwelt. Beide Weltanschauungen lassen sich bisher kaum mischen.

Zu hoffen ist allerdings, dass dieser Konflikt für den Einzelnen nicht so ausgeht, dass er sich für das eine oder andere entscheiden muss, wie es bei so vielen ethnischen Identitätskonflikten der Fall ist. Ich halte es für notwendig, dass sich das materialistische und geistige Weltbild ergänzen und gegenseitig anerkennen, bis eines Tages die Widersprüche geschlossen sind. Diesbezüglich sehe ich täglich Fortschritte auf beiden Seiten, allerdings beobachte ich auch, dass viele Tibeter im Exil und unter chinesischer Herrschaft ihr geistig-energetisches Weltbild verkümmern lassen und spirituelle Fähigkeiten einbüßen, die ihre Eltern zum Teil noch hatten.

Man muss sich klar machen: So tief gehend, wie im Abendland die Materie seit 1.300 Jahren erforscht wurde, so tief wurde in Tibet der Geist erforscht. Das erste Buch, das in Tibet geschrieben wurde, war das *Tibetische Totenbuch* (mehrfach ins Deutsche übersetzt), in dem beschrieben wird, was mit dem Geist nach dem Tod und vor der Geburt passiert bzw. wie wir zu einem bewussteren Leben schon im Hier und Jetzt finden.

Durch diese Spezialisierung können die Tibeter Geistes- und Bewusstseinsprozesse mit einem sehr viel umfangreicheren Vokabular beschreiben, als es uns zur Verfügung steht – vergleichbar etwa mit den Eskimos, die zum Beispiel mehr Begriffe für Weiß haben als irgendeine andere Kultur. Sie unterscheiden das Weiß mit 21 unterschiedlichen Ausdrücken. Für diejenigen, die ihr Leben in einer weißen Umgebung verbringen, ist Weiß nicht gleich Weiß. Für uns ist Materie nicht gleich Materie und für die Tibeter ist Geist nicht gleich Geist. Im Tibetischen können mit jeweils nur einem Buchstaben zwischen zwei Worten die unterschiedlichen Ebenen von Bewusstsein ausgedrückt werden, um deutlich zu machen, welche Bewusstseinsebene gerade dran ist. So, wie bei uns oft ein einziger Buchstabe über die Zeitform entscheidet (z.B. f*a*hren, f*u*hren), so können die Tibeter beispielsweise mit einem Buchstaben zwischen zwei Worten unterscheiden, ob sie auf der Ebene des dialektischen Bewusstseins argumentieren, auf der die Phänomene paarweise erfasst sind (wo es also hoch nur in Verbindung mit tief gibt und Unglück nur in Verbindung mit Glück usw.) oder ob sie sich auf der Ebene des nondualen Bewusstseins befinden, das man in vollständiger Meditation erfährt.

Weiß ist nicht gleich Weiß, Materie ist nicht gleich Materie, Geist ist nicht gleich Geist.

Es sagt viel über das Hintergrundwissen eines Volkes aus, wenn man zwischen einem Bewusstsein unterscheiden kann, das so tiefgründig ist, dass es ohne Gehirn oder Körper Bestand hat, oder das so flüchtig ist, dass es mit dem Ableben des Körpers vergessen oder gelöscht wird. Derartige Kategorisierungen des Denkens laufen fortwährend in der Geschwindigkeit des Wortflusses ab und prägen jede Art von Vorstellung und Kommunikation einer Kultur. Wir haben in unseren europäischen Kulturen dafür nicht die Begriffe, weil wir auch nicht seit 1.300 Jahren intensiv über die Kontinuität des Geistes geforscht haben.*

Bisher sind höchstens 5% bis 8% der tibetischen Literatur in europäische Sprachen übersetzt. Wir können froh sein, dass die meisten der 120.000 Tibeter, die ihr geliebtes Land unter schwerster Not verlassen mussten, um ihr nacktes Leben vor der chinesischen Invasion zu retten, als Juwel in ihr karges, meist hektisch geschnürtes Fluchtgepäck jeweils ihr wichtigstes Buch einpackten. Ein solches Buch war ihnen wichtiger als beispielsweise ein zweites Paar Schuhe. Wenn sie es dann nach einer gefährlichen Flucht über die höchsten Berge der Erde geschafft haben, in Dharamsala, in Nordindien, am Exilsitz des Dalai Lama, anzukommen, haben sie ihr Buch der Tibet-Bibliothek übergeben, sodass der Dalai Lama vor ein paar Jahren verkünden konnte, das tibetische Schriftgut sei wieder komplett. Trotzdem besteht nur wenig Aussicht darauf, dass diese kostbaren Erkenntnisse über die Funktionsweise des Geistes je in europäische Sprachen übersetzt werden. Man müsste bei uns neue Begriffe für unterschiedliche Bewusstseinsebenen einführen oder die tibetischen übernehmen, was aus verschiedenen Gründen eher unwahrscheinlich ist. Viele deutsche

---

* *Das Konzept der Kontinuität des Geistes war im Christentum umstritten. Kontroversen um die Lehren des Origines z.B. flammten seit dem Jahr 399 sowie in den folgenden Jahrhunderten immer wieder auf und wurden auch auf dem 5. ökumenischen Konzil im Jahre 553 zu Konstantinopel ausgetragen. Im Rahmen der Streitigkeiten brachte man Origines und vor allem seine späteren Anhänger u.a. mit der Lehre von der Präexistenz der menschlichen Seelen und auch mit Reinkarnationsvorstellungen in Verbindung.*

Übersetzungen von tibetischer Literatur und Vorträgen tibetischer Gelehrter lesen sich auf Deutsch sehr kompliziert und unverständlich, insbesondere wenn noch eine andere Sprache (z.B. Englisch) dazwischenlag. Das Resultat erinnert an das Kinderspiel »Stille Post«.

Wie will man zum Beispiel mit den Begriffen Weltanschauung, Wahrnehmung (Kognition), geistiger Horizont, Denken, Wissen, Persönlichkeit etc. ausdrücken, welches Bewusstsein in einem neugeborenen Menschen vorhanden ist? Dafür müsste der Begriff Kontinuität des Geistes mit tiefem Verständnis gefüllt sein, was sich in einem entsprechenden Wortschatz wiederfinden lassen würde. Verständnis und Sprache bedingen sich tief greifend.

Begrenzung des Denkens

Vielleicht lag es an dieser gegenseitigen Bedingtheit, warum ich über zehn Jahre brauchte, um auch nur ansatzweise die Denkweise der Tibeter zu verstehen. Alles, was ich denken konnte, war an den Körper gebunden. Mit meiner materialistischen Betrachtungsweise glaubte ich, alles, was sich im Bewusstsein abspielt, sei definiert durch die Lebensdauer meines Körpers. Ich war nicht in der Lage, darüber nachzudenken, was vor der Geburt (Befruchtung) und nach dem Tod (Gehirntod) mit meinem Geist passiert. (Nachdenken konnte ich vielleicht schon, aber es fehlte mir der Zugang zu einer solchen Erfahrung.) Ursprünglich evangelisch erzogen, hieß es immer, nach dem Tod käme ich entweder in den Himmel oder in die Hölle; beides waren für mich keine aufschlussreichen Erklärungen darüber, wie der Geist beschaffen ist. Ich suchte Aufklärung und kein Märchen. Das Einzige, was ich daraus folgern konnte, war, dass der Geist über den Körper hinaus erhalten bleibt – denn wie sollte ich sonst mitbekommen, ob ich im Himmel oder in der Hölle gelandet bin?

Als ich in der Schule begann, Camus und Sartre zu lesen, und anschließend in der Studentenbewegung den sozialistischen Standpunkt über das Leben nach dem Tod kennen lernte, schob ich diese christlichen Szenarien vom Jüngsten Gericht, von Petrus an der Einlasskontrolle zum Himmel, von Gottes Thron und seinem Erzengel Gabriel in das Reich der Märchen und Fabeln. Die marxistische Alternative vom schwarzen Loch nach dem Tod, dem Nichts, fand ich allerdings noch unglaubwürdiger. Ich hatte schon immer das Gefühl, dass oftmals mein Geist ein Leben völlig unabhängig von meinem Körper führt, wenn er beispielsweise von Welten und Begebenheiten träumt, die mit meinem Körper überhaupt nichts zu tun haben. Wenn mein Geist unabdingbar mit meinem Gehirn verbunden und sein Leben von ihm abhängig wäre, wie kann er sich dann so vollkommen loslösen von meinem körperlichen Sein und mir Erfahrungen verschaffen, die nichts mit meiner Existenz zu tun haben? Der Geist erscheint mir dem Körper übergeordnet. Er kann Phänomene durchdenken, sie sich vorstellen und sogar Empfindungen im Körper hervorrufen, für die es keinerlei materielle Voraussetzungen gibt.

Die Auffassung, vor und nach dem Leben sei nichts, erschien mir deshalb schon immer wie eine Alzheimer-Vision, eine Wunschvorstellung, man könne mit dem Tod einfach den Schalter umlegen und alles wäre aus und vergessen. Eine gefällige Entschuldigung für eine Lebenshaltung nach der Devise »Nach mir die Sintflut«.

Durch die intensive Identifizierung mit unserem Körper glauben wir, dass wir in erster Linie materielle, körperliche Wesen sind. Wenn wir körperlich nicht da sind, dann können wir geistig erst recht nicht da sein, denken wir. Stellen wir uns umgekehrt vor: »Wenn wir geistig nicht da sind, könnten wir dann körperlich noch da sein?« Ja, Koma-Patienten sind körperlich da, aber geistig weg, heißt es. Inzwischen weiß man, dass das nicht stimmt. Es gibt zu viele Beispiele, die zeigen, dass wieder zurückgekehrte Koma-Patienten sich an vieles, was sie im Koma erfahren haben, erinnern können. Ich gehe also davon aus, dass niemand materiell existiert, der geistig nicht auch noch in der einen oder anderen Weise da ist.

Ohne Geist keine Materie.

Was aber hat nun Vorrang? Sind sich Geist und Materie ebenbürtig? Oder hat mal das eine und mal das andere die Oberhand? Die Erfahrung scheint zu lehren, dass das, was sich materiell vollzieht, in erdrückender Weise den Fortgang der Geschichte bestimmt. Geistige Impulse können sich zwar hin und wieder durchsetzen, müssen es aber nicht. Insgesamt erscheint die Materie dem Geist weit überlegen.

Ist das wirklich so? Ob etwas stärker oder schwächer ist, ist letztlich eine Frage des Standorts, und den objektiven, richtigen Standort gibt es nicht. Alles ist relativ. Alles, was ich denke, sehe, höre, ist eingebettet in eine Geschichte, an die ich glaube, die meine Wahrheit repräsentiert. Meine Geschichte oder meine subjektive Wahrheit in Frage zu stellen ist psychisch eine schwierige Angelegenheit. Je öfter ich meine Geschichte bzw. meine Weltanschauung vertrete, desto wahrer oder objektiver wird sie für mich, so dass ich immer weniger bereit bin, sie in Frage zu stellen.

Hirnforscher und Mediziner nennen diese subjektive Wahrheit den *Knowledge Frame*, in dem sich das Bewusstsein eines Menschen bewegt. Alles, was ich für wahr oder nicht wahr halte, ist Teil dieses Frames. Wenn es sich bei meinem eigenen Weltbild also nur um eine subjektive Wahrheit handelt und sich die Frage, ob mein Geist oder mein Körper stärker ist, objektiv nicht beantworten lässt, dann entscheide ich diese Frage danach, mit welcher Wahrheit ich mich wohler fühle.

Den Grund für ungute Gedanken, schlechte Gefühle und körperliches Leiden suchen wir normaler Weise nicht im Knowledge Frame oder in dem, was wir für wahr und nicht wahr halten, sondern in äußeren, so genannten »objektiven« Bedingungen, zum Beispiel in der Umwelt, den Zeiten, dem Wetter, der Ansteckungsgefahr und so weiter. Das sind Bedingungen, die wir meistens nicht ändern können, und das verstärkt das Unwohlsein noch. Gewöhnlich hält man es für baren Unsinn, zu glauben, die Ursache für das Unwohlfühlen läge in dem, was man glaubt oder nicht glaubt, das heißt im eigenen Knowledge Frame.

Ich selbst habe mich nur mal so zum Spaß auf die ganz pragmatische, opportunistische Frage eingelassen, was sich leichter ändern ließe, um mich wohl zu fühlen: die äußeren Bedingungen oder mein Knowledge Frame? Wenn mein Wohlgefühl nicht von meinem Geist bestimmt wird, sondern von äußeren materiellen und körperlichen Bedingungen, dann wird mein Wohlbefinden fremdbestimmt und ich bin quasi ohnmächtig. Wenn andere nicht nett zu mir sind, wenn sie mir für meine Leistung nicht die erwartete Anerkennung zollen, wenn die Umstände mein Vorhaben vereiteln, dann geht es mir schlecht.

Wenn ich umgekehrt jedoch davon ausgehe, dass *der Geist stärker ist als die Materie*, lässt sich vieles ändern, um sich wohl zu fühlen. Ich könnte zum Beispiel mein Vorhaben abändern, das nicht funktioniert; ich könnte meine Erwartungen verändern, deren Nichterfüllung mich frustriert; ich könnte das, was ich für wahr halte, in Frage stellen und ebenso das, was ich für nicht wahr halte. Ich könnte mit meinem Geist eine Menge anstellen, wenn ich ihn beweglich halte und ihm die höchste Kompetenz für mein Wohlbefinden zuschreibe.

Kehren wir zurück zu meiner persönlichen Heilungserfahrung: Wäre ich auf dem Streyker meinem Ego gefolgt, hätte ich akzeptiert, dass Materie stärker als der Geist ist, so wäre meine

Lähmung fixiert worden. Ich kannte damals zwar alle diese Argumente noch nicht, mit denen meine Seele heute den umgekehrten Grundsatz verteidigt, aber ungewollt zog sich mein Ego so sehr zurück, dass ein Freiraum für erhöhte oder geistige Kreativität entstand, was aus materialistischer Sicht als Wunder bezeichnet wird. Für meine dauerhafte Heilung war entscheidend, dass das, was ich damals rein intuitiv tat, nach und nach ins Bewusstsein kam. Als ich dafür alle meine Kraft und Risikobereitschaft eingesetzt hatte, öffneten sich die Tore, ich konnte »das Stadion« verlassen und durfte gleich zum Einstieg in dieses *spirituelle Bewusstsein*, wie es auch genannt wird, »zufällig« den Dalai Lama treffen.

Der Dalai Lama ist derzeit der weltweit anerkannteste Lehrer für das geistig-spirituelle Weltbild. Dennoch hat er mir während unserer gemeinsamen Reise durch Ladakh nicht etwa ein Paket mit seinem Bewusstsein überreicht, sondern mir den Anstoß gegeben, mein eigenes Paket zu schnüren – und damit bin ich seither beschäftigt.

Wenn ein Plan nicht klappt, sage ich oft zu meinem Filmteam, das Problem liegt nicht an den Umständen und an den Bedingungen, sondern an unserem Plan. (Schon ein Plan ist eine Art Knowledge Frame, nur etwas kleiner.) Der Plan lässt sich wesentlich leichter an die Bedingungen anpassen als umgekehrt, nur steht einem dafür so manches Mal der Ehrgeiz im Weg. Ehrgeiz speist sich aus dem Festhalten an einer Weltanschauung. Fühle ich mich mit den vorhandenen Bedingungen und Umständen unwohl und mag meinen Plan trotzdem nicht ändern, dann liegt das daran, dass in meiner Weltanschauung darauf bestanden wird, Materie sei stärker als der Geist. Die Materie manifestiert sich in den Umständen und in den Bedingungen, denen ich begegne; der Geist jedoch manifestiert sich in dem Plan, der letztlich nicht mehr ist als eine Idee. Mit einer Weltanschauung, in der der Geist stärker ist als die Materie, kostet es mich ein Lächeln, meinen Plan, meine Idee zu ändern.

Einigen Menschen macht diese Haltung Angst, weil sie die Prinzipien vermissen, die es verlangen, an einem Plan festzuhalten, und sei es noch so mühselig, die Bedingungen ihm anzupassen. Solche Prinzipien vertritt das Ego. Es möchte regieren und seine Anweisungen befolgt wissen. Das Prinzip, einen einmal gefassten Plan durchzusetzen, erweist sich meist als stur und unflexibel. Im Leben führt niemals nur ein Plan zum Ziel, sondern es hält Wege bereit, die mehr als überraschend sind. Ihnen gilt es zu folgen und dafür sind Flexibilität, Offenheit und Orientierung an der Priorität des Geistigen erforderlich.

Einen Plan zu ändern, sollte nur ein Lächeln kosten.

Geist oder Materie?

Testen wir das Postulat *»Mein Geist ist stärker als die Materie«* an einem krassen und sehr konkreten Beispiel: »Ich fühle mich durch die materielle Bedingung, sterben zu müssen, nicht wohl.« Was nützt es, in dieser Angelegenheit zu glauben, der Geist sei stärker als die Materie?

Gegen diesen Materiezerfall, gegen das Altwerden und schließlich gegen den Tod kommt der Geist nicht an. Es nützt auch nichts, sich da etwas vorzumachen, nur um behaupten zu können, *»der Geist sei stärker als die Materie«*. Der Tod lässt sich nicht wegreden oder wegdenken, er bleibt Fakt, egal, was der Knowledge Frame dazu sagt oder wie auch immer die persönliche Weltanschauung beschaffen sein mag.

Meine Seele bittet mich einmal, die Sache weniger forsch anzugehen und folgenden Gedanken zuzulassen: Eine Materie oder, konkret gesprochen, mein Körper, der immer mehr zerfällt und sich eines Tages auflöst, ist nicht stark, sondern schwach und am Ende gar nicht mehr. Deshalb sollte ich gerade beim Beispiel Tod nicht vorschnell der Meinung sein, *»die Materie sei stärker als der Geist«*. Wenn ich mein Wohlbefinden an das Postulat *»Die Materie ist stärker als der Geist«* binde, sinkt es mit dem Verfall der Materie kontinuierlich, und im Moment des Todes bin ich vollends frustriert oder angstvoll, wenn nicht sogar verbittert, weil das, worauf ich gesetzt habe – mein materielles Sein –, ein Ende hat.

Betrachte ich das Beispiel »Tod« dagegen unter dem Postulat *»Der Geist ist stärker als die Materie«*, dann steigt mein Wohlbefinden aus vielerlei Gründen: Der Geist ist an Raum und Zeit nicht gebunden. Das bedeutet, wenn mein Körper (die Materie) alt wird, gilt das noch lange nicht für meinen Geist. Wenn mein Körper seine Jugend verliert, kann mein Geist problemlos jung bleiben und mir durch geistige Mobilität höchstes Wohlgefühl verschaffen. Sehr viele älter werdende Menschen bestätigen, dass ihr Geist davon unberührt bleibt. Umgekehrt kann man kleine Kinder beobachten, deren Geist offenbar Dinge vorhat, die der Körper noch in keinster Weise beherrscht. Beide Lebensphasen zeigen, dass der Geist vom Körper sehr unabhängig ist.

Wenn ich meinem unabhängigen Geist die höchste Autorität für mein Wohlbefinden zubillige, dann kann ich mich an Bildern erfreuen, die nichts mit meiner materiellen Umgebung oder mit meinem Körper zu tun haben. Mein Geist kann mir sogar die Illusion von Gerüchen und Geräuschen herbeiholen bzw. simulieren, auch wenn die Sinnesorgane daran nicht beteiligt sind, und dergleichen mehr.

Mein Volksschullehrer sagte dazu: *Einbildung ist auch eine Bildung*. Er meinte das zynisch, aber im Grunde hatte er Recht. Menschen mit einem wachen, fantasiefreudigen Geist können die Augen schließen und sich scheinbar real existierende Eindrücke verschaffen. Und häufig hat dies dann deutliche Auswirkungen auf den Körper. Diesem Prinzip folgen unzählige Entspannungstechniken wie zum Beispiel das Autogene Training oder tief greifende Therapieverfahren wie die Hypnose etc. Unsere gesamte Traumwelt zeugt von der Dominanz des Geistes und auch hier erleben wir sehr oft, wie das Geträumte auf den Körper einwirkt: Nach einem schlechten Traum wachen wir schweißgebadet auf, ein schöner Traum hingegen hinterlässt ein deutliches Wohlgefühl im Körper.

Viele meinen, dass der Geist dennoch der Materie unterlegen ist, weil er ohne die Materie zu dieser voluminösen Aktivität nicht in der Lage wäre. Diese Behauptung setzt jedoch voraus, man wisse, wo der Geist sitzt. Die einen vermuten ihn im Gehirn, andere im Herzen, Hindus glauben, im großen Zeh, moderne Biologen meinen, in jeder Zelle – egal, wenn alle diese möglichen materiellen Behausungen des Geistes gestorben sind, dann – so glauben viele – ist auch der Geist gestorben.

Doch für dieses Postulat hat noch nie jemand einen Beweis vorgelegt, weil dieser Beweis nur akzeptiert werden würde, wenn er in einer materiellen, messbaren Form erbracht werden könnte. Wie will man aber materiell beweisen, dass etwas materiell nicht existiert? Das geht also nicht; umgekehrt schon: Viele Menschen, die klinisch tot waren, haben, nachdem man ihren Körper wieder in die Existenz zurückholen konnte, von intensiven geistigen Eindrücken, also geistigen Aktivitäten, berichtet, für die das Gehirn aller Wahrscheinlichkeit nach keine ausreichend funktionierende, materielle Basis mehr bot.

Lassen wir es dahingestellt; Nicht-Materielles lässt sich materiell nicht erklären. Und da es keinen objektiven Beweis für die Priorität des Geistes gibt, muss jeder Einzelne für sich herausfinden, mit welchem Knowledge Frame oder Glaubenssatz er sich wohler fühlt, und danach sein Leben ausrichten.

Im Grunde macht es die Physik auch nicht anders. Derzeit ist das Atommodell noch immer das plausibelste Konzept, um physikalisch-chemische Prozesse zu beschreiben.* Ob aber ein Atom wirklich so beschaffen ist, wie die Physik es definiert, mit einem Kern, in dem Pro- und Neutronen sitzen, und drumherum die Elektronen fliegen, weiß sie selbst nicht. Das hat mir schon mein Onkel Werner auseinander gesetzt, als ich 14 war. Und er verstand sogar, dies mit 26 Jahren in einer Formel auszudrücken, wofür er mit 31 Jahren den Nobelpreis für Physik erhielt. Er sagte mit der Formel $\Delta p \, \Delta q \sim h$, dass der Betrachter durch das Betrachten das Betrachtete beeinflusst. (Heisenberg'sche Unschärfenrelation) Man kann also mit letztgültiger Bestimmtheit nicht sagen, ob sich eine Sache wirklich so verhält, wie man sie sieht bzw. misst.

Der Medizin geht es ebenfalls nicht anders, sie bedient sich plausibler Modelle für die Beschreibung von Wirkungen, aber weiß oft nicht, wie die Wirkung zustande kommt bzw. warum bei der Einnahme einer bestimmten Pille an einer bestimmten Stelle des Körpers eine Reaktion erfolgt.

Alle Wissenschaft braucht das Experiment und bei jedem Experiment gibt es Nebeneffekte, die nicht gewollt sind und derer man nicht Herr wird, und die genauso wenig erklärbar sind wie der Haupteffekt. Mit der Wiederholbarkeit des Experiments ist es aber legitim, ein Postulat über Ursache und Wirkung aufzustellen. Es geht unter Wissenschaftlern nicht darum, Theorien zu beweisen, sondern sie anzuwenden und nach der Methode »try & error« den Effekt zu messen.

Nicht anders verhält es sich mit der Theorie für das Geistige Heilen. Der Satz »Der Geist ist stärker als die Materie« muss ebenfalls nach der »try & error«-Methode hinsichtlich seiner Anwendbarkeit gemäß dem Plausibilitätsprinzip überprüft werden. Man kann geistig nicht heilen, solange man dem Satz »Die Materie ist stärker als der Geist« anhängt und zum Beispiel

---

* *Die Kernfusion braucht bereits das quantenmechanische Modell nach Schrödinger, um die dabei vonstatten gehenden Prozesse theoretisch beschreiben zu können.*

glaubt, die Materie sei unabdingbare Voraussetzung für den Geist. Da, wie geschildert, diese Frage objektiv nicht geklärt werden kann, muss man sie gefühlsmäßig entscheiden. Fangen Sie bei sich selbst an: Stellen Sie sich Ihren Geist vor, der auch noch nach dem Tod lebendig ist, vielleicht sogar noch lebendiger als in Verbindung mit dem Körper. Dann wechseln Sie zur anderen Seite und stellen sich vor, der Tod der Materie vernichtet Ihren Geist, schwarz, aus, tot – geistig tot.

Wechseln Sie das Glaubenskonzept mehrmals, um sich das unterschiedliche Gefühl ins Bewusstsein zu holen. Lassen Sie sich – wenn auch nur für Minuten – vollständig auf jeweils das eine und auf das andere Weltanschauungskonzept ein: Was fühlen Sie bei *Tod* und der Geist lebt weiter? Und was fühlen Sie bei *Tod* und kein Geist lebt weiter? ... Gehen Sie noch mal zurück, lassen Sie sich sowohl das eine als auch das andere Konzept auf der Seele zergehen. Wiederholen Sie diesen Wechsel mehrmals und stellen Sie dann für sich fest: Wann fühlen Sie sich wohler, wenn der Geist oder wenn die Materie regiert?

Als Hintergrund für diesen Test schauen wir uns an, wie das Verhältnis von Geist und Materie *am Anfang* war, als alles Leben begann. »Im Anfang war das Wort«, heißt es in der Bibel. So auch im Koran und in den Veden, auf denen der Hinduismus beruht. Im Grunde findet man diese Aussage mehr oder weniger verklausuliert auch in jeder Naturreligion, denn immer gibt es ein geistiges Wesen, meist weiblich oder androgyn, von dem das erste Ei oder die erste Perle etc. stammt. Der Grund dafür lässt sich verhältnismäßig leicht nachvollziehen: Bevor etwas materiell Gestalt annimmt, muss es der Geist erschaffen haben. Ohne Gedanke keine Tat. Soll ein Buch entstehen oder ein Film oder ein Tisch, muss ich vorher die Idee dafür haben. Die Idee muss so stark im Geist werden, bis sie reif zur Umsetzung wird. Meistens muss man die Idee aufschreiben oder aufzeichnen, be-

Ohne Gedanke keine Tat.

vor sie sich in Materie umwandeln lässt. Ich betrachte dies als einen *Verdichtungsprozess*. Der Geist muss so präzise werden, dass er seine Idee auf den Millimeter oder auf den Bruchteil einer Sekunde festlegen kann. Materie ist also ein Ergebnis von Verdichtung und Strukturierung geistiger Impulse.

Das gilt für alles, was der Mensch erschafft. Das gilt aber auch für alles, was Tiere erschaffen. Denken wir nur an Vögel, wie sie ihre Nester bauen. Auch Nester müssen, bevor sie materiell entstehen, von dem Tier geistig konzipiert worden sein, sonst wüssten die Vögel nicht, was sie für ihren Nestbau suchen sollen. Es ist ganz offensichtlich, dass das Tier eine Auswahl trifft, die geistig motiviert sein muss. Ich meine sogar, dass auch alles, was die Natur hervorbringt, zu seiner Entstehung einen geistigen Impuls braucht, ähnlich wie die Bibel es beschreibt: »Gott dachte, es werde Licht, und es ward Licht.« Das Licht war weder vor dem Gedanken schon da, noch konnte es aus sich selbst heraus entstehen. Alles, was ist, braucht eine Ursache für sein Sein. Die Ursache für Licht ist die Idee von Licht.

Ich kann logischerweise fragen, was ist die Ursache für die Idee. Die Antwort liegt im Geist, also wiederum bei einer Idee. Der Geist ist eine Kette von Ideen ohne Anfang und ohne Ende. Die meisten der Ideen erfahren keine Verdichtung und Konkretisierung, obwohl jede Idee sich wünscht, realisiert zu werden, aber der Geist ist zu reich an Ideen. Der Geist steht nicht still, das heißt, er ist nicht tot, er produziert unaufhörlich Ideen. Der Geist kann über sich selbst nicht hinausdenken und es findet sich nichts, was vor ihm gewesen sein könnte. Wenn der Geist also Voraussetzung für Materie ist, wie kann Materie dann stärker sein oder stärker werden als der Geist?*

---

* *Der Geist wird von vielen Religionen personalisiert mit einem Begriff wie Gott oder Allah oder Shiva oder … oder. Der Einfachheit halber bleibe ich bei dem neutralen Begriff Geist. Jeder kann ihn auf sein Glaubenskonzept übertragen, die Aussage aber bleibt dieselbe.*

Die Umkehr dieses ursprünglichen Verhältnisses kann nur dadurch herbeigeführt werden, indem der Geist selbst diesen Positionswechsel herbeiführt. Materie kann den Geist nicht zwingen, sich ihm unterzuordnen. Das scheint zwar manchmal so, aber nur, wenn man diesen Positionswechsel in der Rangordnung bereits akzeptiert hat. Wir akzeptieren versuchsweise, dass der Geist Chef ist und auch ohne Materie/Körper existieren kann. Wie fühlt sich das an? Würde das die Angst vor dem Tod beruhigen oder fühlen Sie sich angesichts des Todes wohler, wenn die Materie (der Körper) Chef wäre? Ich jedenfalls fühle mich besser bei der Annahme, dass der Geist die Materie überlebt. Mir macht dieser Gedanke sogar Spaß. Er ist auf jeden Fall weniger deprimierend als die Idee, der Geist verschwindet mit der Materie.
Und überhaupt: Wohin könnte der Geist denn verschwinden, wenn der Körper zerfällt? Die Wissenschaft lehrt doch, dass sich nichts ins Nichts auflösen kann. Alles in diesem Universum hat Folgen. Selbst der sterbende Körper löst sich nicht ins Nichts auf, er ist Futter für die Flammen, die Würmer oder die Geier. Die Energie, die ihn ausgemacht hat, kann sich ebenfalls nicht ins Nichts auflösen, sondern wandelt sich lediglich. Wohin könnte gemäß dieser Unzerstörbarkeit von Energie der Geist sich also auflösen?

Es geht um die Bestätigung (oder Wiederherstellung) der Hierarchie unseres Seins. Vielen Menschen tanzt ihr Körper auf der Nase herum: »Mein Körper sagt mir ... mein Körper will nicht mehr ... mein Körper macht schlapp ... ich weiß nicht, was mit meinem Körper los ist ...« usw. – immer gibt der Körper den Ton an, als wäre er Chef im Hause. Chef ist jetzt aber der Geist. Vom Geist, das heißt von meinen Gedanken, werden meine Gefühle bestimmt und meine Gefühle produzieren körperliche Zustände. Mein Geist bestimmt mein Schicksal. Das beginnt damit, dass aus meinen Gedanken Worte werden und diese

Mein Geist bestimmt mein Schicksal.

Worte zu Handlungen führen. Handlungen wiederum werden zu Gewohnheiten. Gewohnheiten bilden meinen Charakter und mein Charakter wird zu meinem Schicksal. In der Hierarchie des Daseins geht alles vom Geist aus. Alles, was umgekehrt verläuft, ist in Unordnung. Diese Unordnung kommt sehr leicht zustande, wenn in einer Weltanschauung Materie grundsätzlich stärker ist als der Geist.

Das, was ich zu Beginn meiner Reise nach Ladakh »unzivilisiertes« Bewusstsein nannte und dort zu finden hoffte, musste ich nach dem Kennenlernen Seiner Heiligkeit Dem Dalai Lama korrigieren und »spirituelles« Bewusstsein nennen, denn mit »primitiv« und »unterentwickelt« hatte das, was ich gemäß meiner fünf Kriterien entdeckte, nichts zu tun. Die Menschen in Ladakh sind seit 200 v.Chr. Buddhisten und seither eine Hochkultur. Das spirituelle Bewusstsein ist an meine fünf Kriterien nicht gebunden, trotzdem liegt es außerhalb »meines Stadions«, wohin die fünf Kriterien mich gebracht hatten.

Alles, was ich in Ladakh lernte über Charakterbildung, Kraft der Gedanken und Meditation, endete zunächst bei meinem Körperbewusstsein. Für mich begann und endete das Leben mit meinem Körper. Alles, was vorher und nachher für meine Seele hätte bestimmend sein können, entzog sich meinem Weltbild. Ich konnte den Buddhismus vielleicht intellektuell verstehen, aber ich war nicht in der Lage, ihn zu verinnerlichen. Was bedeutet mein Karma? Was heißt Kontinuität des Geistes?

Der sinnfälligste Ausdruck dieser neuen Weltanschauung offenbarte sich in dem Bewusstsein, dass ich schon einmal gelebt haben soll. Ich horchte in mich hinein, ob da irgendetwas ist, was mich an ein Vorleben glauben lassen könnte. Ich fand nichts. Da aber in der Menschheit eine übergroße Mehrheit an Wiedergeburt glaubt, wollte ich der Sache nachgehen. Mein Entschluss stand sehr bald fest: Meinen nächsten Film mache ich über Reinkarnation.

Living Buddha

Reinkarnation lautete der Arbeitstitel, unter dem ich vom Westdeutschen Rundfunk in Köln (WDR), von der Filmförderung Nordrhein-Westfalen, von der Filmförderungsanstalt in Berlin, vom Bundesinnenministerium und vom Sender Freies Berlin das Projekt mit einer Million Mark gefördert bekam. Ich wollte jemanden finden, der bald stirbt und seinen Tod von buddhistischen Lamas begleiten lässt, die mir dann zeigen könnten, in welchem Körper die Seele (oder der Geist) des Verstorbenen wiedergeboren wird. Die Vorgespräche mit den Lamas bestätigten mir, dass eine solche Dokumentation aus ihrer Sicht möglich ist. Damit von dem Sterbenden eine Begleitung von Lamas und meiner Filmkamera angenommen wird, suchte ich den Protagonisten unter Buddhisten. So hoffte ich, dass es gelingen könnte, die Verbindung von einem zum nächsten Leben zu dokumentieren.

Die Recherche führte mich sehr bald zu einem Fall in Spanien, der 1986 auch bei uns Schlagzeilen machte: Ein tibetischer Lama (Geshe), der in seinem Exil in Kalifornien gestorben war, sei von einer Spanierin bei Malaga wiedergeboren worden, wofür es eine Reihe von Beweisen geben sollte. Um diese angeblichen Beweise zu sehen, fuhr ich nach Spanien und Nepal, wo der Schüler des Geshe lebte, der den Fall betreute und erklären konnte.

Wie bei jedem Thema, in das ich eintauche, wimmelte es bald von Fallbeispielen, wo vorher gähnende Leere herrschte. Ich lernte mehr und mehr junge und alte Menschen kennen, die hochinteressante Dinge über ihr Vorleben zu berichten hatten. Mein Problem dabei war nur, dass ich Wiedergeburt als Dokumentarfilm und nicht als Spielfilm drehen wollte und mich nicht darauf beschränken ließ, das Vorleben nur erzählt zu bekommen. Ich wollte, dass man in meinem Film einen Menschen

»Living Buddha« mit dem Autor bei einer ihrer ersten Begegnungen in Tibet.

in zwei Leben zu sehen bekommt und ich bei der Identifizierung der Kontinuität mit der Kamera dabei bin, sodass die Zuschauer und ich selbst urteilen können, ob Parallelen zwischen den beiden Existenzen zu erkennen sind oder nicht. So weit der Plan – die Idee.

Als ich in Spanien eintraf, war die Wiedergeburt des Lamas bereits drei Jahre alt und der Identifizierungsprozess abgeschlossen. In anderen Fällen gab es von dem jeweiligen Vorleben keinerlei Filmaufnahmen. Die Rettung für das Projekt war eine »zufällige« Begegnung mit dem Interimsregenten des buddhistischen Ordens *Kagypa*. Ich hatte, offen gestanden, zuvor keine Ahnung von den verschiedenen buddhistischen Orden in Tibet. Ich kannte inzwischen den Dalai Lama und wusste, dass er den buddhistischen Orden *Gelupa* seit 550 Jahren anführt und während dieser Zeit 14-mal wiedergeboren worden war und jedes Mal als die Kontinuität seines Geistes identifiziert werden konnte. Ich wusste damals noch nicht, dass

Der Film über den Film, eine Odyssee von sieben Jahren.

es noch einen älteren buddhistischen Orden gibt, der sich *Kagypa* nennt und von Seiner Heiligkeit Gyalwa Karmapa geführt wird.

Die *Kagypa* ist 250 Jahre älter als die *Gelupa* und seit dieser Zeit ist ihr Oberhaupt 16-mal gestorben und für dieselbe Sache wieder auferstanden, das heißt neu geboren worden. Zuletzt starb er 1981 in Chicago. Seither leiteten vier Interimsregenten seinen Orden, die so lange im Amt sein sollten, bis der neu inkarnierte Karmapa die Amtsgeschäfte wieder aufnehmen würde. Karmapa überließ die Identifizierungen seiner Wiedergeburten nicht Dritten wie zum Beispiel der Dalai Lama. Karmapa hinterließ jeweils zum Ende seines Lebens (meines Wissens bisher als Einziger in der Welt) schriftlich, wann er wo bei wem wiedergeboren werden wird. Bisher ist ihm das, wie gesagt, 16-mal gelungen und er ist jeweils durch den eigenen im Vorleben sicher hinterlassenen Brief identifiziert worden. In meinem Buch *Living Buddha** zeige ich eine Tabelle, aus der hervorgeht, dass zwischen Tod und Wiedergeburt beim Karmapa meistens nur ein Jahr lag.

Bis zu dem Tag, als ich 1987 über Karmapa informiert wurde, war seine Wiedergeburt noch nicht aufgetaucht und auch der Brief noch nicht, den er zur Identifizierung seiner Wiedergeburt versteckt hatte. Das war für mein Dokumentarfilmvorhaben besonders günstig. Erstens konnte ich sozusagen live dabei sein, wie man feststellt, ob es eine Kontinuität von einem Leben zum nächsten gibt, und zweitens gab es eine Menge Filmaufnahmen mit dem 16. Karmapa bis hin zu seinem Tod 1981. Zum Glück ahnten meine Geldgeber und ich nicht, dass ich bis zur Premiere sieben Jahre für dieses Projekt brauchen würde. Es dauerte allein schon fünf Jahre, bis Karmapas Prophezeiungsbrief gefunden wurde und die Suche beginnen konnte. Da der Brief sehr präzise war, dauerte die Suche selbst nicht lange. Ich hatte gehofft, dass er dort wiedergeboren würde, wo er gestorben war, in den USA, oder dass er vielleicht in Indien, seinem Exil, wieder auf die Welt käme, aber all das waren Spekulationen eines Nicht-Wissenden, der von Karma zu wenig verstand.

Erst einmal war es ein Schock, dass Karmapa den verbotensten Teil der Welt, nämlich Osttibet, zu seinem neuen Geburtsort wählte. Später erst habe ich verstanden, warum er das getan hat, obwohl sein Risiko, von den Chinesen schon gleich als Kind umgebracht zu werden, sehr, sehr hoch war. Für die Tibeter aber war es ein großer Liebesbeweis und für das Fundament des Buddhismus essenziell.

1994 kam meine Kino-Dokumentation mit Buch, CD und einem Making-Of-TV-Film heraus. Noch heute bin ich allen Beteiligten zutiefst dankbar, dass sie sich ständig für Ausnahmeregelungen eingesetzt hatten, damit eine solche einmalige Dokumentation über Wiedergeburt entstehen konnte.

---

* *Goldmann Verlag, München 1994.*

In diesen sieben Jahren habe ich das Bewusstsein von der Kontinuität des Geistes in vielfältiger Weise verinnerlichen können. Je offener und sensibler ich für dieses Bewusstsein wurde, desto mehr erfuhr ich auch über meine eigenen Vorleben. In mehreren Rückführungen, bei denen sich innerhalb von Minuten der Vorhang des Vergessens hob, erlebte ich frühere Leben von mir. Ich hatte mir nie vorstellen können, wie dünn dieser Vorhang ist, obwohl er zunächst wie eine Betonwand wirkt. Mit ein paar entspannenden Atemzügen und einer Metapher für den Blick in ein früheres Leben war ich durch den Schleier des Vergessens hindurch. Was dann kam, war meistens keine leichte Kost. Meine Seele ergriff sofort die Gelegenheit, mir möglichst schnell genau das ins Bewusstsein zu bringen, worunter sie am meisten litt. Das war nicht nur in meinem Fall so, sondern in vielen, die ich bei ihrer Rückführung beobachten und danach sprechen konnte. Jede/r bestätigte diesen schnellen Zugang und das Erleben oft qualvoller Erinnerungen, die man auf der Liege des Rückführungstherapeuten durchlebt.

Um davor nicht die Augen zu verschließen, braucht man die sensible Unterstützung eines Fachmanns, der, wenn er geübt ist, seine Fragen so formuliert, dass er keine Rückschlüsse vorgibt. Das Wichtigste bei seiner Arbeit ist der Umgang mit der sich selbst auferlegten Verantwortung. Dass uns der Vorhang des Vergessens wie eine Betonwand vorkommt, hat ja seinen guten Sinn. Wir könnten das derzeitige Leben nicht meistern, wenn uns die Beziehungen und Dramen früherer Leben ständig bewusst wären. Wir dürfen sie uns nur dann bewusst werden lassen, wenn wir vorbereitet sind, sie auch verarbeiten zu können. Der verantwortungsvolle Rückführungstherapeut entlässt einen nur dann, wenn das aufgedeckte Drama aus früheren Leben »umgeschrieben« ist, das heißt ein Happyend bekam.

Es funktioniert so wie beim Drehbuchschreiben: Man geht in der Lebensgeschichte zurück, bis die Seele sagt, hier war die Welt noch in Ordnung. Von diesem Punkt aus wird den Widersachern so lange und so gründlich verziehen, bis sie friedvoll erscheinen und mein liebevolles Mitgefühl annehmen. Die Hassmotive meiner Peiniger werden relativiert und deren Nöten und Ängsten zugeschrieben, bis nichts mehr auf mir lastet. Man kann dabei so weit gehen, dass man die Todesumstände umprogrammiert. Die Seele reagiert wie das Gehirn: Eine Illusion ist genauso wirkungsvoll wie eine reale Erfahrung, sie muss nur wirklich so gemeint sein und darf keine noch so versteckten, aber wirksamen Ressentiments überdecken.

Wird man aus einer Rückführung in das heutige Leben entlassen ohne die Umprogrammierung von Traumata und anderen schrecklichen Erfahrungen, war es kontraproduktiv, den Vorhang des Vergessens aufzuschieben, weil die Erfahrung mehr belastet als nützt.

Rückführungen können verblüffende Erfolge zeigen, wie ich es zum Beispiel bei einer Frau miterlebte, die stark unter einer Wasserphobie litt. Kein Arzt, kein Analytiker, kein Therapeut hatte diese Phobie bei ihr auflösen können, weshalb diese Frau ihr Leben lang, 62 Jahre, bis zu dieser einen Rückführungssitzung keinen Spaß an Wasser haben konnte. In der Rückführung spülte die Seele im Handumdrehen die Erinnerung an den Tod durch Ertrinken in ihr Bewusstsein und die arme Frau musste diesen Vorgang noch einmal erleiden. An diesem Punkt setzte der Therapeut ein und machte ihr klar, dass diese Erfahrung zu dem früheren Leben und nicht mehr zu dem heutigen gehört. Die Umstände des Todes wurden genau betrachtet, Schuldvorwürfe geklärt und dann ad acta gelegt. Die Angst vor dem Wasser wurde erkannt und damit gebannt. Sie konnte dort abgelegt werden, wo sie entstanden war, und hatte von da an keinerlei Auswirkungen mehr auf das neue, jetzige Leben. Die Frau kam aus der Rückführung heraus und war von ihrer Wasserphobie für immer geheilt.

Hätte ich nicht durch den Kontakt mit Asiaten/Buddhisten deren Vorstellung von vielen vergangenen Leben erfahren, ich hätte mich wohl niemals rückführen lassen. Heute bin ich dankbar dafür, denn ich habe erfahren, von wie viel Leid man dadurch befreit werden kann und wie stark das Verständnis für die Seele wächst. Für das meiste, was uns prägt, reichen die Erfahrungen dieses Lebens nicht aus. Die Prägungen und Muster, denen wir anhängen, haben durchweg ihre Wurzeln weit, weit vor dieser Inkarnation.

Ich sehe dies auch an meinen Kindern. Als ich sie unmittelbar nach der Geburt in meinen Armen hielt, war dies eine Begegnung mit einer jeweils ausgeprägten Persönlichkeit. Obwohl meine beiden heute großen Kinder von Anfang an die exakt gleiche Sozialisation genossen und von denselben Eltern abstammen, unterschieden sich ihre Persönlichkeiten fundamental von der ersten Minute ihres Lebens an. Diese Unterschiede lassen sich allein mit Soziologie und Darwinismus nicht erklären.

Wir kommen später noch darauf zurück, warum die Ähnlichkeiten zwischen Großeltern und Enkeln manchmal so frappierend stark sind. Jeder Mensch ist eine Schnittstelle familiärer und karmischer Abstammung und sehr oft trifft beides zusammen. Für die karmische Abstammung brauchen wir Lehrer, die sich mit der Natur des Geistes befassen. Für die familiäre Abstammung gibt es inzwischen unter anderem die Methode der Familienaufstellung nach Bert Hellinger. Für beide Systeme sind Experten und Lehrer vonnöten, solange dieses Verständnis noch so jung ist. Wer sich über die Faktoren seines Schicksals bewusst werden möchte, hat heute die Gelegenheit dazu, ohne weit fahren zu müssen. Eher selten wird die karmische und familiäre Abstammung in einem untersucht, was uns jedoch mehr entsprechen würde, weil beide Faktoren miteinander verschmolzen sind. Sie sind so eng miteinander verschmolzen wie Intuition und Ratio.

Jeder stammt von sich selbst und seinen Eltern ab.

Ich wusste lange nicht, wie ich Intuition leben kann. Zwar wusste ich, dass es sie gibt, und ich konnte an mir auch beobachten, dass ich viele Dinge aus dem Bauch heraus entschied, aber so richtig entwickeln und mich darauf verlassen konnte ich mich zumindest damals, bevor ich mich für das energetische Weltbild öffnete, nicht wirklich.

Auch wenn ich es geschafft habe, aus »dem Stadion« herauszukommen – es ist aus meinem Bewusstsein nicht verschwunden, sondern das, was ich außerhalb des »Stadions« gefunden habe, kam noch hinzu. Aber anfangs fragte ich mich: Wie bringe ich diese beiden Bewusstseinsarten zusammen?

Da ich mit dem Film über die Wiedergeburt Karmapas nicht schnell genug vorankam, wollte ich parallel diesen Konflikt zwischen Ratio und Intuition bearbeiten. Ich konzipierte also einen zweiten Film über den Widerspruch zwischen materialistischem und spirituellem Bewusstsein. Dieses Phänomen wollte ich am liebsten sozusagen vor meiner Haustür dokumentieren. Ich lebe in Bayern und es ist kein Problem, hier die materialistische Weltanschauung einzufangen, aber ich befürchtete, dass der andere Weg, der spirituelle, entweder zu starr in Form des Katholizismus oder zu sektiererisch in Form von Esoterik zum Ausdruck käme. Ich suchte nach einer Alternative und hörte, dass einerseits die Tibeter das religiöseste Volk seien und gewissermaßen rund um die Uhr ein spirituelles Leben führten und andererseits die sie besetzenden Chinesen die zurzeit am materialistischsten eingestellten Leute auf der Erde seien.

Diese rein spirituelle Ausrichtung, wie sie in Tibet seit 1.300 Jahren herrscht, und die Mischung aus Mao-Ideen und ungehemmtem Kapitalismus bei den Chinesen ließ erwarten, dass dieser Weltanschauungskonflikt in Tibet auf einer gesellschaftlichen, offen sichtbaren Ebene verläuft und an jeder Ecke zu beobachten ist. Die beste Voraussetzung für einen Dokumentarfilm.*

---

* *Tibet – Widerstand des Geistes, siehe Seite 338.*

Davon überzeugte ich auch den Westdeutschen Rundfunk in Köln (WDR). Eineinhalb Jahre hatte ich mich mithilfe des WDR und der Deutschen Botschaft in Peking darum bemüht, von den Chinesen eine offizielle Einreise mit Drehgenehmigung zu bekommen. Am Ende erhielt ich ein Telegramm der chinesischen Informationsministerin auf Deutsch: »Es tut uns Leid, Ihren Antrag ablehnen zu müssen. Für exklusive Persönlichkeiten, wie Sie es sind, haben wir in Tibet leider nicht die adäquaten Unterbringungsmöglichkeiten.« Als mein Team und ich dennoch ohne Drehgenehmigung, als Touristen getarnt, in Tibet ankamen, lernte ich in kurzer Zeit viel über das spirituelle, intuitive Leben der Tibeter. Es war interessant, zu beobachten, wie bewusst sich die Tibeter für den spirituellen Weg entschieden hatten.

Das Rad war ihnen bei der Einführung des Buddhismus vor 1.300 Jahren erneut angeboten worden. 3.600 Jahre vor unserer Zeitrechnung hatte man es in ihrem Nachbarland China erfunden, aber die Tibeter sagten: Nein, danke. Das Rad hatte bereits seinen Siegeszug durch alle bekannten Kulturen angetreten, aber die Tibeter verweigerten sich ihm. Sie dachten und meditierten lange über das Rad und malten sich aus, welche Folgen es für sie haben würde. Das Rad veränderte damals die Gesellschaften so rasant, wie es heute das Internet tut. Es forcierte das materialistische Vorgehen wie keine zweite Erfindung. Die gesamte technische Entwicklung begann mit dem Rad. Diese Technik zieht bis zum heutigen Tag Rationalisierungsprozesse nach sich, die das Leben jedes Einzelnen tief greifend verändern. Es begann mit dem Straßen- und Karrenbau, führte zu Mühlen, Bohrern und jeder Art von Mechanik. Das Rad veränderte das Verhältnis zur Natur und zur Geschwindigkeit grundlegend.

Das Rad fördert die Ratio auf Kosten der Intuition.

In Tibet hatte das Rad eine Diskussion ausgelöst, die vergleichbar ist mit der über Genmanipulation bei uns. Tibets Nein zum Rad war nur durchzuhalten wegen seiner geographisch unzugänglichen Lage, abgeschirmt von den höchsten Bergen der Erde und seinem unwirtlichen Klima. Trotzdem, verbieten ließ sich das Rad auch in Tibet nicht mehr. Da »der Geist des Rades« schon mal aus der Flasche war, konnte man ihn nicht wieder einfangen. Der Geist ist so begierig darauf, seine Ideen umzusetzen, dass sich eine solch gigantische Idee wie das Rad nicht einfach negieren ließ. Was machte man aber, wenn man erkannt hatte, dass das Rad eine materialistische, ratioorientierte Entwicklung nach sich zieht, die man aus guten Gründen nicht will?

Erst die Chinesen führten 1959/1960 bei ihrer Invasion das Rad in Tibet ein. Aber die Tibeter sind nach wie vor tief in ihrem spirituellen Denken verankert. Alles, was sich in Tibet bewegt und tut, bewegt sich aufgrund geistiger Kräfte. Ob ich mich mit einem Schul- oder Nomadenkind unterhalte, ob ich den Potala, den (ehemaligen) Sitz des Dalai Lama bestaune oder ob ich einem Bauern bei seiner Arbeit zusehe, immer und überall kommt das spirituelle Bewusstsein zum Ausdruck. Auch mich als Fremden fragten sie bei jeder Entscheidung: »Hast du dazu schon die und die Geister befragt? Hast du dir ein Mo* geben lassen? Hast du heute früh die Geister gefüttert?«, und so weiter. Ohne die Einbeziehung und die Bedienung der geistigen Ebene machen die Tibeter keinen Schritt. Das ist so

---

* *Mo sind von Lamas und anderen Geistlichen ausgeführte Prophezeiungen mittels ihrer Gebetskette, die spontan bei der Konzentration auf die Fragestellung in Sektionen mit den Fingern aufgeteilt wird, dann werden die Perlen dazwischen ausgezählt und je nach gerader, ungerader und absoluter Zahl fällt die Prophezeiung aus: Ja, Nein, strenges Ja und strenges Nein und Neutral.*

selbstverständlich, wie bei uns jeder ein Konto bei einer Bank unterhält. Wir achten vor einer Autoreise darauf, den Tank voll zu machen, die Tibeter halten, bevor sie auf Reisen gehen, ein Ritual ab, bei großen Reisen sogar eine Zeremonie, die bis zu mehreren Tagen andauern kann.

Wer glaubt, diese geistigen flankierenden Maßnahmen nicht nötig zu haben, braucht sich nicht zu wundern, wenn er unterwegs große Probleme bekommt, sagen die Tibeter. Die in Ritualen und Zeremonien ausgedrückte Kommunikation mit der geistigen Ebene schafft bei dem Reisenden ein Energiefeld, das andere, auch vollkommen fremde Menschen, spontan dazu veranlasst, mit dem Fremden freundlich und hilfsbereit umzugehen. Immer dann, wenn wir auf einer Reise sagen: »Glück gehabt«, gibt es für die Tibeter eine Ursache dafür.

Ein solcher ursächlicher, geistiger Zusammenhang mag von uns in Frage gestellt oder auch belächelt werden – es ist aber dasselbe unwissende Lächeln, das die Tibeter uns schenken, wenn wir ihnen erklären, wie die Handyverbindung zu einer Person auf der anderen Seite des Globus funktioniert. Die Tibeter halten das für pure Magie. Alle Begriffe, mit denen wir ihnen die dahinter liegende Technik für diese Art Kommunikation »durch die Luft« erklären wollen, hören sie sich staunend bis bewundernd an, aber sie entwickeln deshalb noch lange kein eigenes technisches Bewusstsein. Wie schon erwähnt, fehlt es ihnen an den sprachlichen Grundlagen dafür. So ähnlich geht es uns umgekehrt.

Dieser Vergleich hinkt natürlich insofern, als es zwischen technischem Bewusstsein und spirituellem Bewusstsein einen entscheidenden Unterschied gibt: Die geistige Ebene, mit der die Tibeter kommunizieren, ist nicht von ihnen getrennt, sie sprechen nicht mit einem über ihnen existierenden Gott, sondern sie stimmen ihre verschiedenen Charakteraspekte auf ein gutes, mit sich selbst zufriedenes Verhalten ab, das sich durch Bescheidenheit, Wachheit und Herzlichkeit auszeichnet.

Solche Konditionierungen führen zu wesentlichen Unterschieden im Verhalten, das sich manchmal an ganz kleinen Dingen offenbart, wie das folgende Beispiel zeigt:

Ich frage an einer einsamen Weggabelung einen Tibeter, der uns gerade entgegenkommt, nach dem Kloster Rikon. Der sprachlichen Einfachheit halber sage ich nur »Rikon?« und zeige auf einen der beiden Wege. Der Tibeter verneigt sich höflich und sagt: »Re, re« (Ja, ja) und blickt mich dabei freundlich und ehrfürchtig an. Ich wiederhole noch zweimal meine Frage und bekomme zweimal dieselbe Antwort. Also marschieren wir weiter mit unseren schweren Geräten den Berg hinauf. Plötzlich landen wir im No-where.

Wir könnten nun denken, dass dieser Tibeter ein falscher Hund ist, denn er hat uns, so freundlich er auch war, in die Irre geschickt. Bei dieser Höhe von über 4.500 Metern haben wir uns sehr geplagt, sodass wir über die falsche Auskunft sauer und enttäuscht sind. Hätten wir jedoch die Mantras und Gebete der Tibeter studiert, mit der sie sich auf Fremde vorbereiten, um Glück zu haben, hätten wir gewusst, dass ein Tibeter sich so programmiert, dass er einem Fremden niemals widerspricht. Der Fremde ist für ihn immer der Höherstehende, der Ehrwürdige, den man zuvorkommend und devot behandelt.

Hätte ich in diesem Bewusstsein gehandelt, hätte ich ihn, bevor ich es wagte, ihn etwas zu fragen, sehr höflich begrüßt, ihm ein Kompliment gemacht (das geht auch ohne Sprachkenntnisse) und ihn dann gebeten, mir gütigerweise zu sagen, welcher Weg zum Kloster Rikon führt. Selbstverständlich hätte er mir mit großer Freude den richtigen Weg gewiesen. So aber stürzte ich ihn in ein Dilemma, weil ich ihm meine Erwartung vorgab, indem ich auf einen Weg zeigte und fragte »Rikon?« Da sein erstes Gebot ist, widerspreche keiner ehrwürdigen Person, durfte er nicht mit »Nein« antworten, sondern musste mir beipflichten.

Tibeter, die mit dieser Grundeinstellung ihr Land (oder Exil) verlassen und in eine ihnen vollkommen fremde Welt vorstoßen, werden erstaunlich freundlich und zuvorkommend behandelt, weil sie in jeder Lage diese Demut ausstrahlen. Wir sagen dazu nur: »Hast du aber Glück!«

Ein anderes Beispiel: Ich frage in Lhasa einen Tibeter nach dem Postamt. Er nimmt mich warmherzig an der Hand und führt mich, bis wir vor dem Postamt stehen. 15 bis 20 Minuten, die wir zusammen laufen, hält er mich durchgehend an der Hand. Mit seiner anderen Hand gestikuliert er in dem Versuch, die Sprachbarriere zu überwinden. Die eigentliche Information über mich nimmt er aber durch die Berührung unserer Handflächen auf. Wenn ich etwas sensibel bin und gegen eine solche Verbindung keine Vorbehalte hege, nehme ich ebenso viel Information auf diesem Wege auch von ihm auf, ohne die Wortebene verstehen zu müssen.

Allmählich wurde mir klar: Wenn ich in dem Bewusstsein aufwachse, dass der Mensch primär ein geistiges/seelisches Wesen ist, kommuniziere ich zuförderst auf dieser intuitiven Ebene. Blicke und Körperhaltungen sagen über diese Ebene im ersten Moment das meiste aus. Solches Denken und Verhalten wird mit den Mantras und Ritualen täglich eingeübt. Das schafft einen angstfreien, offenen, ehrlichen und respektvollen Umgang miteinander, der das Leben geschmeidiger, unkomplizierter und wesentlich freundlicher formt, als es die rein sachliche, korrekte, distanzierte Umgangsweise vermag, bei der man oft Pech hat. Wer auf die geistig-seelische Ebene verzichtet oder sie für Aberglauben hält, muss das mangelnde Glück durch viel erkaufte Dienstleistungen und teure Sicherheitsmaßnahmen ausgleichen – ein mühevolles und isoliertes Leben.

Intuitives Denken und Verhalten macht das Leben geschmeidiger und freundlicher.

Man war sich in Tibet vor 1.300 Jahren also einig, dass man den materialistischen Weg nicht gehen möchte. Trotzdem blieb die Faszination, die vom Rad ausging, groß, sodass es sich bei aller grundsätzlicher Ablehnung nicht verbieten ließ. Die Lösung des Problems musste eine *Synthese* aus Rad und Spiritualität sein.

Die wichtigste Kraft im geistigen Weltbild sind die Absicht, der Wunsch, das Gebet, die Mantras. Wenn sich diese Kraft mithilfe des Rades vervielfältigen bzw. rationalisieren ließe, dann würden auch die Hüter des geistigen Weges nicht mehr viel gegen die Einführung des Rades vorzubringen haben. Die Lösung war die Gebetsmühle: Man schreibt die wichtigen, starken und erprobten Mantras, Gebete und Wünsche auf lange Papierstreifen oder dünne Lederbänder und wickelt sie auf eine Trommel. Allein schon das endlos wiederholte Niederschreiben dieser Texte erfordert hohe Konzentration und intensive Beschäftigung mit den Inhalten der Texte. Das erhöht ihre Kraft, weil sie sich besonders tief im Gehirn einprägen. Die Trommel wird um eine Achse gedreht – und fertig ist die Anwendung des Rades, wodurch sich nun die ausstrahlende Kraft der Texte mit dem Drehen der Gebetsmühle vervielfacht.

Jede Umdrehung des Textes wird gezählt wie einmal gesprochen. Die Rationalisierung wird zusätzlich intensiviert, indem man die Gebetsmühlen von fließendem Wasser oder Wind antreiben lässt. Sogar Hunde, wie auch mein kleiner Tibet-Spaniel, den ich von Karmapa in Tibet geschenkt bekam, sind so abgerichtet, dass sie es als ihre Aufgabe ansehen, mit beiden Vorderpfoten eine Gebetsmühle anzuschieben.

Ich habe Gebetsmühlen von der Größe eines Eies und kleiner bis hin zu großen, tonnenschweren Zylindern bedient, die allein nur sehr schwer zu bewegen waren. Beobachtet man, mit welcher Inbrunst die Tibeter diese Geistesübungen mit den Gebetsmühlen vollziehen, hört jedes Grinsen auf. Wir sollten uns hüten, solche Handlungen arrogant als Aberglaube abzuqualifizieren, so, wie die Chinesen es machen und dafür die Tibeter foltern. Das Drehen einer Gebetsmühle ist als monotone Dauerarbeit mit konditionierendem Inhalt nicht zu unterschätzen. Um den Geist ruhig zu stellen, wenden alle Religionen einen monotonen Vorgang an, denn damit beschäftigt man den unruhigen, immer aktiven Teil des Gehirns und der Rest kann sich erholen. Dies hat dieselbe Wirkung wie Meditation.

Folter gegen Spiritualität

Ich drehte für diesen Film *Tibet – Widerstand des Geistes* mit einem Abt, der eine Poh-Wa-Zeremonie* leitete. Er hatte 26 Jahre in chinesischer Gefangenschaft verbracht, weil er Buddhist ist. Jedes Jahr fragten ihn seine chinesischen Aufseher, ob er noch an Wiedergeburt glaube. Er antwortete: »So, wie ihr daran glaubt, dass morgen früh die Sonne wieder aufgeht.« Dafür wurde ihm jedes Mal eine Scheibe von seinem linken Arm abgehackt, 26-mal. (Das ist leider keine vereinzelte Geschichte und auch keine veraltete; auch heute noch wird in den Gefängnissen in Tibet täglich gefoltert.)

---

* *Mit der* Poh-Wa-Zeremonie *wird dem Verstorbenen klar gemacht, dass sein materielles Sein beendet ist und er nun den toten Körper verlassen muss. Der Körper wird nach der Zeremonie auf tibetische Art bestattet. Da acht Monate im Jahr tiefer Bodenfrost herrscht und Brennholz sehr rar ist, kann man die Toten weder beerdigen noch verbrennen, man kann sie nur den Geiern verfüttern. Damit das Gerippe des Verstorbenen nicht übrig bleibt, haben die »Himmelsbestatter« die Aufgabe, den Körper für die Vögel zu zerkleinern. In der* Poh-Wa-Zeremonie *wird die Seele (oder der Geist) aufgefordert, den Körper zu verlassen; außerdem bekommt sie detaillierte Anleitungen für eine gute Wiedergeburt.*

Der einzige Film über Tibet ohne chinesische Kontrolle.

Als ich das erste Mal 1987 nach Tibet fuhr, hatte ich nicht damit gerechnet, dass das spirituelle Weltbild von dem materialistischen so brutal bekämpft wird. Diese Erfahrung hat mich darin bestärkt, mit meiner öffentlichen Tätigkeit zu einem Ausgleich der Weltanschauungen beizutragen.

Mir ist es absolut unbegreiflich, wie Politiker demokratischer Länder der Meinung sein können, die Chinesen dürften die Tibeter foltern und ausrotten. Sie nehmen diese Brutalität offenbar hin, weil sie sich bei den Chinesen einschmeicheln wollen, in der Hoffnung, Aufträge nicht an andere, konkurrierende Industriestaaten bzw. Unternehmen zu verlieren, von denen sie sich keinen Vorteil versprechen können. Sie kritisieren China wohl auch deshalb nicht, weil sie im Grunde mit der kommunistischen Partei Chinas, die eine Mischung aus Marxisten, Maoisten und Neukapitalisten ist, sich darin einig fühlen, dass der tibetische Buddhismus Aberglaube ist und es nicht schadet, wenn er ausgemerzt wird.

Sie unterschätzen dabei nur, dass die Tibeter sich auch nach einem halben Jahrhundert der Folterung ihr geistiges Weltbild nicht haben austreiben lassen, obwohl in Tibet jetzt eine Generation lebt, die ausschließlich unter chinesischer Herrschaft aufgewachsen ist und entsprechend zu denken gelernt haben sollte. Wenn aber Erziehung und Abschreckung den »Aberglauben« nicht beseitigen können, dann muss man »leider« den ganzen Menschen beseitigen, und das findet heute in den Gefängnissen mit Massenerschießungen statt und im großen Stil auch durch Zwangsabtreibungen bei Tibeterinnen. (Siehe mein Film *Die Not der Frauen Tibets**.) Die Chinesen nennen dies Geburtenkontrolle, die Tibeter Schlachtungen.

Der Bevölkerungsanteil der Tibeter in ihrem eigenen Land ist zwischen 1959 und heute von 100% auf unter 37% gefallen. Das kommt hauptsächlich durch die Zuwanderung von mehr als 9 Millionen Han-Chinesen zustande, aber auch durch die systematische Ermordung der Tibeter und durch die, die flüchten konnten.

Auf allen meinen Reisen habe ich kaum größere Egoisten kennen gelernt wie diese Zuwanderer. Natürlich ist das eine spezielle Auswahl unter den 1,4 Milliarden Chinesen, dennoch geben sie ein erschreckendes Bild von China ab und man denkt nicht, dass es nur die chinesische Führung ist, die sich faschis-

* *23 Min., zu beziehen über mind films GmbH, siehe Seite 338.*

Chinesische Foltermethoden als »Geburtenkontrolle«.

tisch verhält. Wie in meinem Film *Tibet – Widerstand des Geistes* zu sehen ist, schließen sich Hunderte chinesische Straßenpassanten der chinesischen Polizei an, wenn es darum geht, tibetische Mönche zusammenzuschlagen.

Ich habe in anderen Ländern Korruption erfahren, um Drehgenehmigungen oder andere Unterstützung zu bekommen. Nirgends aber wurden mir Schmiergelder aggressiver und gieriger abgepresst als von Chinesen in Tibet. Und niemand hat mich vertrauensvoller und schutzgewährender aufgenommen als die Tibeter. Der Kontrast zwischen zwei unterschiedlichen Lebensauffassungen könnte nicht größer sein. Ich war in keinster Weise darauf vorbereitet. Tibeturlauber, die ich vor meiner ersten Reise gesprochen hatte, erzählten mir nur, wie herrlich die Landschaft und wie nett die Mönche seien und wie chinesisch das Essen; niemand erzählte mir, dass er in einem faschistisch unterdrückten Land gewesen war.

Ich wünsche mir sehr, dass die enorme Forschungsleistung der Tibeter über die letzten 1.300 Jahre auf dem Gebiet des Geistes und unsere in derselben Zeit erzielte enorme Forschungsleistung auf dem Gebiet der Materie als eine Art *Jobsharing* unter den Weltkulturen verstanden wird und wir nun dazu übergehen, die besten Ergebnisse in respektvoller und anerkennender Weise miteinander auszutauschen. Wenn die Wissenschaft keine Berührungsängste gegenüber tibetischen Geshes (Professoren) und Lamas (Doktoren) hätte, und zwar nicht nur dem Dalai Lama gegenüber, sondern auf allen Ausbildungsebenen, dann käme es zu einem Austausch, den wir dringend nötig haben. Jeder Mensch hat eine rechte und eine linke Gehirnhälfte. Die rechte steht für Intuition, die linke für die Ratio. Beide müssen – wie es jetzt immer so schön heißt – gefordert und gefördert werden, wenn es um Bildung geht.

In der westlichen Kultur wird fast ausschließlich die Ratio entwickelt. Das beginnt bereits im Kindergarten oder sogar noch früher. Schon dem kleinen Kind wird gesagt: »Hör auf zu träumen, hier spielt die Musik, pass auf, sprich vernünftig«, etc. Erzählt ein Kind eine Geschichte aus seinem letzten Leben, heißt es oft: »Das Kind hat eine blühende Fantasie.« Auf diese Weise werden jedoch seine intuitiven Wahrheiten nicht ernst genommen, die für seine Seele so wichtig sind. Selbst da, wo Kinder ihre Intuition mit Farben, Knetmasse und allerlei Gestaltungsmöglichkeiten entfalten sollen, werden sie oft in vorgefertigten Bahnen gehalten. Man möchte ihnen hauptsächlich Ordnung, Sauberkeit und Wohlverhalten beibringen. Für Bilder, die sie malen dürfen, gibt man ihnen triviale Formen vor, die sie ab- oder ausmalen müssen. Für die Entfaltung von

Intuition, wovon Kinder naturgemäß eine Menge besitzen, wird wenig getan, weil auch die Erwachsenen sie nicht bewusst bei sich fördern.

Kommen die Kinder in die Schule, wird ihnen eigentlich nur noch Rationalität beigebracht. Auch in der Berufsausbildung soll man sich durchgehend rational verhalten. In der Universität dann sowieso. Im Beruf möchte man wissen, was ist geplant, was wurde analysiert, welche Fakten liegen auf dem Tisch; intuitive Äußerungen werden meist belächelt. Nur Frauen gestattet man gelegentlich ein bisschen mehr Intuition – aber grundsätzlich geht es eigentlich stets darum, sich rational, berechenbar zu verhalten.

Anregungen wie »Fühl dich doch mal hinein. Geh doch mal in dich, beobachte, welche Bilder in dir hochkommen, mach dir die Seelenlage deines Partners, Mitarbeiters, deines Gegenübers klar, versetze dich in seine Gefühle« etc. werden viel zu unwichtig genommen und deshalb nicht geschult. Dabei geht es im Grunde nur darum, ein wenig mehr Vertrauen in die intuitiven Kapazitäten zu entwickeln, mit denen ja jeder Mensch ausgestattet ist. Das ist wie mit den musikalischen Fähigkeiten: Wenn man sie nicht in der Breite gesellschaftlich früh fördert, verkümmert die Musikalität eines Volkes. Dort, wo Intuition breit geschult wird, sind Hellsichtigkeit und Geistiges Heilen eine weit verbreitete, erlernbare Fähigkeit, die praktiziert wird wie Musik – als Laie und Profi. Heimischer Brauch nennt in Bayern zum Beispiel Leute mit viel Intuition »G'fühlige«, in Friesland »Spökenkieker«. In jeder alten Tradition Europas gibt es Menschen mit sensitiver Wahrnehmung, die diese Fähigkeit aufgrund einer speziellen, individuellen Biografie besitzen. Wenn wir diese Fähigkeit in der Breite fördern wollen, um die Ressource »Intuition« gesellschaftlich zu nutzen, müssen wir ihr zuerst dort, wo sie vorhanden ist, viel mehr Anerkennung und Respekt entgegenbringen.

Frauen und Männer, die von Berufs wegen mit dieser Fähigkeit arbeiten, wie Heiler, Schamanen, Geshes und Lamas, sollten wir als unsere Lehrer/innen und Vorbilder nehmen, um unsere einseitige rationale Ausbildung auszubalancieren. Ansonsten bleibt uns lediglich übrig, dort, wo Intuition Wirkung zeigt, von Zufall und Wundern zu sprechen – nur, weil wir uns diesen Bereich nicht bewusst gemacht haben.

Karmapa – Tibet und Nepal

Im Folgenden möchte ich im Zusammenhang mit Intuition von einer Begebenheit berichten, die ich in meinem Film *Living Buddha* nicht eingeschnitten habe: Der junge Karmapa war gerade sieben Jahre alt und erst ein halbes Jahr vorher in dem noch weitestgehend zerstörten Kloster Tsurphu angekommen. (Tsurphu liegt in Tibet, zweieinhalb Stunden nördlich von Lhasa.) Er war bereits als Buddha inthronisiert. Damit wurde offiziell anerkannt, dass er die Wiedergeburt des erleuchteten, historischen Buddha Shakjamuni ist, mit »dem Wissen über Vergangenheit, Gegenwart und Zukunft« und »der Weisheit, die wahre Natur aller Phänomene zu erkennen«.

Monate nach der Inthronisation fand die Grundsteinlegung für den Wiederaufbau des Haupttempels statt, zu der man auch Karmapa einlud, teilzunehmen. Man bat ihn, von seinem Zimmer, das sich oben im bereits wieder aufgebauten Haupthaus befand, herunterzukommen und auf einem Felsquader, der noch von dem alten, zerstörten Gebäude übrig geblieben war, Platz zu nehmen.

Auf der Ruine des von den Chinesen 1965 gesprengten Tempels haben etwa 160 Arbeiter und Arbeiterinnen Platz genommen, die sich für den Wiederaufbau des Tempels freiwillig gemeldet haben. Die Zeremonie läuft in der üblichen Form ab, mit langen Rezitationen, häufigen Mantras, vielen Schalmeienklängen, gewaltigen Tönen aus Langhörnern und kräftigen Beckenschlägen. Reden werden keine gehalten. Karmapa wird bald ein wenig unruhig und will wieder gehen. Sobald das Ritual fertig ist, steht er auf, indem er sich mit beiden Händen von dem kalten, nackten Felsen hochdrückt, die Beine aus der Lotussitzposition streckt und sich auf den Boden stellt. Er verabschiedet sich bei allen Anwesenden mit einem seiner intensiven Rundumblicke aus einer leicht gesenkten Kopfhaltung heraus und geht dann.

Nachdem mit ihm die meisten Teilnehmer verschwunden sind, räumt ein Mönch die Dekoration um den Stein weg, auf dem Karmapa gesessen hat. Er traut seinen Augen nicht: Von beiden kleinen Kinderhänden Karmapas gibt es im Fels zwei zirka einen Zentimeter tiefe Abdrücke mit jeweils fünf leicht gespreizten Fingern und dem Handballen im Felsen.

Die Nachricht verbreitet sich wie ein Lauffeuer im gesamten Kloster, die Teilnehmer der Zeremonie kehren zurück und wer sonst noch im Kloster und in der Umgebung ist, kommt dazu. Jeder möchte die Handabdrücke im Fels bestaunen. Mein Team und ich – wir haben diesen Moment wieder mal verpasst, denn wir sind an diesem Tag unten in Lhasa. Man schickt nach mir, damit ich sofort ins Kloster komme. Ich treffe mit meinem Team am nächsten Tag ein, doch da hat man den Felsquader bereits an einer prominenten Stelle aufgebaut und mit weißen Glücksschleifen und Blumen geschmückt. Davor hat sich eine etwa 200 Meter lange Schlange von Pilgern gebildet, von denen jeder einmal seine Stirn auf den Abdruck legt, kurz dabei die Augen schließt und ein Gebet der Dankbarkeit murmelt.

Wir beginnen zu filmen: Die Handabdrücke von rechts, von links, von oben, die Menschenschlange davor, Einzelne, wie sie beten, etc. Ich denke aber, dass diese Szene so nicht funktionieren wird. Die Kinobesucher in Deutschland werden diesen Bildern nicht trauen. Sie werden alle nach einem Trick suchen, denn bei Handabdrücken in einem Fels kann sich niemand vorstellen, dass die echt sind. Für die Tibeter ist dies nicht so ungewöhnlich. Nicht nur die früheren Karmapas haben Felsabdrücke von ihren Füßen, Händen und Fingern hinterlassen, sondern auch noch einige andere hoch realisierte Lamas. Für mein Publikum brauche ich zumindest eine Aussage von Karmapa persönlich dazu. Ich bitte deshalb um Erlaubnis, wieder mit ihm drehen zu dürfen, ohne genau zu sagen, was, denn ich befürchtete, man würde mir das ausreden wollen.

Als die Kamera läuft, frage ich Karmapa: »Da unten sind deine Hände im Fels abgedrückt, wie hast du das gemacht?«

Er antwortet: »Frag doch Tomo.« (Das ist der dicke Mönch, der ihn meistens begleitet.) »Der war doch dabei.«

Die Kamera schwenkt auf Tomo: »Tomo, bitte sag uns, wie hat er das gemacht?«

»Er hat es halt gemacht!«, antwortet Tomo.

»Kannst du uns vielleicht erklären, wie das vor sich ging, wie wir uns das erklären sollen?«

Er wiederholt mehrmals: »Er hat es halt gemacht, was soll ich denn sonst sagen?«

»Cut!« Kamera aus. Das ist Materialverschwendung. Ich höre auf, solch dumme Fragen zu stellen. Was machen wir aber jetzt? Da kommt mein Kameramann mit dem Vorschlag: »Er soll es halt noch mal machen!« Als erfahrener Kameramann der Bavaria-Filmstudios ist Klaus daran gewöhnt, dass Szenen, die nicht gleich klappen, wiederholt werden, und zwar so oft, bis sie klappen. »Das können wir von Karmapa nicht verlangen«, meine ich.

»Warum denn nicht?«, erwidert er. »Wir kommen extra von so weit her, um über ihn einen Film zu drehen, da kann er doch mal die Szene wiederholen – wenn's denn stimmt, dass er es war.« Ich gebe zu, dass das für den Film das Beste wäre.

Karmapa, der offenbar mitbekommen hat, worüber Klaus und ich sprechen, lacht und springt in seinem Zimmer herum wie ein Clown. Mir wird klar, warum wir nicht anwesend waren, als es passierte. Karmapa geht es nicht darum, meinem Film eine Sensation zu liefern, sondern darum, die 160 Arbeiter, die ab jetzt für einen minimalen Lohn in 20 Monaten den großen Tempel wieder aufbauen sollen, zu motivieren. Wer täglich mit dem materialistischen Bewusstsein der Chinesen konfrontiert ist, die über jede religiöse Handlung nur Spott und Hohn übrig haben und vehement vertreten, dass der Bau eines Tempels, insbesondere die hochwertigen, künstlerischen Leistungen dabei, pure Zeit- und Geldverschwendung ist, der braucht seelisch-geistige Unterstützung. Die Chinesen verachten den Buddhismus als Opium des Volkes, wie Karl Marx es formuliert hat.

Karmapa will den Arbeitern den Sinn ihrer anstehenden Leistung vor Augen führen. Ohne sie zu belehren, zeigt er ihnen mit der Geste des Handabdrucks, welche Kraft der Geist besitzt. Das motiviert mehr als lange Reden. Jeder sieht, Karmapa ist ein Mensch, sogar nur ein Kind; wenn er solch feste Materie wie Fels ohne Gewaltanwendung, aus purer geistiger Konzentrationskraft formt, wird das Vertrauen in die Kraft des Geistes gestärkt.

Haben die Handabdrücke dies bei mir geschafft? Ich ungläubiger Westler hätte gerne noch eine Erklärung von Karmapa dazu, aber auf diese Ebene lässt er sich nicht ein. Dafür ist der Siebenjährige zu weise. Bei mir bewirkt diese spirituelle Aktion zumindest so viel, dass ich sie nicht ablehne, aber sie mir auch nicht erklären kann. Da, wo ich herkomme, ist der Glaube an die Materie so unvorstellbar groß, dass sich bei mir die Freude, die spontan in den tibetischen Pilgern aufsteigt, und die ihre Stirn auf die Handabdrücke legen, nicht wirklich einstellt. Bei anderen laufen Tränen der Offenbarung, bei mir hängt eine undefinierbare graue Wolke der Skepsis im Gehirn, die mir den Zugang zu dieser spirituellen Erfahrung sehr schwer macht. Leichter wurde es für mich bei meinem nächsten Erlebnis mit Karmapa.

Handabdrücke im Fels als Demonstration der Dominanz des Geistes.

Wiedergeburt miterleben

Als wir eine Drehpause machen, damit auch andere Karmapa besuchen können – es sind Hunderte täglich –, verlasse ich sein Zimmer nicht. Da ich nicht rauche, treibt mich auch nichts aus dem Kloster. Ich setze mich unauffällig auf eine Seite seines großen Raumes. Herein kommt eine Amerikanerin, die Tibetisch spricht. Sie studierte in San Francisco Tibetologie. Als der 16., der frühere Karmapa zum letzten Mal 1981 in den USA war, übersetzte sie für ihn in Kalifornien. Danach flog Karmapa weiter nach Chicago, wo er zwei Wochen später starb. Sie war davon sehr betroffen, weil sie mit ihm sehr eng zusammengearbeitet hatte, und erinnerte sich noch sehr genau daran, was Karmapa ihr zum Abschied sagte.

Als sie 11 Jahre später hört, dass Karmapa in Tibet wiedergeboren sei, stellt sie einen Visumsantrag, der ihr erst sechs Monate später bewilligt wird, und genau jetzt ist sie angekommen und überreicht dem kleinen, wiedergeborenen Karmapa ihr Gastgeschenk. Auf Tibetisch spricht sie ein paar Begrüßungsfloskeln und Karmapa antwortet ihr in einer für mich vollkommen normalen Art. Daraufhin schluchzt die Frau so heftig los, dass ich erschrecke. Sie kann sich nicht mehr beruhigen, bringt kein Wort mehr heraus und verlässt vollkommen aufgelöst fluchtartig den Raum. Die nächsten Besucher werden hereingelassen.

Am Nachmittag sehe ich sie allein auf dem Klosterhof herumwandeln und spreche sie an. Sie will keine Kamera. »Darf ich Sie etwas sehr Persönliches fragen?«, bitte ich sie. »Warum haben Sie heute Vormittag bei Karmapa so geweint?« Sie antwortet: »Wissen Sie ...«, und ich erfahre ihre ganze Geschichte mit dem früheren Karmapa in Amerika ..., »als ich Karmapa eben begrüßt habe, antwortete er mir mit exakt denselben Worten, die er in seinem früheren Leben zuletzt an mich in Kalifornien gerichtet hat.«

Mir läuft eine Gänsehaut über den Rücken. Wir kämpfen beide mit den Tränen und müssen darüber lachen. Ein solches Erlebnis weitet das Bewusstsein. Wie bei der Grundsteinlegung wird mir klar, Wunder sind persönliche Liebesbeweise, nicht dazu geschaffen, einer großen Öffentlichkeit kundgetan zu werden. Die Handabdrücke sind Karmapas Dankeschön an die Arbeiter, die sich unter schwersten Bedingungen dem spirituellen Weg hingeben. Der subjektive Beweis für die Kontinuität des Geistes ist seine persönlich gemeinte Offenbarung für die Amerikanerin, die sich in seinem letzten Leben für ihn eingesetzt hat.

Wunder sind persönliche Liebesbeweise.

Mit ihr brauche weder ich noch sonst jemand darüber zu diskutieren, ob es Wiedergeburt gibt oder nicht. Ich brauche sie nicht zu fragen, ob sie glaubt, dass dieser Karmapa wirklich die Kontinuität des 1981 verstorbenen Karmapas ist – alle diese intellektuellen Fragen sind für sie erledigt. Sie kann sich aus tiefstem Herzen darüber freuen, dass der Geist stärker ist als die Materie, und ich kann an dieser Freude teilhaben. Das schafft innere Ruhe und Zufriedenheit, von der aus so unglaublich viel Neues möglich ist, das früher weit hinter meinem Horizont gelegen hat.

Seit ich mit dem Dalai Lama und Karmapa und anderen Heiligkeiten arbeiten durfte, werde ich oft gefragt, ob ich selbst schon mal ein Wunder erlebt habe. Ich sage: Nonstop. Allein schon dadurch, wie meine Filme zustande kommen, angefangen von so mancher Finanzierung bis hin zum täglichen Ablauf der Dreharbeiten, stehe ich immer wieder vor einem Wunder. Wie oft kommt es vor, dass ich denken muss, jetzt geht nichts mehr, jetzt habe ich das Projekt an die Wand gefahren. In solchen Momenten könnte ich vollkommen verzweifeln, denn ich trage auch das finanzielle Risiko des Unternehmens persönlich, ohne jedwede Haftungsbeschränkung wie bei GmbHs. Aber siehe da, wenn es ganz still wird in mir, weil nichts mehr geht und keine weiterführende Idee mehr auftaucht, sondern nur noch Ansprüche und Forderungen Dritter da sind, die ich nicht erfüllen kann, dann geht irgendwo eine Tür auf, von der ich nicht einmal geahnt habe, dass es sie überhaupt gibt, und das Projekt setzt sich fort – und zwar auf eine Weise, die so viel besser oder so viel weiser ist, als ich es je habe planen oder mir gar vorstellen können.

In diesen Momenten ist nichts anderes zu tun, als in Dankbarkeit auf die Knie zu fallen, wenn nicht körperlich, so zumindest mental. Das sind die Wunder, die ich erlebe. Meine persönlichen Glücksmomente zwischen all den Katastrophen, die laufend passieren.

Ich fragte die Lamas, mit denen ich viel zu tun habe, einschließlich des Dalai Lama und Karmapa, zu welcher persönlichen, buddhistischen Praxis (Meditationsform und -inhalt) sie mir raten würden, um meinen Geist und Charakter zu entwickeln. Ihre Antworten waren, ohne dass sie sich absprechen konnten, unisono dieselben: »Beende erst mal deine Arbeit.« Das fand ich sehr enttäuschend, denn andere besitzen einen Fahrplan für Jahre, der ihnen sagt, was sie täglich zu üben haben. Ich aber soll nur arbeiten, meinem Beruf nachgehen ohne jedwede Meditationsanleitung. Warum?

Zu Anfang fand ich das nicht fair und es tröstete mich auch wenig, wenn mir Zuschauer erzählten, dass mein Film ihr Leben verändert habe und sie inzwischen Buddhisten geworden seien. Doch mit der Zeit musste ich zugeben, dass ich für täglich ein bis zwei Stunden Meditation und Praxis keine Zeit habe. Dafür habe ich das Privileg, mich während meines 16-stündigen Arbeitstages nonstop mit Bewusstseinsentfaltung beschäftigen zu dürfen. Insofern brauche ich mich nicht zu beschweren. Ich kann im beruflichen Sektor Erfahrungen sammeln, die für mich privat sehr wertvoll sind.

Eine Person – zwei Leben

Karmapa hatte, wie erwähnt, für seine Zeit im Bardo (zwischen Tod und Wiedergeburt) vier Interimsregenten bestellt, die für seinen Orden, die *Kagypa*-Linie, in seiner Abwesenheit die Verantwortung übernehmen sollten. Einer davon war Jamgon Kongtrul III. Er war der Lama, der mit 38 Jahren durch einen Autounfall in Nordindien seinen Körper verlassen hatte, als er aufgebrochen war, um die Wiedergeburt von Karmapa in Tibet zu identifizieren. Am Anfang meines Films *Living Buddha* wird dieser Unfall gezeigt. Das war 1992.

Jetzt, 1997, fünf Jahre später in Nepal, sitzt in dem noch vor seinem Tod fertig gestellten Kloster der neue Jamgon Kongtrul IV. am Tisch und isst sein Mittagessen, als ich hereinkomme.

Der kleine Junge hat Manieren, wie ich sie noch nie bei einem Zweijährigen gesehen habe. Ohne Lätzchen isst er mit Messer und Gabel und kleckert auch bei komplizierten Speisen nicht. Danach hält er seinen Nachmittagsschlaf in der Haltung einer Mumie, vollkommen ruhig, entspannt und tief, sodass ich dabei im Raum filmen kann. Er spielt wie ein ausgelassener, kleiner frecher Kerl. Er sorgt sich um das Wohl anderer wie eine barmherzige Mutter und er leitet Zeremonien mit der Ernsthaftigkeit und Ausdauer eines alten Abtes.

Ich habe eine kleine Schatulle dabei, die mir Jamgon Kongtrul III. geschenkt hat, sechs Wochen, bevor er starb. Als ich sie dem Mönch Tenzing Dorjee zeige, der seit dem Unfall Jamgon Kongtruls Kloster leitet, kommt der kleine, neue Jamgon Kongtrul herbei und nimmt mir die Schatulle mit den Worten aus der Hand: »Die gehört mir!«. Zufall?

Ein Jahr vorher empfängt Tenzing Dorjee eine Karte aus Tibet, die ihm der Abt des Klosters (Tsurphu) von Karmapa mit den Worten schreibt: »Wir freuen uns, wenn du uns besuchen kommst.« Sechs Wochen warten er und seine Begleiter auf das chinesische Visum für den kurzen Flug über den Himalaja, dann stehen sie vor dem neunjährigen Karmapa und fragen ihn, ob er wisse, wo Jamgon Kongtrul wiedergeboren sei? Statt eine Adresse zu geben, weist Karmapa sie an, Pujas (Gebete) zu machen. Tenzing Dorjee überkommen leise Zweifel, ob Karmapa die hellseherische Kraft überhaupt hat, die man von ihm erwartet. Seine Hoffnungen, den Meister wiederzufinden, schwinden dahin. Er tut aber, was ihm vom Neunjährigen geheißen wird.

Nach sieben Tagen gibt Karmapa Tenzing Dorjee einen Brief. Er öffnet ihn zusammen mit dem Abt und sie lesen sieben Indizien für die Wiedergeburt Jamgon Kongtruls:

1. Geboren im dritten Quartal 1995.
2. Seine Mutter heißt Jangchi.
3. Sein Vater heißt Gonpo.
4. Sein Haus hat einen ersten Stock.
5. In dem Haus leben acht Personen.
6. Die Haustür ist nach Osten gerichtet.
7. Der Blick von der Tür geht auf zwei Berge, zwischen denen ein Bach herunterfließt.

Alles schön und gut, aber wo ist dieser Ort? Karmapa antwortet: »Am anderen Ende dieses Regenbogens, der hier aufsteht, okay?« Dorjee und sein Begleiter schauen verlegen. »Ihr braucht nur ans andere Ende des Regenbogens gehen, dann habt ihr ihn«, wiederholt Karmapa streng.

»Siehst du einen Regenbogen?«, fragt Dorjee seinen Begleiter kleinlaut. »Nein!« Karmapa zuckt die Achseln und sagt: »Setzt eure Gebete fort.« Nach einigem Bitten und Betteln lässt Karmapa zwei Tage später beiläufig den Namen »Chushur« fallen. Und tatsächlich: Auf der anderen Seite des südlichen Bergmassivs gibt es die Gemeinde Chushur. Sie erstreckt sich vom Lhasa-Flughafen entlang der Straße nach Shigatse, zirka 80 Kilometer nach Westen.

Ab jetzt dokumentiert Dorjee die Suche mit meiner kleinen Videokamera. Er macht sich aufgrund Karmapas Prophezeiung eine Tabelle mit den sieben Indikatoren für Jamgons Identifizierung. Dann fangen er und sein Begleiter an, jedes Haus in der Gemeinde Chushur vom Westen her aufzusuchen und zutreffende Indikatoren anzukreuzen. Nach zwei Tagen haben sie 167 Häuser abgefragt, aber nirgends trafen auch nur annähernd Karmapas Prophezeiungen zu.

Unverrichteter Dinge kommen sie enttäuscht zu Karmapa zurück. Der schickt sie anderntags erneut los. Und weil sie kein eigenes Fahrzeug mehr haben, leiht er ihnen seinen Jeep mit seinem Fahrer. Wie sie nach Chushur vom Osten her reinkommen, zeigt ihnen der Fahrer einen mächtigen Baum auf freiem Gelände: »Darunter hat vor zwei Monaten Karmapa auf seinem Rückweg von einem Besuch in Shigatse eine Pause eingelegt.« Spontan entschließen sie sich, es ihm nachzutun. Unter dem Baum sitzend erzählt der Fahrer, Karmapa habe sich für das Dorf dort drüben interessiert und eine grasschneidende Bäuerin nach dem Ortsnamen gefragt. Es ist das östlichste Dorf in der Gemeinde Chushur. »Und dann?«, fragt Dorjee neugierig den Fahrer. »Nichts.«

Sie beenden das Picknick und setzen die Suche gleich hier an diesem Ort fort und nicht im Westen, wo sie gestern aufgehört haben. Als sie ins Dorf gehen, kommt ein kleines Mädchen auf sie zu: »Sie suchen doch nach einem Tulku*, der 1995 geboren ist?« Wie ein Lauffeuer hat sich während der letzten Tage in der Gemeinde die Nachricht verbreitet, dass Mönche einen Tulku suchen. In Tibet macht das noch immer sehr neugierig. Niemand weiß allerdings, wer der Suchtrupp ist und wen er genau sucht, und schon gar nicht, dass es sich um eine so hohe

* *Tulkus werden auf Tibetisch Kinder genannt, bei denen eine bewusste Verbindung zu ihrem früheren Leben erkennbar ist.*

Persönlichkeit wie Jamgon Kongtrul handelt, dessen Namen man in ganz Tibet vor der chinesischen Invasion gekannt hat. Der Aufruhr wäre zu groß und das würde die Suche gefährden. Das Mädchen sagt, ihr Bruder sei 1995 geboren, das Haus sei gleich dort am Hang.

Das Wiedersehen

Als sie das Haus erreichen, werden sie im Hof von einer alten Frau begrüßt, die ein Baby auf der Schulter trägt. Erst als sie sich umdreht, um ins Haus zu gehen, erblickt Dorjee das strahlende Gesicht des 9 Monate alten Jungen. Er wird von einer Gefühlswelle überrollt und Tränen laufen ihm über die Wangen. Sein Begleiter herrscht ihn an, dass er sich zusammenreißen solle, sonst würden die Leute sofort wissen, dass sie womöglich fündig geworden sind.

Obwohl es sich um eine einfache Bauernfamilie handelt und deshalb das Baby ziemlich schmutzig ist, trägt es gelb- und weinrote Lamafarben, was heutzutage in Tibet ungewöhnlich ist. Der Suchtrupp wartet, bis die Eltern vom Feld kommen, und überprüft die sieben Prophezeiungen. Karmapa hat ihnen seine Skizzen vom Blick auf die Berge mitgegeben und sie stellen fest, dass an diesem Ort alle Bedingungen zutreffen.

Sie helfen der Mutter nach ihrer Heimkehr, das Baby gründlich zu waschen. Dabei filmen und fotografieren sie. Die Fotos lassen sie in Lhasa entwickeln und bringen sie voller Stolz zu Karmapa. Der schaut sie sich regungslos an und fragt Dorjee: »Hast du noch Zweifel, ob es Jamgon Kongtrul ist?« Dorjee: »Wenn du nicht sicher bist, wie kann ich es dann sein?« »Dann vergewissere dich besser selbst noch einmal und kontrolliere auch die restlichen Familien in Chushur«, empfiehlt ihm Karmapa.

Wieder zieht der Suchtrupp enttäuscht los und befragt noch weitere 75 Familien. Bei keiner gibt es annähernd die Bedingungen, die der Prophezeiung Karmapas entsprechen. Als sie schließlich Karmapa ihre lange Tabelle zeigen, fragt er noch einmal: »Seid ihr euch jetzt ganz sicher?«

Mit Träumen und Hellsichtigkeit findet man jemanden in seinem nächsten Leben wieder.

»Ja, ich bin mir sicher«, antwortet Dorjee. Mit einem »Dann ist es ja gut« beendet Karmapa die Suchaktion.

Erst jetzt werden die Eltern über die wahre Identität ihres Sohnes aufgeklärt. Sie sind erst 20 und 22 Jahre alt. Es ist ihr erstes Kind. Sie haben bisher noch nichts mit buddhistischer Religion zu tun gehabt, aber sie empfinden es als eine große Ehre, dass eine so hohe Persönlichkeit bei ihnen wiedergeboren ist.

Solange aber die chinesischen Behörden nicht die Genehmigung geben, die Wiedergeburt anzuerkennen, bleibt die Freude gedämpft. Karmapa schickt seinen Abt zu den chinesischen Behörden, der nach 14 Tagen die Erlaubnis zur Anerkennung in der Weise erhält, dass die Behörden erklären, dass sie sich dazu nicht äußern. Die Eltern lernen schnell, die politischen Hintergründe einzuschätzen. Ein Jahr später gehen sie mit ihrem Kind im Rucksack über die grüne Grenze nach Nepal zum Sitz des vorhergehenden Jamgon Kongtrul. Sie wohnen dort im Kloster mit Dorjee und den anderen Mönchen. Der kleine Jamgon IV. zeigt den Mönchen gegenüber dieselbe Vertrautheit wie gegenüber seinen Eltern. Nach sechs Monaten gehen die Eltern heimlich, aber ohne ihren kleinen Sohn wieder zurück nach Tibet. Es gibt keinen Moment der Trauer bei dem Kleinen, als seine Eltern weg sind.

Von seinen Mönchen wird er mütterlich geliebt und versorgt. Es ist offensichtlich, dass sich der Kleine bei den Mönchen richtig zu Hause fühlt, und die Eltern wissen ihn in guten Händen, denn außerdem ist da ja auch noch die Familie aus seinem Vorleben. Jamgon der III. hatte einen Bruder und seine Eltern, die in Nepal leben. Dadurch, dass er so früh gestorben ist, passt er jetzt, mit seinem neuen Leben, in seine alte Familie wie ein Enkelkind. Entsprechend oder sogar noch mehr lieben sie ihn. Die karmische Verbindung ersetzt die biologische ohne Einschränkungen.

In vielen Ländern und auf allen Kontinenten gibt es buddhistische Zentren, die auf den Namen Jamgon Kongtrul lauten. Daher löst seine Wiedergeburt entsprechend großes Interesse aus. Nach der Flucht über die chinesisch(tibetisch)-indische Grenze, fährt Dorjee mit dem Kleinen auf der Fahrt von Sikkim nach Nepal durch verschiedene Orte, an denen Jamgon in seinem früheren Leben gewirkt hat und wo es beispielsweise eine Schule, ein Altenheim, ein Kloster oder sonst etwas gibt, das er mit seiner Stiftung ins Leben gerufen hatte. Die Videoaufnahmen von diesen Besuchen zeigen, wie jedes Mal, wenn Tenzing Dorjee den kleinen Jungen aus dem Wagen heraushebt und die empfangende Menschenmenge jubelt (einmal waren es mehr als 5.000, wie die Zeitungen Nepals schrieben), am strahlend blauen Himmel Regenbogen auftauchen. Für die Buddhisten und die nepalesischen Journalisten ist dies ein sicheres Zeichen dafür, dass es sich bei dem Jungen um einen Erleuchteten handelt.

Schon als der kleine Jamgon Kongtrul IV. nach seiner Entdeckung vier Monate lang in Lhasa lebte, haben ihn »seine« Eltern und Geschwister aus seinem Vorleben besucht. Die heutige und die vormalige Familie verstehen sich vom ersten Moment an bestens, sodass die Mutter die Abgabe ihres Erstgeborenen guten Herzens verkraftet.

Wer in einer Kultur aufwächst, in der das Verständnis für die Kontinuität des Geistes seit über 1.000 Jahren zum Normalbewusstsein der Bevölkerung gehört, der hat gegenüber solchen Vorgängen ganz andere Gefühle als wir im Abendland, wo ausschließlich die biologischen Bande zählen.

Nun könnte man natürlich mit Skepsis fragen, wie Karmapa zu den Identifikationskriterien für die richtige Wiedergeburt von Jamgon Kongtrul kam? Will man infragestellen, dass er diese Informationen intuitiv geschöpft hat, und ihm unterstellen, dass er den Jungen kennen gelernt und dann die Kriterien für die »Schnitzeljagd« zusammengestellt hat, dann bleibt weiterhin unklar, was ihn dazu veranlasste, genau dieses und kein anderes Baby zum Nachfolger von Jamgon Kongtrul zu machen. Die Entwicklungsmöglichkeiten eines noch nicht zweijährigen Bauernbabys so einzuschätzen, dass es den ungeheuren Anforderungen, denen es als Nachfolger einer so großen Persönlichkeit wie der Jamgon Kongtrul III. ausgesetzt sein wird, meisterlich zu handhaben in der Lage ist, weist auf eine hohe intuitive Fähigkeit hin, wie sie bei einer Prophezeiung erforderlich ist. Ebenso erstaunlich finde ich die ungewöhnlichen Fähigkeiten des kleinen Jamgon Kongtrul, die seine große Fangemeinde tief berühren. Es bleibt ein Geheimnis Karmapas, wie er zu den Indizien gekommen ist, die zusammen nur auf ein Individuum in dieser Welt passen.

So, wie unsere Kultur viele begnadete Weltklassemusiker und -musikerinnen hervorbringt, weil der Musikunterricht ab der ersten Klasse Pflicht ist, bringt eine spirituelle Kultur, wie die tibetische, hellsichtige Meister und Meisterinnen hervor, weil in deren Bildung von Anfang an das Verhältnis von Geist und Materie in Ordnung ist. Mit mehr Spiritualität ideologiefreier Art könnten wir lernen, unsere Seele sehr viel besser zu verstehen. Dazu reicht das Bewusstsein über die kurze Phase eines Lebens eben nicht aus. Die Seele, die an Raum und Zeit nicht gebunden ist, wird geprägt von allem, was sie erlebt, unabhängig davon, in welcher Form, in welchem Körper sie lebt. Je bewusster mir mein Seelenleben ist, desto harmonischer, reicher und glücklicher kann ich werden. Die Sehnsüchte und Bedürfnisse der Seele werden durch den Tod nicht gelöscht, denn der Tod ist der Tod der Form, aber nicht der des Inhalts.

Die zuletzt wirksamen Gefühle sind auch die Gefühle, mit denen wir wiedergeboren werden. Negieren wir diese Gefühle, weil wir kein Bewusstsein für die Kontinuität unseres Geistes entwickeln, dann müssen sich diese unbeachteten Gefühle einen anderen Ausdruck suchen. Dies können Träume, intuitive Erkenntnisse oder – wenn wir auf diese sensiblen Seelenäußerungen keine Rücksicht nehmen – auch Veränderungen des Körpers sein. Unterdrückte oder nicht zur Kenntnis genommene Sehnsüchte und Bedürfnisse der Seele äußern sich in körperlichen Symptomen. Spätestens diese sollten wir als Alarmzeichen verstehen und den Dialog mit unserer Seele aufnehmen.

Nachdem ich den Buddhismus mit insgesamt zehn Filmen studiert hatte, sollte er nicht zu einem neuen »Stadion« meines Bewusstseins werden, über dessen Rand ich wieder nicht hinaussehen könnte. Ich war aufgebrochen, um mein Bewusstsein zu erweitern. Der tibetische Buddhismus zeigte mir, dass es zur materialistischen Weltanschauung eine spirituelle Alternative gibt, aber inzwischen habe ich erfahren, es gibt nicht nur diese eine. Mein Aufbruch hat mit dem Buddhismus soeben erst begonnen. Was gibt es denn noch?

Man erzählte mir von einem »Avatar«* Sai Baba in Südindien, der täglich vor Tausenden von Menschen Wunder vollbringt. Das glaube ich erst mal nicht, das will ich sehen. Am Abend gedacht und schon tut sich ab dem nächsten Morgen überraschenderweise eine Lücke im Terminkalender auf. »Eine solche Reise musst du planen«, sagt mir mein Ego. »Ach was«, sagt die Seele, »wenn du meinst, Sai Baba sehen zu wollen, dann begebe dich zum Flughafen, der Rest ergibt sich von selbst.« Diese Haltung kenne ich inzwischen, so denkt nicht nur meine Seele, sondern auch die der Asiaten und die kommen damit gut zurecht.

---

* *Avatar ist eine hinduistische Bezeichnung für einen inkarnierten Gott.*

Sai Baba – Indien

Am Morgen fliege ich tatsächlich 1.500 Kilometer von Delhi nach Bangalore. Dort am Taxischalter liegt ein Foto von Sai Baba auf dem Tresen. »Zu dem will ich«, sage ich.

»Der ist nicht im Ashram, er ist heute Morgen hier durchgekommen und nach Madras geflogen.«

»Gibt es noch einen Flug nach Madras?«, frage ich.

Ja, den gibt es zufällig. In Madras (einer Sechsmillionenstadt) komme ich um 21 Uhr an. Niemand kennt Sai Baba. Okay! Schließlich gehe ich auf das nächste Hotelangebot ein. Liege um 12 Uhr im 10. Stock im Bett und bin über meine risikoreiche Vorgehensweise etwas verunsichert. Ich entdecke, dass meine Uhr stehen geblieben ist. Noch mal raus aus dem Bett, denn das Telefon funktioniert nicht. Unten an der Rezeption bekomme ich die Uhrzeit. Schnell wieder in den Lift, bei dem sich schon die Türen schließen, aber die Mitfahrer halten sie freundlicherweise für mich auf. »Thank you!« Sie haben den 12. Stock gedrückt. Auffällig ist, dass alle komplett in Weiß gekleidet sind und freundlich lächeln. Ich frage: »Something special?« Stolz antworten sie: »Sai Baba ist da.«

Nachdem ich mich von meiner Überraschung erholt habe, erfahre ich, das morgen früh eine Versammlung mit ihm stattfindet, dass das ganze Hotel voll ist von Sai-Baba-Leuten und ich mich ihnen gern anschließen kann, wenn sie um halb drei in der Nacht aufbrechen, um einen guten Platz zu bekommen.

Ich stelle meinen Wecker. Schlafe kaum. Ich stehe auf und traue meinen Augen nicht: Die ganze Straße vor dem Hotel ist voll von Menschen; alle in Weiß und barfuß. Ich auch. Ich ziehe mit der riesigen Herde durch die Nacht. Am Rand gibt es immer wieder Männer mit blauen Halstüchern, die Ordner. Einer zischt mich an: »Mister! Come here!« Er zieht mich am Ärmel aus der Masse hinter seine Absperrkette. »Gehen Sie diesen Weg, das ist eine Abkürzung.«

Ich komme zu den Hallen – drei riesige, im Peace-Zeichen aufeinander zulaufende gleich große Hallen von je zirka 60 Meter Breite und 400 Meter Länge. Leer. Zementboden. Aber schon füllen sie sich. Auf den ersten 50 Metern sitzen die Leute bereits dicht gedrängt auf dem Boden in schwachem Neonlicht, gespenstisch leise. Im Zentrum, wo die drei Hallen aufeinander stoßen, steht ein fantastischer, goldener Pfauenthron auf einer Empore über drei kreisrunden Stufen, die mit tiefrotem Teppich ausgelegt sind. Von dort aus kann man in alle drei Hallen hineinsehen und umgekehrt. Der Thron steht leer da, in gleißendem Scheinwerferlicht. Sein Abstand zu den ersten Reihen beträgt zirka 10 Meter. Die Hallen füllen sich nun rasend schnell. Männer und Frauen strikt getrennt.

Und wieder zischt mich ein Ordner an: »Mister, come with me.« Er führt mich aus der Halle heraus, an ihnen entlang nach vorn. Wir kommen in den VIP-Bereich. Neue Absperrungen. Wie automatisch geben uns zwei Ordner den Zutritt frei. Ohne Worte übernimmt mich der nächste Ordner und geht mit mir im VIP-Bereich ganz nach vorn. Wir sind wieder in der Halle, aber nun im Bühnenbereich. Ich bin beeindruckt. Der hell strahlende Prachtthron ist von mir nur noch drei Meter entfernt. Mein Platzanweiser untersucht mit scharfem Blick die voll besetzte erste Reihe, gibt mir einen Wink, ihm zu folgen. Wir gehen auf die hochwürdigen Ehrengäste der ersten Reihe zu (da sitzt auch schon mal der Ministerpräsident des Landes oder sogar Indiens Staatspräsident) und er bittet, eine Lücke für mich zu machen. Etwa zehn Männer bewegen sich mit ihren Stühlen und Ordner stellen mir einen neuen Stuhl dazu. Ich sitze in der ersten Reihe. Mit einem sehr ehrerbietigen Lächeln verabschiedet sich der Ordner von mir. Ich lächle rechts, ich lächle links und fühle mich angenommen, aber verstehe überhaupt nichts mehr.

Meine Seele sagt: »Denk nicht darüber nach, es ist, wie es ist.« Mein Ego bellt: »Wer ist Sai Baba, kenn ich nicht.« Ich erwidere: »Verrate mir mal, wer ich bin?« Daraufhin zuckt es die Achseln und schaut etwas verwirrt ins Leere. Ich sehe mich um: Wie viele Menschen mögen hier wohl sein? Am nächsten Tag höre ich, dass es 180.000 waren.

Draußen dämmert es. Ich habe nicht viel Zeit, meinen Gedanken nachzuhängen, konzentriere mich auf eine gleichmäßige, tiefe, ruhige Atmung. Plötzlich fängt das kleine Orchester an, Bhajans zu spielen. Das sind gesungene Mantras, Lobeslieder mit einem stark suggestiven, kräftigen Rhythmus. Es dauert noch ein paar Minuten, bis der Avatar pünktlich zum Sonnenaufgang erscheint. Alle Ordner in Weiß mit den blauen Halstüchern stehen Spalier am Zugang zur Bühne. Alle recken die Hälse, müssen aber sitzen bleiben. Der Sai Baba kommt. Nein, nicht wie ich erwartet habe, zu Fuß, sondern er wird mit einem großen, knallroten Mercedes hereingefahren und hält zwischen meiner Reihe und dem Thron. Der Schlag wird geöffnet. Der Gesang aus 180.000 Kehlen lässt die Hallen erzittern. Sai Baba rafft sein orangefarbenes, bodenlanges, enges Kleid und steigt aus dem Wagen wie eine Mischung aus König und Königin. Er grüßt mit seiner überall abgebildeten Handfläche in die drei Hallen hinein. Der Wagen rollt wieder hinaus und Sai Baba beginnt, seinen Thron zu umrunden.

Der Gesang ist beendet. Alle Blicke liegen auf ihm. Er geht sehr langsam auf die Menschen in den ersten Reihen der gegenüberliegenden Halle zu. Die Ordner um ihn herum sorgen streng dafür, dass sich keiner erhebt. Ab und zu beugt sich Sai Baba zu jemandem hin und führt einen kurzen Dialog. Viele versuchen, ein paar Zentimeter seiner nackten Füße zu berühren, die manchmal unter seinem Kleid hervorlugen. Seine Füße gelten als besondere Energiespender. Wer sie mit seinen Fingerspitzen erwischt oder zumindest den Boden, auf dem sie beim letzten Schritt gerade noch gestanden haben, führt die Finger an die Stirn, schließt für einen Augenblick die Augen und fühlt dabei eine Energieübertragung, je nach Hingabe und Glaubensstärke.

Sai Baba verblüfft seine Besucher, indem er spontan Asche in seiner Hand durch Drehen der ausgestreckten Handfläche materialisiert. Dabei stoppt er plötzlich die kreisende Bewegung, schließt die Finger für einen Moment und wenn er sie wieder öffnet, rieselt Asche aus seiner Hand, bis sie leer ist und einer seiner Begleiter ihm die bereitgehaltene weiße Serviette reicht, an der er seine Finger säubert. Die Asche wird *Veebooty* genannt und von den Gläubigen demütig und dankbar mit zwei Händen aufgefangen. Sie dient ihnen als Heilmittel in allen Lebenslagen. Sai Baba will damit dasselbe demonstrieren wie Karmapa mit den Abdrücken seiner Hände im Fels: Der Geist ist Herr der Materie.

Wenn beide Handlungen ein Trick sind, wie unsere Presse im Fall von Veebooty behauptet, was ich aber weder durch eigene Beobachtung noch durch viele Video-Nahaufnahmen (sogar in Zeitlupe) bestätigen kann, so erfüllt es bei den Anhängern in jedem Fall den beabsichtigten Zweck.

Wir im Westen tun uns schwer damit, hinter solchen Demonstrationen auch tatsächliche Fähigkeiten zu vermuten, hören aber nicht auf, danach zu suchen. Heinrich Harrer berichtet beispielsweise in seinem Buch *7 Jahre in Tibet* (Ullstein Verlag, Berlin 2003), dass er den jungen Dalai Lama im Potala-Palast bei der Übung antraf, an zwei Orten gleichzeitig zu sein. In der tibetischen Literatur gibt es dazu das Wissen und entsprechende Übungsanleitungen. Harrer sagte damals, nach eigenen Angaben, zum Dalai Lama: »Wenn Sie das können, dann werde ich auch Buddhist.« Der Dalai Lama konnte seine Übungen nicht fortsetzen, da am nächsten Tag die Chinesen sein Land überfielen. Ob Harrer trotzdem Buddhist wurde, weiß ich nicht. Beim Dalai Lama fällt heute auf, dass er sehr viel reist, eine Station nach der anderen, keine gleichzeitig. Sai Baba hat offiziell Indien noch nie verlassen. Sogar in der Hauptstadt war er, soviel ich hörte, nur einmal in seinem Leben. Er ist jetzt über 70 Jahre alt. Auf persönliche, subjektive Weise ist er jedoch unzähligen Menschen schon im Ausland begegnet. Mir auch. Doch darüber später mehr.

Der Dalai Lama verzichtet auf solche als Wunder gehandelte Demonstrationen ausdrücklich und beruft sich dabei auf den historischen Buddha Shakjamuni, der es seinen Schülern verboten hatte, Wunder zu vollbringen, weil die Menschen nicht zu irrationalem Glauben verführt werden sollen. Beim Dalai Lama heißt ein Buch deshalb auch nicht *Das Wunder der Liebe*, sondern *Die Logik der Liebe.**

Aus gutem Grund hat der Buddha seinen Schülern verboten, Wunder zu vollbringen.

Das Problem mit den Wundern ist dasselbe wie mit den Zufällen. Wenn mir das Wissen für die Zusammenhänge fehlt, wird es irrational. Wenn ich weiß, wie Materialisierung (oder Liebe) zustande kommt, ist es kein Wunder mehr, wie es auch kein Zufall mehr ist, wenn die Ursachen für den Fall erkannt sind. Ich muss damit leben lernen, dass mit der Erweiterung meines Wissens, meines Bewusstseins, auch die Größe meines Unwissens wächst. Zeichnet man das vorhandene Wissen als Kreisfläche und ein erweitertes Wissen als eine vergrößerte Kreisfläche, dann zeigt sich, dass das Wissen vom Unwissen mit dem gewachsenen Wissen größer statt kleiner wird. Es ist ganz offensichtlich, dass intelligente Menschen mehr Fragen stellen als weniger intelligente.

Ungelöste Rätsel wird es mit wachsendem Wissen also immer mehr statt weniger geben. Je geringer das Wissen, desto

---

** 1984 Snow Lion Publications, übersetzt aus dem Tibetischen, ins Englische und dann ins Deutsche 1989, Goldmann Verlag, München.*

größer die Gefahr des Dogmatismus, das heißt die Vorstellung von einer allein gültigen Wahrheit. Man sollte nicht verurteilen, was man nicht versteht.

Erster Kontakt

Inzwischen wendet sich Sai Baba der Halle zu, in der ich sitze. Er hält jetzt einen größeren Abstand zur ersten Reihe als in der vorhergehenden Halle. Mit sehr langen, ernsten Blicken schaut er tief in die große Masse der Menschen hinein, die noch immer erstaunlich ruhig dasitzt. 90% halten die Hände gefaltet und verweilen mit ihrem Blick auf Sai Baba in einem hoch konzentrierten Quasi-Meditationszustand. Viele haben die Augen geschlossen. Ich beobachte ruhig und ohne Erwartungen die Szene. Sai Baba senkt seinen Blick nun auf die erste Reihe, tastet mit den Augen Mann für Mann ab. Plötzlich ist er bei mir, unsere Blicke treffen sich bei einer Entfernung von zirka sechs Metern. Sai Baba macht blitzartig eine kleine Handbewegung, wie »Komm her!«. Ich kann es nicht glauben, doch, er nickt mir zu. Zwei Ordner kommen mir zwei Schritte entgegen. Meine Sitznachbarn geben mir ein Zeichen, aufzustehen. Ich erhebe mich und gehe auf Sai Baba zu, mein Ego fragt aufgeregt: »Warum gerade du?«

Sai Baba deutet einen westlichen Handgruß an, ich verneige mich vor ihm in indischer Grußhaltung mit zusammengelegten Händen unterm Kinn. Er fragt mit seiner tiefen, festen Stimme: »Was ist mit Ihnen?« Ich verstehe die Frage nicht und antworte: »Ich würde mich freuen, wenn ich irgendwie helfen könnte. Ich bin Filmemacher.« Sai Baba sagt nur: »Warte, später!« Dann lächelt er mich an. Ich verneige mich noch mal, warte, was passiert. Sai Baba wiegt lächelnd den Kopf hin und her, ich lächle zurück, dann geht sein Blick weiter, er erhebt da-

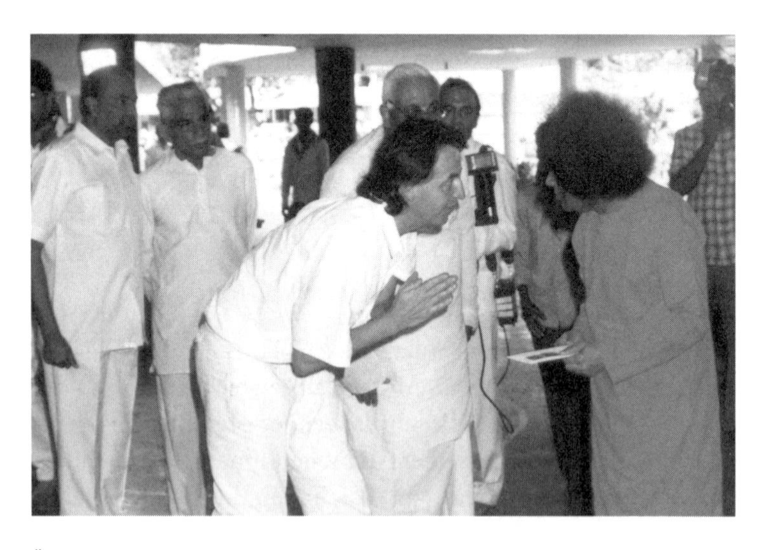

Überraschend winkte Sai Baba sich den Autor aus der Menge herbei.

bei die linke Hand zum Gruß. Ich gehe rückwärts zu meinem Platz, er beendet seinen Rundgang und geht die drei Stufen zu seinem Thron hinauf, setzt sich und in diesem Moment setzt auch das kleine Orchester mit den Bhajans wieder ein, und wie zur Erlösung aus der schweigenden langen Konzentration stimmen 180.000 Menschen mit voller Kraft in den Refrain des Liedes ein. Eine beeindruckende Energie.

Noch einmal richtig verblüfft bin ich am nächsten Tag. Da sitze ich nicht mehr in der ersten Reihe, sondern irgendwo im Mittelfeld und gehe anschließend innerhalb der Masse auf einer für den Verkehr gesperrten, sechsspurigen Straße zurück zum Hotel, als jemand von hinten durch die Menge angerannt kommt und mir auf die Schulter tippt: »Hallo, Mister, hallo!« Ich drehe mich um und ein Mann hält mir einen Umschlag entgegen: »Für Sie!« »Was ist es?« »Ihre Fotos.« Ich öffne den Umschlag, es sind zwei Aufnahmen von dem Moment, in dem ich gestern vor Sai Baba stand und ihn begrüßte. Der Mann wiederholt noch mal: »Für Sie«, während er in der Menge schon wieder verschwindet, bevor ich mich bedanken kann. Das war typisch indisch, intuitiv.

Die Zusammenkunft mit Sai Baba in Madras hat drei Vormittage gedauert, dann ist der große Guru wieder in seinen Ashram nach Puttaparthi zurückgekehrt. Diesen Ashram möchte ich sehen, also fliege ich nach Bangalore zurück und finde dort zwei Leute mit denen ich mir die 4½ Stunden Fahrt im Taxi teilen kann.

Auf der Fahrt habe ich mit Skrupeln zu kämpfen. Werde ich jetzt dem Buddhismus untreu? Ich fühle mich wie ein Ehemann, der auf einer Party eine interessante Frau getroffen hat und jetzt mit sich ringt, ob er sie besuchen soll. Eine heiße Sache. Er weiß, dass ihn die Frau offenherzig empfangen wird, was sagt er danach seiner Ehefrau? Was passiert in seinem Herzen? Kann er zwei Frauen lieben? Wie reagieren beide? Muss er sich entscheiden? Könnte es Trennung von der Ehefrau bedeuten?

Mit diesen Gedanken komme ich in Puttaparthi an. Ich sehe mir die hohe Mauer an, die den Ashram auf der einen Seite der Hauptsraße vom Ort trennt, und bin beeindruckt von den gewaltigen, himmelhohen Bäumen, die weit über die Mauer aus dem Ashram emporwachsen. Ich beobachte im großen Eingangstor, auf welch sanfte und umsichtige Weise etwa zehn Ordner den Menschenstrom kontrollieren, der permanent in den Ashram hinein- und herausfließt.

»Can I help you?«, spricht mich plötzlich eine Frau auf Englisch an. Sie muss mir meine Unschlüssigkeit, ob ich da hineingehen soll, angesehen haben.

»Danke, es ist alles in Ordnung«, antworte ich.

»Sind Sie zum ersten Mal hier?«

»Ja.«

»Woher kommen Sie, wenn ich fragen darf?«

Ich finde sie jetzt fast schon lästig, aber die Frau ist sehr freundlich, also beantworte ich ihr auch noch diese Frage: »Deutschland.«

»Oh, dann können wir ja deutsch sprechen. Ich bin auch aus Deutschland. Darf ich du sagen?« Ich nicke. »Kennst du Sai Baba?«

»Eigentlich nicht.«

»Hast du noch nichts von ihm gelesen?«

»Nein.«

»Ach, dann weiß ich jetzt, warum ich heute Mittag dieses Buch eingesteckt habe.« Dabei zieht sie ein sehr dickes Taschenbuch aus ihrem Jutebeutel. »Es ist auf Deutsch. Ich geb's dir.«

»Vielen Dank, aber das ist mir jetzt zu viel.«

Ich schlage trotzdem das Buch irgendwo auf, fange rechts mittig zu lesen an. Ich bin sofort gefangen. Sai Baba schreibt einen ganzen Absatz über Karmapa, sozusagen über meine »Ehefrau«, um bei meinem Vergleich zu bleiben. Sai Baba lobt ihn als einen der ganz wenigen großen Buddhas auf dieser Erde und findet viele anerkennende Worte für ihn. Ich lese die Seite mitten in dem Menschengewirr vor dem Eingangstor zum Ashram zu Ende. Als ich fertig bin, sage ich zu ihr: »Das habe ich gebraucht. Jetzt kann ich reingehen.« Ich klappe das Buch zu und gebe es ihr zurück. »Danke! Vielen Dank.« (Es ist übrigens die einzige Stelle über Karmapa in Sai Babas gesamtem Schriftwerk, das Regale füllt.)

Im Ashram werde ich freundlich empfangen, bekomme sogar ein Einzelzimmer. Wie das passieren konnte, können sich auch alte Hasen nicht erklären, denn ohne Familie muss man in den großen Schlafsälen campieren, was mir zu unbehaglich wäre. Im Ashram halten sich ständig 3.000 bis 5.000 Besucher auf. Sai Baba zeigt sich täglich zweimal, zu den so genannten Darshans bei Sonnenauf- und -untergang. Mindestens zwei Stunden steht man vorher schon an, will man auf der großen, überdachten Marmorfläche, auf der bis zu 8.000 Leute eng gedrängt auf dem Boden sitzen können, einen guten Platz haben.

Die Kommunikation mit Sai Baba erfolgt per Brief. Ich schreibe ihm in Form von Fragen mein Anliegen, meine Sorgen, Nöte und Leiden, bei denen ich mir seine Hilfe wünsche, und nehme diesen Brief mit zum Darshan. Im Darshan schreitet Sai Baba zwischen 20 und 60 Minuten durch die Reihen zwischen den Blocks, vornehmlich im vorderen Bereich der Halle, und greift spontan nach den ihm hingestreckten Briefen. Werden es für seine Hand zu viele, hält einer der ihn begleitenden Diener einen Sack bereit, in dem die Briefe stapelweise verschwinden. Mindestens 70% können ihre Briefe nicht bei ihm anbringen. Das tägliche Briefe-Ritual kommt einem Orakel gleich. Ihn abgeben zu können bedeutet ein »Ja« auf die gestellten Fragen, ihn behalten zu müssen ein »Nein« oder »Abwarten«. Eine direkte Antwort gibt es nicht. Sie ist nur möglich, wenn ich zu den wenigen Glücklichen gehöre, die von Sai Baba während des Darshan einen kleinen Wink und/oder ein »Go!« erhalten. Das bedeutet, dass ich mich nach dem Darshan mit zirka 12 bis 30 Leuten vor seinem Haus einfinde und dann zu ihm vorgelassen werde.

Heilung durch Zauber

Einer meiner Freunde, ein amerikanischer Drehbuchautor, hat solch ein »Go!« erhalten. Im ersten Darshan nach unserer Ankunft bei meinem zweiten Besuch in Buttaparthi bekommt Marc, der irgendwo mitten in der Menschenmenge sitzt, einen Wink von Sai Baba. Im dem anschließenden Gespräch herrscht Sai Baba ihn an: »Warum machst du nicht, was deine Frau dir sagt? Sie sagt dir immer das Richtige, aber du tust es nicht. Hör auf, dich ständig um deine Kinder zu sorgen, die sind vollkommen in Ordnung. Kümmere dich um dich. Du brauchst Reinheit.« Dann beugt er sich zu ihm vor, lässt seine flache Hand kreisen, immer schneller und schneller, und plötzlich sieht es aus, als schnappe er sich etwas aus der Luft, er dreht die Hand um und öffnet die Finger.

Marc traut seinen Augen nicht: Da liegt ein Ring mit einem Diamanten von einer Größe, die er bisher nicht für möglich gehalten hat. Sai Baba fordert ihn auf: »Zeig mir deine rechte Hand.« Marc streckt die Hand aus und Sai Baba steckt den Juwel an seinen Ringfinger: »Siehst du, passt perfekt.« Marc geht in den hinteren Teil des Raums zurück und lässt die Tränen fließen. Er kann nicht fassen, was gerade passiert ist, aber er weiß, was der Ring bedeutet. In seinem Kopf sieht es aus, als hätte der Kugelblitz eingeschlagen.

Er kommt in unser Zimmer und erzählt mir die ganze Geschichte haarklein.

»Und was bedeutet der Ring?«, frage ich ihn.

»Ich bin süchtig.«

»Harte Drogen?«

»Ja, aber es weiß niemand. Seit bald zwei Jahren brauche ich täglich was. Ich bin finanziell und körperlich am Ende. Auf dem Flug von Paris habe ich mein ganzes Heroin in die Toilette geworfen, ich dachte, damit kann ich nicht bei Sai Baba ankommen. Mit diesem Ring – schau ihn dir an – werde ich jetzt clean bleiben. Das hat er mit ›Reinheit‹ gemeint.«

Am Abend gehen Marc und ich außerhalb des Ashrams Essen. Wir haben gerade unseren Tisch eingenommen, da deuten Leute vom Rand des Restaurantgartens auf Marc und tuscheln. Bald kommt der Erste zu uns: »Entschuldigen Sie bitte, darf ich den Ring sehen, den Sai Baba für Sie materialisiert hat?« Marc zeigt widerwillig seine rechte Hand. Sofort wird sie von dem Gläubigen ergriffen, der mit der Stirn versucht, den Diamanten zu berühren. »Thank you. Thank you.« Dieses Essen entwickelt sich schrecklich, denn Marc kann quasi nur noch mit seiner Linken das Besteck führen. Sein rechter Arm liegt nach hinten ausgestreckt auf der Lehne des leeren Nachbarstuhls und dahinter hat sich eine Schlange quer durch das ganze Gartenrestaurant gebildet. Jeder will wenigstens für eine Sekunde den Ring mit der Stirn berühren.

Marc kann die ganze Nacht nicht schlafen. Immer wieder zieht er den Ring aus, legt ihn neben das Bett, Minuten später knipst er das Licht wieder an, sucht den Ring, zieht ihn wieder an und so geht es die ganze Nacht lang: An – aus – an – aus, bis in die Morgenstunden.

Das Problem für Marc ist, er ist sehr groß, über zwei Meter. Man erkennt ihn von weitem. Als wir tagsüber durch den Ashram gehen, der mit mehr als 50 Gebäuden die Größe eines ausgewachsenen Universitätscampus hat, wird Marc ständig auf den Ring angesprochen. Marc kämpft mit dem Ring. Ausziehen und in einer Schachtel verschwinden lassen kann er ihn auch nicht. Nach drei Tagen sitzt er im Morgendarshan irgendwo hinten in der Menschenmenge, als Sai Baba ihn schon wieder herauspickt. Marc wäre lieber gestorben, als freiwillig noch mal zu Sai Baba hineinzugehen. Drinnen fragt Sai Baba ihn freundlich: »Du hast Probleme mit dem Ring?«

»Nein, nein«, lügt Marc.

»Zeig ihn mir.«

Marc nimmt den Ring ab und gibt ihn Sai Baba. Der hält den Ring zwischen Zeigefinger und Daumen vor sich, und nach ein paar Sekunden absoluter Konzentration pustet er den Diamanten kräftig an. Aus dem Diamanten wird ein Kranz von neun bunten kleinen Edelsteinen – jeder einzelne sauber in Gold gefasst. Sai Baba gibt Marc den Ring zurück mit den Worten »Jetzt kannst du ihn tragen«.

Marc, selbstbewusst, wie er sein kann: »Da fehlt doch ein Stein?« In der Tat, eine der neun Goldfassungen ist leer. Sai

Baba nimmt den Ring zurück, schaut ihn sich noch mal an und sagt: »Den Stein hast du schon.« Marc rutscht der Boden unter den Füßen weg, weil sein Gehirn blitzschnell sucht und findet, was damit gemeint ist, und wie ertappt, fast beschämt erinnert er sich, dass er vor ein paar Wochen auf der Straße in Paris einen kleinen Smaragd gefunden hatte und seither darüber nachdenkt, wie er diesen Smaragd in Drogen umsetzen könnte, aber die Schönheit dieses Steines hat ihn bisher noch zögern lassen. Später, als er zurück in Paris ist, passte dieser Smaragd tatsächlich in die leere Fassung des Rings. Der Ring sieht jetzt so aus, als hätte Marcs Tochter ihn ihm geschenkt und bewirkte tatsächlich, dass Marc nie wieder zu den Drogen zurückgekehrt ist und dadurch die kriselnde Beziehung zu seiner Frau gerettet hat.

Zauber oder Magie: Wo liegt der Unterschied, wenn man beides nicht durchschaut?

Es gibt Hunderte, wenn nicht Tausende solcher Geschichten über Sai Baba. Nicht umsonst soll er weltweit 20 Millionen Anhänger haben. Zum Beispiel der Freund von Marc, Isaac T., der Gründer und ehemalige Besitzer der Hard-Rock-Cafés, hatte in Kalifornien einen schweren Autounfall und war dabei einen Abhang hinuntergestürzt. Er berichtet, dass sofort nach dem Aufprall an der Böschung oben ein Mann gestanden habe, der herunterkam und ihn aus dem vollkommen zertrümmerten Auto zog, die Böschung hochschleppte, und von dort brachte ihn jemand in ein Krankenhaus, wo er mit schweren Verletzungen überlebte. Derselbe Mann rettete ihn ein zweites Mal, als er in einem Hotel nach erheblichem Drogenkonsum einen epileptischen Anfall erlitt. Isaac war dem Tod bereits so nah, dass er sich selbst von oben auf dem Boden liegen sah, da ging plötzlich die Zimmertür auf, wieder kam derselbe Mann mit dem Kraushaar herein, zog ihm die Zunge heraus und legte ihn aufs Bett. Im selben Moment war Isaac wieder in seinem Körper, konnte um Hilfe rufen und wurde gerettet.

Ein Jahr später besuchte er in London einen Journalisten des *Sunday Telegraph*. In dessen Büro hing ein Foto von Sai Baba an der Wand. Isaac T. stand wie vom Blitz getroffen vor diesem Bild und fragte: »Wer ist das?« Er erkannte in ihm den Mann wieder, der ihm schon zweimal das Leben gerettet hatte, und den er bisher als Geistwesen betrachtete. Jetzt erfuhr er, dass es diesen Mann in Südindien wirklich gibt und er dort einen Ashram betreibt.

Isaac T. verkaufte für 50 Millionen Dollar alle seine Hard-Rock-Cafés und fuhr nach Buttaparthi, um sich mit diesem Geld bei Sai Baba für die zweimalige Rettung seines Lebens zu bedanken. In den Darshans beachtete Sai Baba ihn aber nicht, sodass es zu keiner Begegnung kam. Kein Mensch in der Ashram-Administration bot einen anderen Weg als die Darshans, um an Sai Baba heranzukommen.

Isaac kam von da an fast jedes Jahr mindestens einmal für ein bis vier Wochen in den Ashram. Nie bekam er eine Audienz. Das Geld hatte er inzwischen angelegt und neue Projekte begonnen, die auf seiner durch Sai Baba gewonnenen Spiritualität fußten. Plötzlich, nach elf Jahren, pickte Sai Baba ihn aus der Masse heraus. Endlich konnte Isaac T. sich bei ihm bedanken. »Zweimal haben Sie mir das Leben gerettet ...« Sai Baba unterbrach ihn: »Dreimal!«

»Wieso dreimal?« »Du wolltest eine Disco besuchen. Auf der Fahrt dahin hattest du eine Autopanne. Die Discothek brannte ab. Du warst nicht unter den Opfern, weil du durch die Autopanne zu spät kamst.«

Isaac wurde es heiß und kalt zugleich. »Seit zehn Jahren möchte ich Ihnen die 50 Millionen Dollar aus meinem Hard-Rock-Café-Verkauf spenden.« Sai Baba akzeptierte die Spende.

Als Isaac die angelegten 50 Millionen aus dem Bankdepot herauslöste, waren es mittlerweile 108 Millionen geworden. Sai Baba ließ Isaac mit diesem Geld in Buttaparthi das schönste und modernste Krankenhaus Indiens mit einer Spezialabteilung für

Bypass-OPs bauen, kostenlos für alle Inder. Es arbeiten dort mehr als 20 Ärzte aus dem Westen. Marc half seinem Freund Isaac zwei Jahre lang als Projektleiter für diese Klinik. Sai Baba hatte zuvor bereits kostenlose Internate für 10.000 Kinder, mehrere Universitäten, einen Flugplatz, eine Wasserversorgung für ein Gebiet von mehr als 100 Quadratkilometern um Buttaparthi herum errichten lassen. Im Moment wird aus seinen Spendeneinnahmen eine Eisenbahnlinie durch Südindien gebaut.

In den buddhistischen Kreisen, mit denen ich in engem Kontakt wegen meiner Filme stehe, vermied ich es, den Namen Sai Baba zu erwähnen. Man handelt sich damit sehr schnell einen abschätzigen Blick ein und elitäres Naserümpfen. Er gilt als indischer Zauberkünstler ohne spirituelle Legitimation. Dabei bin ich weit weg davon, ein Sai-Baba-Devotee (Anhänger) zu werden, wofür mich die Sai-Baba-Fans wiederum schräg anschauen. Es ist nicht einfach, sein eigener Guru zu bleiben.

Die Todas – Südindien

Mit meinem nächsten Projekt fliehe ich aus allen bekannten Glaubensrichtungen und -konzepten und lerne eine ganz andere – unreligiöse – Art von Spiritualität kennen. Durch einige Zufälle treffe ich auf Menschen, die überhaupt keiner Religion angehören, die am Rande der Zivilisation stehen, die nicht mal arbeiten, um zu leben, die keinen Kalender kennen, nicht lesen und schreiben können, deren Sprache keine Schrift hat und die ohne Geld auskommen. 1.000 Leute sind es und ihr Wohngebiet ist so groß wie der Bodensee. Sie leben auf 2.000 Meter Höhe, der einzigen nennenswerten Erhebung südlich des Himalajas, 350 Kilometer vor der Südspitze Indiens, auf den Nilgiri Hills. Die Engländer haben sie *Die Todas* (The Toda) genannt. Sie selbst nennen sich *Or*, was so viel heißt wie Menschsein. Toda heißt dagegen nur »da oben«. Der Begriff kam durch ein Missverständnis englischer Kolonialisten zustande, als ihnen einheimische Badagars, die an den Urwaldhängen des Nilgiri leben, sagten, dass es »da oben« Menschen gäbe.

Über vier Jahre hinweg besuchte ich diesen Stamm für einige Wochen in den Jahren 1988 bis 1992 und drehte den Kinofilm *Todas – am Rande des Paradieses.**

Ich hatte von ihnen gehört, aber keine Vorstellung davon, wie man sie kennen lernen könnte. Es hieß, sie würden irgendwo weitab im Dschungel leben, wo es keine Straßen gäbe; außerdem sei es Ausländern verboten, sie zu filmen.

Ich lerne sie in Ooty (Oottacamund in der Landessprache Tamil), einer Stadt mit zirka 50.000 Einwohnern oben in den Nilgiris, kennen, als ich mit meinem indischen Produktionslei-

---

* *Der Film ist zu beziehen über mind films GmbH, siehe Seite 338.*

ter Raveen abends auf einer Ausfahrtsstraße spazieren gehe und wir am äußeren Ende der Straße eine ulkige Gestalt entdecken.

Raveen meint eher spaßeshalber: »Es könnte ein Toda sein.« Wir beschleunigen unseren Schritt, müssen sogar noch rennen, denn diese markante Figur ist nicht gerade langsam. Als wir gleichauf sind, zeigt sich, dass es ein alter Mann ist, in bodenlangen weißen schweren Leinenstoff gehüllt, auf bloßen Füßen, die ihn schnellen Schrittes stadtauswärts tragen. Wir haben Mühe, mitzuhalten.

Während wir laufen, erkläre ich ihm, dass ich mich für die Todas interessiere. Er sei einer, sagt er. Er spricht ein paar Brocken Englisch, die ihm in den 30er-Jahren die ersten amerikanischen Ethnologen beigebracht haben, als sie anfingen, sich für die Todas zu interessieren. Plötzlich stehen wir vor einem kleinen Dorf mit merkwürdigen Parabeldächern. Es ist ein Toda-Dorf, eingerichtet vom indischen Sozialstaat als Entschädigung für seine Landnahme. Hier wohnen einige Todas, die zeitweise in der Zivilisation beschäftigt sind.

Nicht der alte Mann, sondern ich bin vollkommen außer Atem. Er heißt Muchicane und lädt uns in sein Haus ein. Wir reden bis zum Morgengrauen. Drei Tage darauf nimmt er mich mit in den Dschungel. Nach stundenlanger Jeepfahrt müssen wir noch eine Stunde laufen. Plötzlich stehen auf einer Lichtung mindestens 50/60 wilde Gestalten, alle bekleidet mit solch hellen Leinentüchern, die in Streifen kunstvoll rot und schwarz bestickt sind. Jeder führt einen langen Stock mit sich. Sie stellen sich im Kreis auf und Muchicane fordert mich auf: »Geh in die Mitte und sag, was du willst.« In der Gruppe gibt es einen Tamilen, der Englisch kann, einen Badagar, der Tamil spricht, und einen Toda, der vom Badagar ins Toda übersetzt. In dieser Abfolge wird jeder Satz von mir gedolmetscht.

Nach 15 Minuten löst sich der Kreis auf und ein wildes Palaver entsteht. Plötzlich versammeln sich alle wieder im Kreis. Muchicane schickt mich noch mal in die Mitte, dann spricht ein

Pilgichku vom Stamm der Todas mit dem Autor.

Toda und die ganze Runde stößt heftig mit dem Stock auf die Erde und alle rufen »Hau-Hau«. Danach gehen sie ruhig und friedlich auseinander. Muchicane sagt: »Das ist deine Genehmigung, jetzt kannst du filmen, was du willst.«

Ohne Kalender lebend, existieren in meiner Freundschaft zu den Todas die Zeiten zwischen den Besuchen so gut wie nicht. Das Vertrauen, die Herzlichkeit, die Erinnerung – alles ist jedes Mal vom ersten Moment des Wiedersehens an da, so, als hätten wir uns gestern das letzte Mal gesehen.

Im tibetischen Buddhismus weiß ich immer, wo die Spiritualität zu suchen ist: Da gibt es Lamas, die sind entsprechend geklei-

det, da gibt es unverwechselbare Statuen von Buddha-Aspekten, prachtvolle Altäre/Schreine und Throne, höhere und tiefere, zum Teil auf den Zentimeter ausgemessen – der spirituellen Hierarchie entsprechend derer, die darauf Platz nehmen sollen oder deren Bild darauf steht, und so weiter. Ich weiß immer, was ich filmen muss. Bei Sai Baba ist es noch einfacher, da ist die Spiritualität immer da, wo er sich aufhält.
Bei den Todas ist alles anders.

Ein Volk von tausend Menschen

Die Todas wohnen auf ihrem Gebiet verstreut in kleinen Sippen. Was ihnen Struktur gibt, sind ihre 14 Clans. Clanzugehörigkeit ist für sie wichtiger als Ehe und Familie. Sie haben ihre eigene Sprache, die mit keiner anderen auf der Welt verwandt ist, nicht mal mit der ihrer Nachbarstämme, und sie haben ihre eigene Genesis, nach der sie alle von der Urmutter Törkisch abstammen. Diese besaß zwei Perlen: Aus einer wurde eine Büffelkuh und aus der anderen eine Todafrau, der Rest ergab sich durch Fortpflanzung. Der Mann kam erst durch die Frau dazu. Also genau umgekehrt zu dem, was die Bibel von der Adamsrippe erzählt.

Die Todas brauchen nicht zu arbeiten, weil sie mit den wilden Büffeln der Nilgiri Hills eine Symbiose eingegangen sind. Sie betrachten sie als ihresgleichen, halten sie nicht gefangen und morden sie nicht. Die Todas sind Vegetarier. Die Büffel kommen zweimal täglich freiwillig zu ihnen und lassen sich melken.

Als ich mit meinem indischen Kamerateam das Kommen der Büffel drehen will, wittern uns die Tiere schon Hunderte von Metern entfernt und fliehen zurück in den Wald – ein erheblicher Schaden für die Todas. Das ändert sich erst, als wir uns eingraben, alle Teammitglieder eine neue, sehr respektvolle Haltung gegenüber diesen majestätischen Tieren einnehmen, wir die Windrichtung berücksichtigen und uns möglichst so lange versteckt halten, bis die Tiere gemolken werden, und wir uns dann ruhig und besonnen nähern, bis wir sie schließlich aus unmittelbarer Nähe filmen können. Es ist alles eine Frage der inneren Haltung.

Neben der Milch, Joghurt und Butter ernähren die Todas sich von den Früchten des Waldes. Den Überschuss ihrer Milchprodukte verschenken sie an ihre Nachbarstämme, die wiederum vieles produzieren, was sie den Todas geben. Ich bin ausdrücklich darauf hingewiesen worden, dass es sich hierbei nicht um Tauschhandel handelt, sondern um freimütiges Schenken. Die Todas sind sehr geachtet, weil sie eine hohe Ethik leben. Zum Beispiel gehen sie barfuß über die Wiesen ihrer Umgebung, denn sie wollen nicht mit Schuhen in das Essen ihrer Geschwister treten. Das Gras darf nicht umgegraben oder gar gepflügt werden, denn es ist die Lebensgrundlage der Büffel, die ihnen so nah sind wie uns unsere Brüder und Schwestern.

Die Todas reden mit Tieren, Pflanzen, Seen und Bergen, mit allen Wesen.

Den Todas ist alles heilig, nicht nur ihre Tiere, auch die Pflanzen, Seen und Berge. Wenn sie durch ihr Land ziehen, grüßen sie Steine und Bäume, bisweilen befragen sie sie auch und bekommen sogar Antworten von ihnen.

Als wir eine Rast brauchen und den Schatten eines Baumes aufsuchen, bittet uns Vasamalli, die Tochter von Muchicane, diesen Baum nicht zu stören, er habe gerade gesagt, dass er Besuch nicht wolle. »Warum setzen wir uns nicht zu ihm?«, einem anderen Baum, ganz in der Nähe. »Er lädt uns ein«, vernimmt Vasamalli von ihm.

Als jemand aufgeregt aus dem Wald zu uns gerannt kommt, um uns vor der Forest Police zu warnen, weil wir ohne Drehgenehmigung des indischen Staates unterwegs sind, sagt Vasamalli: »Bevor wir jetzt in Panik geraten und auseinander laufen, fragen wir erst mal unseren ehrwürdigen, großen Berg dort drüben am Horizont.« Sie schließt die Augen und murmelt ihre Frage an den Berg, dann horcht sie in sich hinein und berichtet: »Der Berg sagt, es gibt keine Gefahr für uns, also beenden wir ganz in Ruhe unser Picknick und gehen dann weiter.«

Und als ich ein Interview mit zwei jungen Mädchen drehe, können sie eine der Fragen nicht beantworten und wollen deshalb statt der Bäume ganz selbstverständlich ihre Großmutter befragen. Ich schalte die Kamera aus, weil ich glaube, sie gingen jetzt ins Haus, wo wohl ihre Großmutter sein könnte. Aber nein, sie legen nur ihren linken Daumen in die rechte Handfläche, schließen die Augen zu einem Schlitz, reiben den Daumen ein wenig hin und her und geben dann die Antwort. Die Großmutter ist seit langem tot.

Es gibt Steine von der Größe eines Autos oder kleiner, wie ein Eimer, die an markanten Orten liegen. Die werden von den Todas gestreichelt und besprochen, dann antworten sie auch auf Fragen, sagen die Todas. Bei meinem dritten Besuch sagt Vasamalli zu mir: »Du hörst schon auch, was der Stein und der Baum sagen – nicht wahr?« Ich antworte etwas stotternd: »Na ja, nicht wirklich.« Sie betrachtet mich etwas misstrauisch und fragt dann: »Du bist aber schon ein Mensch – oder?« Ich habe meine Not, den Todas klar zu machen, dass ich nicht so sensibel bin wie sie. Sie können das nicht begreifen.

Am eklatantesten zeigt sich das, als wir in den wenigen, noch nicht den Eukalyptusplantagen anheim gefallenen Urwald gehen, in dem es Schlangen, sogar noch Tiger und unzähliges Getier gibt. Die Todas gehen barfuß hinein, sogar nachts. Meine indischen Crewmitglieder und ich würden das niemals wagen. Die Todas haben keine Angst. Einmal werde ich inständig aufgefordert, einen ganz bestimmten, kniehohen Stein zu filmen. Man erklärt mir: »Das war mal ein Tiger, der Einzige, der sich an einem von uns vergehen wollte. Derjenige aber schloss mit einem Bannspruch den Tiger, bevor er ihn beißen konnte, in diesen Stein ein und da sitzt er heute noch.« »Ansonsten«, sagen die Todas, »halten die Tiere sich an die Hierarchie der Lebewesen.«

Die Todas treten auch auf keine Schlange oder Spinne oder anderes Getier. Sie haben einen unnachahmlichen Gang, der einer Art Schlürfen gleichkommt und trotzdem elegant und schnell ist. Sie setzen nicht, wie wir, zuerst mit der Ferse auf und rollen dann ab, sondern führen den gestreckten Fuß ganz dicht über den Boden und belasten ihn vom Ballen zur Ferse. Dadurch spüren sie besser, wohin sie treten, und biegen alles, was vom Boden hochsteht, sanft zur Seite, bevor sie ihr Gewicht darauf setzen. Befindet sich ein Tier auf ihrem Weg, das sie nicht rechtzeitig bemerken, spüren sie es mit den Zehen und können dadurch den Fuß leicht zurückziehen oder mit ihm darüber hinwegsetzen, weil ihr Gewicht noch auf dem anderen rückwärtigen Fuß lastet. Auf diese Weise verletzen sie keinen und treten auf niemanden.

Als ich mich ihnen anpassen will und barfuß gehe, habe ich bereits nach zehn Minuten einen dicken Dorn im Fuß, der große Schmerzen bereitet. Die Todas ziehen ihn heraus, aber der Schmerz lässt nicht nach, denn es handelt sich um einen Giftdorn. Ich habe nun die Wahl, in 1 Stunde von meiner Crew zum Jeep getragen zu werden und in weiteren 1 bis 2 Stunden ein Krankenhaus zu erreichen oder mich von den Todas behandeln zu lassen. Ich sage okay zur Toda-Medizin. Die Todas versorgen sich medizinisch selbst. Sie kennen im Urwald 250 verschiedene Heilmittel.

Zwei Todas schauen sich für meine Behandlung in der Natur um, zwei andere machen Feuer, dann erhitzten sie einen Zweig, aus dem sie heraustropfendes Öl auffangen. Ich soll mich nun auf den Bauch legen und den Fuß hochstellen. Drei der Männer setzen sich auf meine Schulterblätter, den Rücken und die Oberschenkel. Als sie mich so richtig platt haben, gießt der Vierte das heiße Öl in die Dornenwunde meiner Fußsohle. Säßen die Männer jetzt nicht auf mir, ich wäre vor Schmerz in die Luft geschossen. So aber muss ich aushalten, bis das Öl tief eingedrungen ist und der Schmerz nachlässt. Was die Todas nicht beachtet haben, ist, dass ich keine Hornhaut wie sie an den Füßen habe und nun eine dicke Brandblase davontrage, mit der ich die nächsten zwei Wochen durch die Gegend humple. Egal, ich bin dankbar, davongekommen zu sein. Denn der Saft in dem Dorn soll gefährlicher gewesen sein als der Biss einer Giftschlange.

Es beeindruckt mich, wie ruhig und selbstsicher die Todas mit sich und ihren Problemen umgehen. Garos, ein sehr alter Mann sagt: »Es fehlt uns an nichts. Wir haben immer alles gehabt. Wir sind reich und ohne Angst.«

Ist es nicht genau das, was jede Religion, jede spirituelle Entwicklung letztlich auch bei uns erreichen möchte? Die Spiritualität der Todas erscheint mir ungleich größer als bei Anhängern bestimmter Glaubenskonzepte oder Gurus. Diese Verbundenheit mit allem, sogar mit Steinen und Seen, die für sie lebendige Wesen sind, mit denen sie kommunizieren, ohne dafür spirituelle Fachleute, Priester oder Lamas zu benötigen, beeindruckt mich sehr. Ich komme mir geistig verarmt vor und ich spüre, wie weit ich von diesem Eingebettetsein in die Natur weg bin – eine traurige Erkenntnis.

Bei den Todas gibt es keinen Altar, kein Kreuz an der Wand, keine Madonna in der Ecke oder das Bild eines Heiligen, nichts, was auf irgendeine Religion schließen ließe. Sie bauen keine Tempel und glauben an keine Gottheiten. Ihre Molkereien, die Hütten, in denen sie die Büffelmilch verarbeiten, nennen die Ethnologen Tempel, weil sie nur von einem Mann betreten werden dürfen. Für die Todas ist das aber keine religiöse Regel, sondern eine hygienische Vorsichtsmaßnahme bei der Milchverarbeitung.

Das Einzige mit religiösem Charakter, das ich entdecke, ist eine Flamme. Wenn die Todas in sich gehen, um einem Wunsch Kraft zu verleihen, entfachen sie eine kleine Flamme, um für ihre Sinne einen Fixpunkt zu haben, auf den sie sich in diesem Moment konzentrieren. Ich sehe sie dabei unter anderem auch die Hände falten, die Augen halb schließen und den Schneidersitz einnehmen. Das sind universelle Körperhaltungen, die spürbar die Konzentrationsfähigkeit unterstützen, ohne für sie rituell festgelegt zu sein. Dabei murmeln sie ihre Wünsche, verweilen eine gewisse Zeit in Stille und sind dann plötzlich wieder ganz wach und präsent. Das ist das Einzige, was ich an religiöser Handlung finde, wenn man nicht alles, was sie tun, als religiösen, geistigen Akt betrachtet. Die Balance zwischen spirituellem und materiellem Bewusstsein scheint bei den Todas ausgeglichen zu sein.

Religion als Macht

Wenn wir geistige Konzentrationsprozesse an ganz bestimmte religiöse und gesellschaftspolitische Konzepte binden, dann geben wir dritten Kräften einen prägenden Platz in unserem Geist. Das kann unterstützend, aber nach einer Weile auch einengend wirken, je nachdem, wie diese dritte Kraft ihren Platz nutzt; meistens leider, um Abhängigkeiten herzustellen, die sich materiell ausnützen lassen.

Wenn diese dritte Kraft dafür sorgt, dass Spiritualität sich nur ganz bestimmter Rituale und Objekte bedienen darf, drängt sich die Frage auf: Was ist außerhalb dieser Rituale, Objekte und Räume? Besteht da keine Spiritualität mehr? Gibt es Gott, Allah oder die Buddha-Natur nur dort, wo etwas für heilig erklärt wird, und daneben nicht mehr?

Bei den Todas herrscht überall Spiritualität, das heißt, sie ist in ihnen und in allem um sie herum, denn alles ist für sie lebendig. Sie kommunizieren mit allem, den Tieren, den Elementen und Ahnen. Alles ist beseelt. Alles hat Seele, der die Todas sich zuwenden.

Ich gebe zu, dass es schwer ist, sich überall der geistigen Dimension unseres Daseins bewusst zu sein. Deshalb werden einzelne Konzentrationspunkte geschaffen, wo alle sich dieser Dimension erinnern und hingeben. Aus diesen Konzentrationspunkten werden dann Kraftplätze, Wallfahrtsorte und Heilorte. Diese Funktion hat auch ein Altar oder der Thron eines spirituellen Vorbildes. Die Gefahr bei diesen separaten, heiligen Stätten ist jedoch die, aus dem Bewusstsein zu verlieren, dass wir primär geistige Wesen sind. Wir glauben weiterhin, primär materielle Wesen zu sein, die erst an diesen Stätten ihre geistige Dimension erfahren. Es soll aber umgekehrt sein: Wir, die geistigen Wesen, experimentieren im Moment (in diesem Leben) mit dem Zustand, unseren Geist in einem kleinen, individuellen, vergänglichen Behältnis, unserem Körper, wirken zu lassen.

Wenn wir uns als geistige Wesen verstehen, gewinnt unser Dasein an Dimension.

Durch meine Erfahrungen bei den Todas habe ich beschlossen, vorerst keine Filme mehr über den Buddhismus zu machen. Ich könnte missverstanden werden – als würde ich sagen wollen, Glück sei nur durch den Buddhismus zu erreichen. Meine Reisen in andere Kulturen haben mir klar gemacht, dass es unendlich viele unterschiedliche Wege zum Glück gibt.

Wenn ich meine Bewusstseinsentwicklung als Ganzes wahrnehme, betrachte ich sie als Bergtour auf den Gipfel des Glücks. Dabei sehe ich normalerweise nur meinen Weg und die, die vor und hinter mir den Berg erklimmen wollen. Die, die vor mir sind, rufen ständig von oben herunter, hier geht's lang, und ich rufe meinen Nachfolgern wiederum zu, wo sie zu laufen haben, so, als kletterten wir nur bei Dunkelheit.

Will ich von meinem Weg abweichen, prophezeit mir die ganze Kolonne den sicheren Absturz. Ich werde zum Verräter. Alles wird getan, mich auf den Weg, die Linie meiner bisherigen Truppe zurückzuholen. Wenn der eigene Weg zum Dogma erklärt wird, brechen Richtungskämpfe aus, Intoleranz greift um sich, es macht sich Fanatismus breit, Gewalt lässt nicht mehr lange auf sich warten, der Samen für Krieg ist gelegt.

Wären die Dogmatiker in der Lage, mal um den Berg herumzuschauen, würden sie sehen, dass von allen Seiten Routen auf den Gipfel des Glücks führen. Auf jeder Route stehen Wegweiser mit anderen Bezeichnungen für den Gipfel. Bei den einen heißt er Erleuchtung, bei den anderen Gott oder Allah oder Einssein, den Frieden finden, das höhere Selbst oder das innere Selbst und so weiter. Erst wenn man oben angelangt ist, sieht man, dass es ein Berg ist, auf den es von allen Seiten hochgeht. Überall sind Menschen unterwegs. Nur sehr wenige, die im Aufstieg begriffen sind, sehen mehr als ihren eigenen Weg.

Ich bin schockiert, wenn ich mir die Website des Heidelberger Instituts für Konfliktforschung oder die des Instituts für Politische Wissenschaft (IPW) in Hamburg ansehe: Beide Institute führen das Kriegsbarometer, das alle zurzeit laufenden Kriege und bewaffneten Auseinandersetzungen anzeigt.* Diese Informationen machen deutlich, dass es überall um Glaubenskriege geht. Das Futter für diese Kriege sind zwar oft ökonomische Vorteile, um die gekämpft wird, aber die Motivation zum Kämpfen kommt aus dem Bewusstsein, eine höhere Wahrheit als der Gegner zu besitzen. Es gelingt nicht, allein durch materielle Zuwendungen einen Soldaten zum Töten, Schänden und Zerstören zu bringen, es bedarf dafür eines Glaubenskon-

* *www.hiik.de* und *www.sozialwiss.uni-hamburg.de*

zepts, das von einer allgemein gültigen Wahrheit lebt. Der kämpfende Soldat muss glauben, er vertrete die allein selig machende Wahrheit und die Wahrheit des Gegners sei die falsche.

Allein schon durch die Tatsache, dass die Gehirnforschung messen kann, dass unsere fünf Sinne nur zu maximal 8 bis 9% zur Wahrnehmung beitragen und über 90% dafür aus dem eigenen Gehirn stammen, zeigt, dass es keine allgemein verbindliche Wahrheit geben kann. Das Gehirn ist so konstruiert, dass seine wichtigste Aufgabe darin besteht, in jeder Sekunde seine eigene Realität zu schaffen. Rein funktional kann es kein so genanntes objektives Bild wahrnehmen, da jede Wahrnehmung zu mehr als 90% aus eigenen Interpretationen, Vorurteilen, Weltanschauungen und sonstigen subjektiven Einschätzungen besteht, unabhängig davon, ob man das möchte oder nicht. Wie kann bei dieser Bauweise des menschlichen Gehirns jemand behaupten, er besäße die Wahrheit? Eine solche Vermessenheit lässt sich nur als Glaubenskonzept suggerieren. Zu seiner Unterstützung wird im krassen Fall der Kriegshandlung dem Gegner eine Bezeichnung gegeben, die ihn entmenschlicht, so, wie im Vietnamkrieg die amerikanischen Krieger den Vietkong »bug« = Ungeziefer nannten, genau so, wie die Nazis von den Juden sprachen, um ihnen gegenüber die Tötungsschwelle zu verringern. So zu tun, als gäbe es nur einen Weg zum Glück, birgt die erste Gefahr für Krieg.

Nach der Begegnung mit den Todas wollte ich, bevor ich versuchte, den Weg zum Glück weiter nach oben zu gehen, den Berg erst einmal horizontal begehen. Dafür suchte ich mir möglichst unterschiedliche Kulturen.

Am Anfang bin ich meist sehr willkommen. Manchmal interessiert man sich dafür, was ich vorher für Filme gemacht habe, aber das ist eher selten. Man räumt mir außergewöhnliche Privilegien ein, sodass ich ungehemmt drehen kann. Ich kann es mir dann aber nicht verkneifen, zu erzählen, dass ich vorhabe, auch noch andere Wege zum Glück in meinem Film zu zeigen. Daraufhin ist es meistens aus mit der Freizügigkeit und wir müssen das Drehen sofort einstellen. »Welche anderen Wege zum Glück?«, werde ich erstaunt gefragt, als wäre so etwas undenkbar. Ich sage, zum Beispiel der Dalai Lama oder Sai Baba ... / Schon beim Namen Dalai Lama spüre ich Abneigung. »Ach der ... also nein, in einem solchen Film können wir nicht vorkommen. Wir dachten, Sie wollten über uns und unseren Meister einen Film drehen. Wir glauben, dass sich unsere Lehre nicht mit anderen vergleichen lässt.« Mehr oder weniger ist herauszuhören, dass alle anderen Lehren, Glaubensrichtungen keine Wege zum Glück, sondern Verwirrungen sind, die niemals zum Gipfel führen können.

»Ich denke daran, ob wir nicht am Ende sogar ein Treffen der unterschiedlichen Meister und Meisterinnen haben können, bei dem jede Lehre neben der anderen steht und man sich kennen lernt, austauscht und vielleicht feststellt, dass die Konzepte so unterschiedlich nicht sind. Jedenfalls nicht so unterschiedlich, dass es zum Krieg kommen muss«, beschreibe ich mein Filmkonzept.

Nein, wer legt denn dann die Hierarchie fest? Wer entscheidet, wer der Wichtigste auf einem solchen Treffen ist? Sich mit anderen, »selbst ernannten« Meistern an einen Tisch zu setzen bedeutet ja schon, sie anzuerkennen, und würde die Position des eigenen Meisters in Frage stellen. »Also nein, wir lassen das besser mit dem Film und einem Treffen.« Ende der Diskussion.

»Außer Spesen nichts gewesen«, muss ich mir eingestehen. Vielleicht wird uns aber wenigstens erlaubt, heute noch zu bleiben und erst morgen abzureisen? Ja, aber nur mit ausdrücklichem Drehverbot. Natürlich lasse ich es mir nicht nehmen, anzudeuten, dass diese Intoleranz eine Erwähnung im Film wert sei ... Das wirkt. Schon am nächsten Morgen ist man wieder sehr viel freundlicher und drängt nicht mehr auf Abreise. Man habe sich Gedanken gemacht und wenn ich wolle, könne es noch einmal ein Gespräch geben. »Wie ist das denn «, wird vorsichtig gefragt, »der Film wird doch einen Anfang und ein Ende haben?«

»Sicherlich!«

»Wer kommt denn ans Ende des Films?«

»Das weiß ich heute noch nicht. Mir schwebt vor, dass der Zuschauer selbst am Ende des Films stehen soll, sodass er sein eigener Guru wird. Warum?«

Oh, darauf wird gar nicht eingegangen, sondern man macht mir das Angebot: »Wir lassen Sie wieder drehen unter der Bedingung, dass unser Beitrag der letzte in Ihrem Film wird.«

Nachtigall ... Nicht schlecht der Trick. Nach dem Motto: Man darf in seinem Leben ja unerleuchtet umhersuchen und so manchen Fehltritt begehen, wenn man aber wirkliche Erlösung von dem Übel sucht, dann hier, bei *dieser* Glaubensrichtung. Ich weiß nun, warum es in der Welt so viele Kriege gibt: Jeder will sein Glaubenskonzept über das des anderen stellen. Dabei darf sich ja jeder als das Zentrum des Planeten begreifen, denn egal, an welchem Punkt man sich befindet – auf einer Kugel ist jeder Punkt ein Mittelpunkt. Das entspricht auch dem Selbstwertgefühl. Das Problem entsteht erst, wenn man dieses Gefühl nicht auch jedem anderen zugesteht.

Es kommt also darauf an, sich mit dem Anspruch auf Wahrheit in Übereinstimmung mit der Funktionsweise des Gehirns zu bringen. Wer glaubt, seine Wahrheit verabsolutieren zu können, widerspricht der Funktionsweise unseres Geistes und auch der modernen Physik. Die erwähnte Heisenberg'sche Unschärfenrelation besagt, dass der Betrachter durch das Betrachten das Betrachtete verändert. Das Betrachtete ist also immer ein subjektiver Eindruck, und eine objektive Wahr-

Es führen viele Wege auf den Gipfel des Glücks.

heit kann es deshalb nicht geben. Aus diesem Grund gibt es auch nicht den einzig richtigen Weg auf den Gipfel des Glücks.

Der Friede wäre also eigentlich ganz einfach, trotzdem haben wir es auf der Erde mit Hegemonialbestrebungen zu tun, die mit Gewalt durchgesetzt werden, weil die meisten ihr Ego nicht in Schach halten. Sie sehen auch nicht ein, weshalb sie das tun sollen, denn schließlich basiert unser Gesellschaftssystem auf Egoismus, zum Antrieb aller Produktivität.

Wehret den Anfängen, kann ich bei einem solchen Angebot nur sagen. Ich lehne bei allen meinen Protagonisten kategorisch ab, irgendjemandem zu versprechen, er könne der Letzte auf der Leinwand sein und die Zuschauer nach Hause entlassen. Um ihr Gesicht nicht zu verlieren, erlauben mir die Protagonisten dann trotzdem, zu drehen. Ihre Haltung änderte sich aber nicht, der Anspruch kommt später – entweder wenn ich mit den Aufnahmen fast fertig bin, oder zum Schluss, wenn ich mit dem Film ins Kino will. Solche Interventionen verteuern das Projekt dann erheblich.

Die Frage, wer am Ende des Films steht, ist tatsächlich sehr wichtig, denn ich will niemandem einen neuen Guru verkaufen. Die meisten Menschen aber suchen nach einer Leitfigur und projizieren ihre Gotteserwartungen zu gern auf jemanden, der sich das gefallen lässt. Mich jedoch interessiert mehr, welche Fähigkeiten in jedem selbst stecken, als dass man seine Wünsche auf andere projiziert.

José Silva – Deutschland und USA

Wenn es Menschen gibt, die erwiesenermaßen hellsehen können, warum kann ich es nicht? Besitzen sie ein anderes Gehirn als ich oder wie wird man Hellseher? Ich bin überrascht, als ich höre, man braucht es nicht zu sein, man kann es erlernen. Wo? Wann?

Ich vermute in Tibet oder in Mexiko, nein, in München neben dem Hauptbahnhof an nur einem Wochenende mit einer Geld-Zurück-Garantie. Ich melde mich sofort an. Der Kurs beginnt am Freitag, 15 Uhr, und endet Sonntag, 18 Uhr, mit dem Versprechen, dann hellsehen zu können. Die Kursleiterin stellt am Sonntagnachmittag die Testaufgabe folgendermaßen:

Nachdem wir am Samstag gelernt haben, wie man sich schnell entspannt, sollen wir am Sonntagnachmittag nun Zweiergruppen bilden, um gegenseitig unsere Hellsichtigkeit zu testen. Ich entspanne mich wie gelernt mit der Zählmethode drei bis null, und meine Kurspartnerin liest mir von einem soeben erhaltenen Zettel einen uns beiden vollkommen fremden Namen mit Alter und Wohnort vor. Meine Aufgabe ist es, sofort, ohne die geringste Überlegung, laut loszusprechen und was immer mir zu dieser Person in den Sinn kommt herauszu»plappern«; für mich ein Vorgang ohne Sinn und Verstand.

Wie gesagt, hinter dem Namen steckt eine für mich absolut unbekannte Person, ich weiß nicht einmal, wer ihn auf den Zettel geschrieben hat. Alles, was ich von mir gebe, wird notiert. Ich springe also über meinen Schatten und »fantasiere« munter drauflos: »Mann, dunkle Haare, sitzt – sitzt am Fenster, trägt eine grüne Jacke, raucht ...« Sobald ich ins Stocken gerate, fragt meine Testpartnerin weiter: »Gesund? Nicht gesund? Was hat er? Ist er allein? Wer sind seine Verwandten?« Ich muss mir das innere Grinsen verkneifen und rede »irgendetwas daher«, Hauptsache, die Testpartnerin kann Antworten notieren. Nach drei Minuten ist der Hellseh-Test beendet und ich komme aus der Entspannung zurück.

Auf der Rückseite des Zettels wird eine Beschreibung der Person gegeben, die den Namen der von mir untersuchten Person auf den Zettel geschrieben hatte. Es ist eine unserer Kursteilnehmerinnen, die ich nun unter 100 Personen in einem anderen Saal finden muss, um den Test auflösen zu können. Sie sollte, wie auch ich, am Abend vorher auf einem Formblatt eine Person nennen, deren gesundheitliche Probleme und den Typ beschreiben. Diese Zettel wurden eingesammelt, gemischt und so wieder ausgegeben, dass kein Testpaar eigene Fälle bekam. Ich vergewissere mich, dass sie die Daten selbst aufgeschrieben hat. Es handelt sich um ihren Onkel, den sie gut kennt. Dann lese ich ihr vor, was ich »fantasiert« habe.

Als Erstes vergleichen wir, inwieweit das von mir Gesagte mit der schriftlichen Beschreibung ihres Onkels übereinstimmt. Das versetzt mir einen regelrechten Schock: Ich habe zu mehr als 80% ins Schwarze getroffen! Ich habe nicht nur die Kleidung des Onkels erkannt, sondern auch seine inneren Organbelastungen. Als mir meine Testpartnerin »befohlen« hatte, etwas über die Krankheiten der Suchperson auszusagen, war ich, wie wir es zuvor im Kurs geübt hatten, gedanklich von oben in seinen Kopf eingestiegen und von dort durch seinen gesamten Körper gegangen. Dabei hatte ich darauf geachtet, ob die Organe und sonstigen Innereien schön glatt, glänzend und gesund aussahen oder malade Stellen aufwiesen. So war ich ohne medizinische Kenntnisse in der Lage, zu sagen, welche Organe oder Teile des Körpers gesund und welche krank sind.

Solche Übungen hatten wir im Kurs schon mit uns selbst gemacht und das Lustige daran ist, dass man sich dabei mental einen Werkzeugkasten oder sein Putzzeug mitbringen kann, um die maladen Stellen zu reparieren und/oder zu reinigen. Das

Verblüffende ist, dass diese mentale Arbeit gesundheitliche Wirkung zeigt. Bei dem jetzigen Test aber geht es weniger ums Heilen, sondern mehr ums Hellsehen. Ich habe diesen Test innerhalb eines Jahres dreimal bei verschiedenen Seminarleitern gemacht, weil mir die Ergebnisse irgendwie nicht in den Kopf gehen wollten, und von Mal zu Mal wurde ich (wie andere Wiederholungskandidaten) besser und besser. Schon beim ersten Mal lief es so gut, dass ich meine Kursgebühr nicht zurückhaben wollte und auch sonst keiner von den 100 Kursteilnehmern.

Es ist haarsträubend für mich, bestätigt zu bekommen, dass alle meine Angaben zu gut 80% stimmen. Und vieles, was ich mir »ausgedacht« habe, aber nicht formulieren konnte, kommt nachträglich im Gespräch mit der Nichte zur Sprache und stimmt ebenfalls. Ich kann sogar Dinge über den Onkel sagen, die der Nichte noch unbekannt sind.

Unmöglich zu glauben, dass ich plötzlich Hellseher bin, und deshalb bitte ich die Nichte darum, ihren Onkel besuchen zu dürfen. Mein Geist fasst es heute nur schwer: Bei dem Onkel habe ich ihn und seine Umgebung so vorgefunden, wie ich es im Test gesehen habe. Zufall?

Dieser Kurs vermittelt die Silva-Mind-Methode, die der Texaner José Silva entwickelt hat. Es gibt den Kurs in 28 Sprachen und in über 100 Ländern. Als ich José Silva in Texas besuche, hat er bereits zwölf Millionen Absolventen. Es gibt auch Kurse für Fortgeschrittene sowie Kinderkurse. Kinder lernen auf hellsichtige Weise mit verblüffenden Ergebnissen. Und mit Schulkindern hatte José Silva seine Methode auch entwickelt. Da war er erst zwölf Jahre alt. Er selbst hat nie eine Schule besucht, aber vielen schlechten Schülern in Laredo/Texas mit großem Erfolg Nachhilfeunterricht gegeben.

Mit den Leistungen ist es aber immer so wie auch mit den Fähigkeiten: Wenn man sie nicht übt, verflachen sie. Hellsehen,

José Silva lehrt Hellsehen.

glauben viele, sei einem gegeben oder nicht. In Wirklichkeit aber ist es eine Frage des Talents, wie Singen oder ein Instrument spielen. Um ein Talent zu entwickeln, muss man üben, üben, üben, nur dann wird man gut. Die meisten scheitern an ihrer Bequemlichkeit, wie ich auch. Irgendwie hegt man in unserer technischen Zeit die Hoffnung, Hellsehen – wie auch das Heilen – könnte sich durch irgendeine technische Erfindung beherrschbar machen lassen, die von jedermann benutzt werden kann.

Als ich hörte, dass ein Russe einen Apparat erfunden habe, mit dem man Heilen und Hellsehen messen könne, machte ich mich sofort auf die Reise.

Unterwegs

Evgeny Boderenko – Russland

Es heißt, der Mensch würde nur 10% seines Gehirns benutzen. Evgeny Boderenko kann auch noch mit den restlichen 90% etwas anfangen. Der Russe vertritt die These, unser Gehirn sei so etwas wie eine universale Radarstation, die jede Frequenz, die es im Universum gibt, registrieren kann. Er macht sich die These zu Eigen, dass es im Universum nichts Gleiches gibt – weder zwei gleiche Atome noch zwei gleiche Moleküle oder zwei gleiche Zellen, unabhängig davon, was man als Einheit definiert oder betrachtet. Jede Einheit, die man wählt, stellt ein einzigartiges, lebendiges, individuelles Wesen dar. Alles ist lebendig und nichts ist gleich. Was eine individuelle Einheit ist, bestimmt der Betrachter.

Alles ist lebendig und nichts ist gleich.

Evgeny Boderenko hat in mehreren Fällen mithilfe dieser Theorie Menschen beigebracht, beliebige Wesen im Universum zu orten. Er hat diese Fähigkeit zuerst an sich selbst festgestellt, bevor er sie auch in seinem Sohn Igor weckte und bei 22 weiteren Personen. Evgeny meint, alle Menschen hätten aufgrund der Bauweise des menschlichen Gehirns die Fähigkeit, sich mit jeder individuellen Wesenseinheit auf der Erde und im Universum in Verbindung zu setzen.

Bevor er sich mit dem Gehirn befasste, arbeitete Evgeny in einer Leningrader Fabrik für optische Geräte. Als er in diesem Zusammenhang eine geologische Einheit aufsuchte, die diese Geräte für ihre Suche nach Bodenschätzen brauchte, dachte er darüber nach, wie man diese Suche vereinfachen könnte. Eines Abends saß er mit einem Stück Bauxit (einem Sedimentgestein) in der Hand vor den Karten des fraglichen Gebietes, in dem die Geologen diesen wichtigen Rohstoff für die Aluminiumherstellung vermuteten. Plötzlich hatte er die Inspiration, an welcher

Stelle man anfangen sollte, nach dem Bauxit zu suchen. Die Geologen folgten seinem Rat und wurden fündig. Er stellte fest, dass er nur dann die Inspiration für eine Fundstelle erhielt, wenn er den zu suchenden Stoff in der Hand hielt.

Er begann daraufhin, seine Inspiration bei anderen Objekten zu testen, beispielsweise bei seiner entlaufenen Katze. Er besaß ein Foto von ihr, das er in der Hand hielt, während er mit der anderen Hand den Stadtplan seiner Umgebung »abscannte«. Über einer bestimmten Stelle des Plans spürte er wieder das Kribbeln in seinen Fingern, wie es schon beim Bauxit der Fall gewesen war – und tatsächlich: An der besagten Stelle fand er auch seine Katze. Als ihm eine Nachbarin das Foto ihres verschollenen Mannes brachte und er seine Hand darüber hielt, drängte sich ihm der intuitive Gedanke auf, dass der Mann nach seinem Verschwinden wahrscheinlich gestorben ist. Mit Evgenys Hilfe fand man seine Leiche.

Aufgrund seiner Theorie einzigartiger, individueller Einheiten im Universum macht er zwischen Menschen, Tieren und Dingen keinen Unterschied. Wichtig ist nur, so fand er heraus, dass die von seinem Gehirn gesuchte Einheit eindeutig definiert sein muss. Er nennt das die »Adresse«, die unzweifelhaft sein muss, wenn er seinem Gehirn befielt: »Finde das!«

Das geologische Institut gab ihm Aufträge, nach Erzen und Erdöl zu suchen. Sobald er das leichte Kribbeln in seinen Fingerkuppen registrierte, besorgte er sich von dem darunter liegenden Gebiet eine Karte größeren Maßstabs, sodass er auf den Quadratmeter genau die Fundstellen festlegen konnte.

Diese Dinge hatte ich über ihn schon gehört, als ich ihn in St. Petersburg besuche. Ich treffe ihn an in einer winzigen Wohnung im sechsten Stock eines riesigen Plattenbaus, wie er in Reihen entlang der Ausfahrtsstraßen der großen Städte überall im Ostblock nach dem 2. Weltkrieg gebaut wurde.

Evgeny öffnet von innen das Vorhängeschloss seiner Doppeltür und begrüßt mich mit einem schwarzen Kater auf dem Arm. Sein Arbeitszimmer, in dem man sich kaum umdrehen kann, ist vollgestopft mit Computern. Er lebt in dieser Wohnung mit seiner Frau Alba und seinem 24-jährigen Sohn Igor, der heiraten möchte, wenn er endlich eine eigene Wohnung bekäme.

Bei allem, was ich über Evgeny schon weiß, brauche ich eine eigene Erfahrung. Ich schlage ihm spontan vor, dass ich ins andere Zimmer gehe und er dann sagt – ohne dass er den Raum einsehen kann –, wo ich stehe. Für seine »Bio-Lokation«, wie er seine Fähigkeit nennt, zeichnet er sich den Raum als Rechteck auf ein Blatt Papier mit dem Fenster auf der einen und der Tür zum Flur auf der anderen Seite. Zwischen jedem Standpunkt mache ich eine Pause, in der ich meine Position lautlos verändere oder auch nicht und Evgeny seine Zeichnung dann geistig »abscannt« und feststellt, ob ich auf der Tür- oder Fensterseite stehe. Ich bin beeindruckt und erkenne keinen Trick, wenn er ohne mich zu sehen und zu hören in jedem Fall weiß, wo ich mich befinde. Danach teste ich ihn noch einmal draußen, wo er durch eine hohe Mauer ebenfalls »fühlen« soll, wo ich mich aufhalte; auch das funktioniert.

Später unterhielt ich mich mit einer Mitarbeiterin des geologischen Instituts, die mit Evgeny in einem Forschungsflugzeug über Sibirien tagelang Planquadrate abgeflogen ist. Evgeny hielt dabei eine Flasche Erdöl in der Hand und sagte auf den Punkt genau, wo Erdöl in welchen Tiefen und in welchen Mengen vorhanden ist. Das Frappierendste aber war für die Geologin, dass Evgeny ihr seine Fundorte schon in St. Petersburg auf den sibirischen Karten eingezeichnet hatte. Die Leitung des geologischen Instituts bestand aber darauf, dass er seine Hellsichtigkeit vor Ort unter Beweis stellte. Das Ergebnis war jedoch dasselbe und die Probebohrungen erfüllten seine Prophezeiungen (Bio-Lokationen).

Evgeny Boderenko findet alles auf der Welt, z.B. auch Schiffe.

Nachdem sich Evgenys phänomenale Erfolge herumgesprochen hatten, holte ihn die russische Marine, um Schiffe auf den Weltmeeren zu orten. Ich interviewte den Admiral, der ihn seinerzeit eingestellt hatte, und der bestätigte mir unfassbare Dinge: Evgeny hatte nicht nur Schiffe, von denen man ihm ein Foto in die Hand drückte, auf den Weltkarten geortet, sondern auch gezeigt, wie schnell sie fuhren, woher sie kamen und wohin sie wollten. Am meisten verblüfft war der Admiral jedoch, als Evgeny für ein Schiff einen (scheinbar) falschen Zielhafen angegeben hatte, sich später aber herausstellte, dass zum Zeitpunkt von Evgenys Prophezeiung weder der Kapitän des Schiffes noch der Admiral wusste, dass die Einsatzzentrale der russischen Marine das Ziel für dieses Schiff gerade geändert hatte, aber der Befehl noch nicht herausgegeben war. Evgenys Fähigkeiten eröffneten der Spionage ganz neue Dimensionen.

Das wussten auch die Amerikaner. Ich interviewte einen CIA-Offizier in den USA, der das Pendant zu Evgeny auf der amerikanischen Seite war. Die beidseitigen Erkenntnisse hatten stark dazu beigetragen, dass die Abrüstungsverhandlungen zwischen Reagan und Gorbatschow in die Gänge kamen, weil jeder dem anderen auf den Kopf zusagen konnte, was er wo an Waffen besitzt. 1989 wurden bei der Auflösung der Sowjetunion auf beiden Seiten die Hellseher entlassen. Evgeny war sehr froh darum, denn er betrachtete diese Tätigkeit als Missbrauch seiner Fähigkeiten. Obwohl er sehr oft gebeten worden war, hatte er sich nie für die Polizei an Verbrecherjagden beteiligt. Er lehnte es ab, für andere Schicksal zu spielen.

Was ihn heute interessiert und wo er seinen ganzen Ehrgeiz hineinsteckt, ist, seine Fähigkeiten wissenschaftlich zu dokumentieren und zu analysieren, um sie technisch wiederholbar zu machen.

Für das Kribbeln in seinen Fingern, wenn er fündig wird, hatte er jahrelang nach einem technischen Nachweis gesucht. Mittlerweile erfand er einen Sensor, der sehr feine Gehirnfrequenzen messen kann. Dieser Sensor ist sein Patent. Es handelt sich um einen kleinen schwarzen Plastikkasten, in der Größe einer Zigarettenschachtel, in dem sich in der Hauptsache zwei unterschiedliche Metallplatten von je zirka 10 cm^2 in einem fest justierten Abstand von zirka 3mm parallel nebeneinander befinden. Sein Geheimnis sind die unterschiedlichen Metalle (oder Metall-Legierungen) der beiden Platten und der exakte Abstand zueinander. Über ein Kabel wird die zwischen diesen Platten gemessene Gehirnfrequenz an die Grafikkarte seines Computers übertragen, der dann die Frequenzen in Kurven auf dem Monitor darstellt. Sein Sensor registriert alle Frequenzen, die jemand im Umkreis von bis zu zwei Metern abgibt. Wann immer es nun in seinen Fingern kribbelt, das heißt sein Gehirn die Adresse seines Suchauftrags findet, springt die gemessene Frequenz seiner Gehirntätigkeit um zirka das Dreieinhalbfache nach oben.

Auf diese Weise hat er jetzt eine rationale Kontrolle über seine Empfindungen. Dank dieser Kontrolle waren auch andere in der Lage, dieselbe Fähigkeit zu entwickeln. Es stellte sich heraus, dass jeder, wenn er fündig wird, dies etwas anders empfindet, sein Sohn beschreibt es als Luftzug, ein Kollege spürt es am Herzschlag – bei allen aber misst in diesem Moment der Sensor eine deutlich höhere Gehirnfrequenz.

Evgeny: »Wir messen biologische Frequenzen, die wir nicht nur abgeben, sondern auch empfangen. Jetzt im Moment zum Beispiel wird sowohl Ihre als auch meine Ausstrahlung vom Sensor gemessen und vom Computer auf dem Monitor dargestellt. Wenn Sie darauf achten, wann ich und wann Sie sprechen, sehen Sie eine Veränderung des Signals auf dem Bildschirm. Unsere Gehirnaktivitäten, die auch ein Spiegel unserer Gefühle sind, sind alle an diesem Experiment beteiligt. Weil sich unsere Gefühle ständig ändern, ändert sich auch das Signal laufend.

Stelle ich eine Antenne auf den Sensor, die mit einem Generator für elektromagnetische Signale verbunden ist, dann sehen Sie, dass das Antennensignal mit 400 MHz unser Signal von 20 MHz überlagert. Trotz der Stärke des künstlichen Signals dringt unser Biofeld aber immer noch durch. Wir können bisher nicht erklären, um welche Art von Strahlung es sich dabei handelt, wir sehen nur, dass unser Signal sehr stark ist. Die Amplitude des Biofeldes ist doppelt so hoch wie die des elektromagnetischen Feldes. Wüssten wir, worauf das beruht, würden wir entsprechende Apparate bauen. Dafür müssten wir aber sehr viel mehr forschen, wozu mein Sohn und ich nicht in der Lage sind.

Wollen wir unser Biofeld analysieren, vergrößern wir mithilfe unserer Software die Zeitschiene im Kurvendiagramm: Wir markieren zum Beispiel eine Sekunde und vergrößern die darin enthaltene Frequenzkurve auf Bildschirmgröße. Nun sieht man an der Charakteristik der Frequenzlinie noch keinen wirklichen Unterschied. Erst wenn wir von dem Signal nur drei Tausendstel Sekunden auf Bildschirmgröße bringen, zeigt sich, dass das Gehirn über zwei Tausendstel Sekunden im hochfrequentiven Bereich arbeitet und dann wieder abfällt. Für die bekannten Signale ist das sehr ungewöhnlich. Wir vermuten, dass unser Gehirn, wenn wir uns stark konzentrieren, heilen, etwas suchen oder uns sehr freuen, mit einer außerordentlich hohen Frequenz arbeitet – millionenfach höher als die Gehirnforscher jetzt annehmen.«

Hellsehen ist keine Hexerei, sondern kann gemessen werden.

Experimente

Ich kann selbstverständlich nicht beurteilen, was hier letztlich vorgeht, aber ich drehe noch einen Test mit Evgeny. Dafür fahren wir stundenlang von St. Petersburg Richtung der finnischen Grenze in eine vollkommene Einöde. Hier besitzt Evgeny eine Datscha. Sie wurde von einem Stahlarbeiter errichtet, der offenbar günstig an große, dicke Stahlplatten kam und sich daraus dieses Haus komplett zusammengeschweißt hat. Sogar die Vorhänge sind aus dünnen Stahlplatten. Ideal für Evgenys Experimente ist der unterirdische Kartoffelkeller, denn auch der ist rundherum aus dicken Stahlplatten gefertigt und mit einem schweren Stahldeckel verschließbar.

In diesem Kartoffelkeller stellt Evgeny seinen Sensor auf und schließt ihn an den Computer an. Er gleicht die Systemuhr des Rechners mit seiner und der seines Sohnes Igor ab, dann schalten sie den Sensor ein, verschließen den Keller, dazu das ganze Haus mit schweren Stahltüren und entfernen sich zirka 250 Meter von dem Gebäude. Da es hier in der Wildnis keine Störquellen gibt, will Evgeny herausfinden, ob der Sensor seine erhöhte Biostrahlung durch sämtliche Abschirmungen hindurch registriert. Er hält dabei die Luft an und spannt heftig sein Zwerchfell, um sich so stark wie möglich zu konzentrieren. Sein Sohn Igor notiert den exakten Anfangs- und Schlusspunkt jeder dieser besonderen Konzentrationsübungen. Sie wiederholen und protokollieren diesen Vorgang mehrmals auf die Sekunde genau.

Danach steigen sie wieder in den Kartoffelkeller und vergleichen ihr Zeitprotokoll mit den Aufzeichnungen des Computers. Man sieht, dass genau in den Momenten, wo Evgeny sich draußen auf der Wiese konzentrierte, die im Keller aufgezeichnete Frequenzkurve hochging und entsprechend wieder abfiel.

Igor: »Es gibt keinen Zweifel an dem Experiment. Der Computer war mit unseren Uhren synchronisiert und hat genau in den Momenten etwas aufgezeichnet, in denen mein Vater seine Energie produzierte.«

Evgeny: »Die Aufzeichnung zeigt genau, wann ich mir das Kommando zur Konzentration gegeben habe, dann die Konzentration selbst, bis ich erschöpft war und wieder neu ansetzte.«

Igor: »Woher sollen wir wissen, um welche Kräfte es sich dabei handelt, wenn selbst die Wissenschaft und die modernen Physiker es nicht wissen? Wir haben es prinzipiell mit neuen Erkenntnissen der Physik zu tun. Wir glauben, dass unsere Arbeit nur ein ganz kleiner Teil von dem ist, was die Erforschung der Geisteskräfte für die Menschheit und speziell für das Heilen bedeuten kann.«

Das Heilen lag Evgeny bis vor drei Jahren ganz besonders am Herzen. Nachdem er damit aber wissenschaftlich keine Anerkennung gefunden hatte, verlegte er sich auf die Erfindung eines technischen Nachweises für seine spirituellen Fähigkeiten. Seine Frau Alba hat ihn dabei immer begleitet. Ich frage sie:

»Verstehen Sie, was Ihre Männer am Computer machen?«

»Nein!«

»Glauben Sie an die Kraft des Geistes – an eine Kraft, die sogar von einem Computer wahrgenommen werden kann?«

»Ja.«

»Haben Sie Erfahrungen damit?«

»Mit Computern nicht, aber dass man andere Menschen beeinflussen kann, das weiß ich. Das Einfachste und Alltäglichste ist, wie mein Mann unsere Bekannten und Freunde heilt, entweder direkt oder übers Telefon oder durch ein Foto, und das klappt meistens.«

»Für Sie ist Telepathie also etwas, was zu unserem normalen Leben gehört?«

»Meines Erachtens ist das nicht Telepathie. Wie ich Telepathie verstehe, heißt das Gedankenlesen. Bei ihm geht es um die geistige Behandlung von Menschen.«

»Wie soll man sich das vorstellen? Wer heilt? Evgeny? Oder heilen die Leute sich selbst? Oder ist es Gott, der heilt? Wie stellen Sie sich das vor?«

»Erklären kann ich das nicht.«

»Was tut man, wenn man heilt? Was macht Evgeny? Betet er oder was macht er dafür, dass die Leute wieder gesund werden?«

»Wir sind Atheisten. Wir beten nicht. Wir wissen einfach, dass der menschliche Organismus bestimmte Frequenzen ausstrahlt, die anderen helfen können.«

»Also Evgeny strahlt etwas aus, was dem anderen dann hilft?«

»Ja.«

»Was strahlt er dabei aus, wenn er heilt? Strahlt er das immer aus? Passiert das sozusagen automatisch oder muss er sich dafür auf bestimmte Art konzentrieren oder meditiert er oder was macht er?«

»Er konzentriert sich. Er konzentriert sich mit aller Aufmerksamkeit auf den Menschen, den er heilen will. Was er dabei denkt, weiß ich nicht. Seine Gedanken sind sicher auch nicht immer die gleichen. Wichtig für seine Methode ist, dass er sich dabei sehr stark konzentriert, und das ist ziemlich anstrengend.«

»Sie glauben also, dass er mit seinem Geist in einen anderen Körper eindringen und dort auch etwas bewegen kann?«

»Ich glaube nicht daran, dass es der Geist ist. Es sind eher verschiedene Ausstrahlungen des menschlichen Gehirns. Wir können sie einfach nur noch nicht identifizieren und exakt interpretieren.«

»Sind Sie von ihm auch schon geheilt worden?«

»Ja, schon oft und ich heile auch ihn und andere.«

»Wie machen Sie das?«

»Ich mache es genauso wie er. Ich konzentriere mich so stark ich kann auf das Problem, das ein Mensch hat, und stelle mir vor, wie ich die Freundin oder eine Arbeitskollegin von dem Problem befreie, und das hilft.«

»Bestätigen Ihnen das die Betroffenen?«

»Ja, sofort. Die rufen an oder kommen zu mir und bedanken sich. Oft bin ich bei der Heilung auch mit ihnen zusammen.«

»Und das finden die normal?«

»Ganz normal.«

»Warum machen das nicht mehr Menschen?«

»Es ist anstrengend, sehr anstrengend.«

Diese anstrengende Heilarbeit macht Evgeny nur noch in der Familie. Er sagt, in der heutigen Zeit sei die Apparategläubigkeit so groß, dass die geistigen Kräfte nur dann Anerkennung erfahren, wenn es für den Umgang mit ihnen technische Geräte gibt. Demzufolge besitzt er jetzt auch eine mobile, digitale Anzeige für sein Fingerkuppengefühl. Die Anzeige ist mit seinem Sensor verbunden, der ihm an einer Schnur um den Hals hängt. So ist es mir bei unseren nächsten Dreharbeiten möglich, seine Wahrnehmung unterwegs zu kontrollieren.

Wir besuchen Professor Medvedin am Geologischen Institut in St. Petersburg, der ein zwölfköpfiges wissenschaftliches

Team leitet, das im Auftrag der Stadt herausgefunden hat, welche Auswirkungen die tektonischen Verwerfungen, Spalten und Risse unter der Stadt auf die Bewohner haben. Bei Häusern, die auf solchen Rissen stehen, insbesondere, wenn diese Risse sich kreuzen, hat man im Durchschnitt auf 1.000 Einwohner 200 Krebsfälle im Jahr registriert. Normalerweise zählt man in Petersburg zwei Kranke auf 1.000 Einwohner und in der Umgebung des Atomkraftwerkes 48 Fälle.

Ich fahre mit Evgeny durch die Stadt und er kann auf den Meter genau sagen, wann wir uns über einer tektonischen Verwerfung befinden. Sein Sensor zeigt dabei eine signifikant höhere Frequenz seiner Gehirntätigkeit an. Evgeny erklärt das damit, dass er sich vollständig auf die tektonischen Verwerfungen konzentriert, und wenn er in ihren Einflussbereich gelangt, sein Gehirn oder sein Biofeld darauf reagiert. Diese Erdstrahlung aus den tektonischen Verwerfungen sind auf vielfältige Weise von Professor Medvedin und seinem Team wissenschaftlich nachgewiesen worden. Das Interessante ist, dass Evgeny seine sensible Reaktion darauf messen und nachweisen kann.

Evgeny behauptet, jeder Mensch habe die Fähigkeit, zu spüren, worauf er sich konzentriert, man müsse diese Sensibilität und Konzentrationsfähigkeit nur täglich üben.

Ich hätte diese Fähigkeit natürlich auch gerne erlernt, denn des Öfteren verlege ich etwas, beispielsweise meinen Schlüssel, und dann wäre es mir sehr recht, wenn ich mich nur über den Grundriss meines Hauses zu beugen bräuchte, um genau zu spüren, wo er sich befindet. Evgeny nahm den Scherz ernst und sagte, er könne mich schulen, er habe nur zwei Bedingungen: Erstens, mein Interesse muss echt sein. Es muss auf einen guten, höheren, menschlichen Zweck ausgerichtet sein. Zweitens darf ich an der Fähigkeit selbst niemals zweifeln. Jeder Gedanke des Zweifels würde mich in der Schulung um einen Monat zurückwerfen. Sollte ich beide Bedingungen von vornherein erfüllen, so werde ich die Fähigkeit bis heute Abend erlangt haben.

Sein Sohn Igor hat sie mit 18 Jahren perfekt entwickelt. Er kann aber nur sehr schwer seinen Lebensunterhalt damit verdienen. Er wollte, wie früher sein Vater, für das geologische Institut arbeiten, aber die Mitarbeiter befürchteten, dass seine Fähigkeit ihnen ihren Arbeitsplatz kosten würde. Evgeny hat vor kurzem damit Geld verdient, dass er einer russischen Bank, die bereits mehrfach ausgeraubt worden war, in den Kassenraum seinen Sensor eingebaut hat, der permanent die Gehirnfrequenz des Kassierers misst. Tests haben erwiesen, dass das Gehirn des Kassierers in einer bedrohlichen Situation eine Frequenz produziert, die sonst nicht vorkommt. Die Software richtete Evgeny so ein, dass automatisch bei der Polizei Alarm ausgelöst wird, wenn der Sensor Todesangst beim Kassierer registriert. Evgeny konnte sich von dem Honorar, das ihm die Bank zahlte, neue Computer kaufen. Er möchte beweisen, welche ungeahnten Fähigkeiten in unserem Gehirn stecken, und sie für alle nutzbar machen.

Bisher nehmen Wissenschaftler Evgeny aber nicht ernst. Er ist nicht sehr geschickt in der Selbstpräsentation, er will einem zu vieles auf einmal erklären, sodass man schlichtweg überfordert ist. Allein die Geschichten zu hören, die für das normale Bewusstsein in den Bereich *Wunder* gehören, macht es ihm unmöglich, jene Anerkennung zu erhalten, die ihm gebührt. Ich bin davon überzeugt, dass er sich einen Nobelpreis verdienen könnte und die Menschheit einen gewaltigen Schritt nach vorne brächte, wenn die Wissenschaft reif dafür wäre, ihn zu fördern.

In den alten Naturvölkern haben viele Menschen Evgenys Fähigkeiten, ohne dass wir von ihnen lernen. Die westliche Welt denkt vorherrschend, die Völker der Dritten Welt sollten hauptsächlich von ihr lernen, um zivilisierte Menschen zu werden, die lesen und schreiben können. Das würde sie in die Lage versetzen, für Geld zu arbeiten, und sie bräuchten nicht so arm zu bleiben, wie sie es jetzt in ihrem Stammesleben sind.

Ihr Reichtum wird von uns normalerweise nicht gesehen. Ihr Wissen verunglimpfen wir sehr oft als Aberglauben und Dummheit primitiver Menschen. Aus diesem Grund haben die Schamanen, Heiler und Medizinmänner und -frauen ihr Wissen vor dem Weißen Mann geheim gehalten. Sie wollten nicht, dass ihre Lehre »verwässert« oder »verfälscht« wird. Der andere Grund war, dass ihr Wissen ihnen Macht verlieh. Wenn nur der Meister hellsehen konnte und sonst niemand, stärkte das seine Position.

1968 gab es ein Treffen der Ältesten aller indianischer Stämme in den USA und sie beschlossen, dass die Zeit reif sei, ihr Wissen an den Weißen Mann weiterzugeben. Ein bewundernswerter Schritt. Der Planet braucht dieses Wissen. Sogar das *World Watch Institute* in Washingthon D.C. hat eine Studie herausgegeben, die belegt, dass die Menschheit ohne das Wissen der indigenen Völker nicht überlebensfähig ist. Den herrschenden Kulturen der Industriegesellschaften fehlt das Bewusstsein der »Guardians of the Land«, wie man in der Studie die Urvölker nennt, die nur noch zirka 12% der Menschheit ausmachen. Die Lehrer der Guardians sind die Schamanen und Medizinmänner und -frauen, sie verkörpern das Wissen der letzten Naturvölker. Kann ich als Weißer einfach zu ihnen gehen und sie bitten, uns ihr Wissen zu offenbaren, das wir so nötig brauchen, um zu überleben und die Natur zu wahren?

Unser Planet braucht altes Wissen, um überleben zu können.

Godfrey Chips – USA

Wie fange ich an? Wo finde ich noch Schamanen? In Deutschland hört man sehr viel von Indianern, die noch tief mit der Natur verbunden sind. Darüber gibt es eine Menge Bücher und Filme, sodass ich denke, ein Kontakt müsste sich relativ einfach herstellen lassen. Es dauert nur ein paar Tage, dann meldet sich zufällig eine deutsche Gruppe, die sich mit den US-amerikanischen Indianern sehr verbunden fühlt und mir anbietet, mich auf ein Ältestentreffen in Texas mitzunehmen, zu dem viele Stämme ihre Medizinfrauen und -männer entsenden, denen es darum geht, eine gemeinsame Kraft für das Überleben des Planeten zu bilden.

Das Treffen wird zu einem Desaster. Die Zelte und alle Teilnehmer versinken an der mexikanischen Grenze in Texas im Schlamm; es ist so abnorm kalt, als fände das Treffen in Deutschland statt. Noch schlimmer aber ist, dass trotz vorheriger positiver Absprache meine Kamera größte Skepsis hervorruft, vor allem, als ich sage, dass ich auch noch anderes »Wissen« dokumentiere als das indianische. »Welches andere Wissen?« Ich werde den Ältesten suspekt und muss abreisen. Eine Kooperation scheint nicht möglich und das respektiere ich natürlich. Das absonderliche, scheußliche Wetter tut sein Übriges.

Weil ich mit meinem Kameramann aber nun schon mal auf »Indianersuche« in den USA bin, will ich nicht gleich wieder weg oder weiterfliegen. Ich erinnere mich an eine Freundin in Los Angeles, die über den Medizinmann Godfrey Chips vom Stamm der Lakotas ein Buch geschrieben hat*, das ich sehr

---

* *Angelika Hansen:* Begegnung mit dem Schamanen. *Heyne Verlag, München 2002*

interessant fand. Ich rufe sie an und frage, wo ich diesen Medizinmann finde. »In South Dakota.« Wir sollen nach Rapid City fliegen und sie versucht inzwischen, Godfrey Chips zu erreichen.

Bevor ich mir die Tickets ausstellen lasse, rufe ich sie nochmals an. Sie hat Godfrey nicht erreicht, aber erfahren, dass er in Florida mit seiner Familie Ferien macht (bzw. sich dort vor der Polizei versteckt, wie ich später herausfinde). Sie kann nur nicht sagen, wo er sich genau aufhält, aber gibt mir eine Telefonnummer, unter der sich allerdings niemand meldet.

Godfrey soll irgendwo am Okeechobeesee campieren. Am besten, wir fliegen nach West Palm Beach. Weder bei der Zwischenlandung noch abends bei der Ankunft um halb sechs antwortet jemand unter dieser Telefonnummer. Egal, ein Auto brauchen wir auf jeden Fall. Bei der Vermietung sehe ich, dass der Okeechobee der zweitgrößte See der USA ist. Wie sollen wir denn da Godfrey Chips finden? Wir fahren erst mal los.

Es ist Mitternacht, als wir die Wellen dieses Binnenmeers erreichen, und unter der Telefonnummer meldet sich noch immer niemand. Die Hotelsuche stellt sich als Flop heraus, weil gerade ein Rodeo-Festival im Gange ist. Vor den Motels stehen mehr Pferdeanhänger, als es Zimmer gibt – aussichtslos. Da hat mein Kameramann die Idee, ich solle nochmals versuchen anzurufen, auch wenn es schon sehr spät ist, und tatsächlich – Godfrey Chips ist am Apparat. Ihn wundert nichts, nicht die Uhrzeit, nicht mein Ansinnen, ihn als Filmemacher kennen lernen zu wollen, und auch nicht die Bitte um eine Unterkunft.

Wir sollen 20 Meilen weiterfahren nach Port Mayaca, dort im Winner-Inn übernachten und morgen früh dann zu ihm rauskommen. Sein Wohnwagen stehe auf einer großen Rinderkoppel. Chips gibt in rasender Geschwindigkeit eine komplizierte Wegbeschreibung, ohne sich unterbrechen zu lassen ... nach etwa zwölf Meilen rechts ab, dann links halten und so weiter, schließlich werden wir rechts einen Feldweg sehen; auf diesem bis zum dritten Weidegatter, da durch und es danach wieder sorgfältig schließen, nach etwa 600 Yards werde ich dann schon seinen Wohnwagen entdecken.

Später behauptet er, dass er den Weg extra so schnell beschreibt und auf nochmaliges Anrufen nicht reagiert, um seine Besucher zu testen. Wer's schafft, ist willkommen, die anderen sollen wegbleiben. Ich fahre wie in Trance und weiß nicht wie, aber finde ihn ohne einen einzigen Orientierungsfehler. Er kommt uns über die Weide mit weit ausgebreiteten Armen brüllend entgegengerannt: »Kumpel, seit zweieinhalb Jahren warte ich schon auf dich, warum kommst du denn erst jetzt?« Ich verstehe nicht, was er meint. Ich sehe ihn zum ersten Mal in meinem Leben. Er erlaubt mir, alles zu drehen, was ich will, jede Zeremonie – alles.

Als ich dies später einmal Professor Bill L. von der ethnologischen Fakultät in Kansas City erzähle, fällt er fast in Ohnmacht. Er arbeitet mit Godfrey Chips seit über 20 Jahren zusammen und hat große Abhandlungen über ihn verfasst, aber bisher noch nie einen Fotoapparat auf Godfreys Gelände bringen, geschweige denn ein heiliges Ritual aufnehmen dürfen. So etwas ist ein Sakrileg, das von den Geistern geahndet wird.

Ich war mir jedoch keiner Schuld bewusst, denn Godfrey hatte mich ja überschwänglich eingeladen zu filmen. Allerdings: Je mehr Fragen ich beim Drehen stelle, desto schroffer werden seine Antworten. Schließlich wirft er mir vor: »Du bist ein Mann aus Missouri.« Ich verstehe diese amerikanische Metapher nicht. »Das sind ›Zeig-mir‹-Leute, die glauben nur, was sie sehen.« »Richtig«, stimme ich ihm zu, »ich kann nur filmen, was ich auch sehe.« Die Folge davon ist, dass seine Geister von Zeremonie zu Zeremonie neben der Pauschalspende, die ich eingangs entrichtet habe, immer größere Geldopfer von mir verlangen. Täglich muss ich mehr und mehr Alkohol und

Nicht alle großen Heiler führen ein ethisches Leben.

Godfrey Chips, der Medizinmann der Lakota-Indianer.

Junkfood einkaufen. Es entsteht eine gereizte Atmosphäre. Schließlich kommt es zu Prügeleien zwischen Godfrey und seiner Frau sowie zwischen seiner großen Tochter und ihrem Freund. Seine drei kleinen Kinder sitzen im Wohnwagen non-stop vor der Glotze, aus der den ganzen Tag in voller Lautstärke ein Gewaltfilm nach dem anderen herausprasselt.

Unwetter

Die Juwipi-Zeremonie, in der die Ahnen der Indianer als Funken im Dunklen erscheinen und mich berühren, stellt sich mir als billige Show mit leeren Gasfeuerzeugen und vernebelnden Raucheffekten dar. Das bringt die Stimmung auf null. Später habe ich deshalb auch mit Professor Bill L. eine Kontroverse, der in seinen Veröffentlichungen ausführlich über diesen

»hochspirituellen Ahnenkontakt« schreibt. Ich bleibe der ungläubige Thomas. In der Nacht zieht ein Gewitter mit Sturm und Hagel auf, der das Dach des Wohnwagens durchlöchert. Wir und unsere Filmgeräte wachen auf und sind schon nass. Die Tochter im Nebenraum, nur durch eine Pappwand von uns getrennt, rammt vollständig betrunken ihrem Freund eine abgebrochene Whiskyflasche ins Gesicht. Blutüberströmt flüchtet er bei stockfinsterer Nacht in das eiskalte Unwetter hinaus. Ich rufe ihn zurück, aber das Unwetter und die Dunkelheit haben ihn schon verschluckt. Wir sichern soweit es geht unsere Sachen und wachen darüber bis zum Morgengrauen, als das Unwetter sich legt. Wir schieben unser Auto aus dem Schlamm, packen und verabschieden uns.

Godfrey Chips flucht herum, schimpft auf Gott und die Welt, verwünscht mich und schwört dem Freund seiner ebenfalls verletzten und noch immer alkoholisierten Tochter blutige Rache. Seine Racheschwüre klingen Furcht erregend. Nichts wie weg! Wir fahren los, der Himmel ist plötzlich wieder strahlend blau und es wird heiß, wie üblich in Florida. Wir finden den jungen Mann auf der Landstraße auf dem Weg in die Stadt. Gleichzeitig entdecken wir, dass wir unser teures Funkmikrofon samt Sender und Empfänger bei Godfrey vergessen haben. Also fahren wir mit dem Jungen zurück, wollen ihn außer Sichtweite von Godfreys Wagenburg warten lassen und ihn wieder auflesen, sobald wir das Mikrofon haben und endgültig abreisen können.

Bevor wir jedoch unseren Plan ausführen können, kommt uns Godfrey überraschenderweise auf dem Feldweg mit seinem Traktor entgegen. Der geschundene Schwiegersohn in spe steigt aus und geht mutig auf ihn zu. Nach den irrsinnigen, wütenden Verwünschungen, die wir heute morgen über den Jungen gehört haben, befürchten wir, dass er jetzt niedergeschlagen wird. Godfrey steigt vom Traktor herunter, der junge Mann geht festen Schrittes die letzten Meter auf ihn zu – und als sie sich gegenüberstehen, schließt der massige Bär den schmächtigen Jungen in seine starken Arme, drückt und küsst ihn, zeigt großes Mitgefühl für seine Schnittwunden und bittet ihn weinend, mit ihm zu seiner Tochter zurückzukommen. Wir fahren mit, packen dort unser Mikrofon ein und reisen endgültig ab, auch wenn jetzt plötzlich ein Neuanfang unter Umständen möglich erscheint.

Die Konfrontation war zu heftig gewesen, versehen mit den diversen Todesdrohungen wie »Ich hol deinen Flieger runter«, »Ich mach dir den Garaus«, sodass ich es für besser halte, die Situation nicht weiter zu strapazieren und mich ohne Gram und Bitternis vom Acker zu machen.

Warum ich denn eigentlich gekommen wäre, will Godfrey zum Schluss noch wissen.

»Du bist mir als großer Heiler empfohlen worden«, sage ich.

»Bin ich auch!«, meint er.

»Ich kann das nicht beurteilen und habe in der ganzen Woche nichts dergleichen erfahren.«

»Ach was«, herrscht er mich an, »gib mir Papier.«

Er reißt aus meiner Kameratasche die technische Anleitung und schreibt mit dickem Filzstift in kräftigen, deutlichen Buchstaben 28 Namen mit Telefonnummern darauf, die er in seinem winzigen, in Minischrift voll geschriebenen dicken Adressbüchlein findet. Dann schiebt er mir die zerstörte Kameraanleitung mit den Worten hin: »Die sind alle geheilt. Du kannst sie anrufen – tschüss.«

In vier Stunden fahren wir bis Miami-Flughafen. Wir wollen weiter nach Mexiko. Am Check-in stelle ich fest, dass mein Ticket fehlt; nur das meines Kameramanns steckt nach wie vor im Umschlag. »Ich hol deinen Flieger runter« bewahrheitet sich insofern, als mein Flugzeug nicht mit mir abhebt. Ich muss ein neues Ticket kaufen und auf die nächste Maschine warten.

Zu Hause lasse ich es mir nicht nehmen, über Godfrey einen 20-Minuten-Film zu schneiden. Es wird ein richtig starkes Negativ-Beispiel für einen Schamanen, so wie es sich die Skeptiker in den Medien wünschen. Aus purer Neugierde fange ich dann noch an, die Liste der angeblich geheilten Leute in den USA abzutelefonieren und schon beim ersten Anruf höre ich:

»Was, Sie waren bei Godfrey?«

»Ja, er hat mich alles drehen lassen.«

»Wie? Er hat Sie drehen lassen? Was müssen Sie nicht alles erlebt haben!«

»Was haben *Sie* denn erlebt?«

»Oh, ich verdanke ihm mein Leben. Ich bin mit MS im Rollstuhl zu ihm gekommen und zu Fuß nach Hause gegangen. Ich bin ihm unendlich dankbar. Er hat mich wieder gesund gemacht. Ich kann wieder alles. Ich liebe Godfrey Chips. Er ist einer der ganz, ganz großen Schamanen dieser Erde.«

Ich selbst halte ihn für einen Ganoven. Aber das sage ich natürlich nicht. Stattdessen bin ich vollkommen überrascht, vor allem, als auch noch der Vierte und Fünfte auf der Liste nur das Beste über ihn berichten. Es entspricht dem, was in den Büchern über ihn steht. Ich denke mir: Hoppla, so verkehrt kann meine Wahrnehmung doch nicht gewesen sein? Er war so negativ eingestellt auch in dem, was er mir über seine eigene Arbeit erzählt hat: Er bezahle jede Heilung mit Verringerung seines eigenen Lebens, sagt er. Hauptsächlich Weiße kämen zu ihm, die ihn aussaugten, so, wie der Weiße Mann es schon immer mit Indianern gemacht habe. Er wüsste, dass er schon in vier Jahren, wenn er 52 ist, deswegen sterben müsse. Er sei froh darum, weil ihn das Leben auf diesem Planeten anwidere. Er werde hier nie wieder inkarnieren; er sei fertig mit der Menschheit.

Wie kann ein so wüster, destruktiver Rocker-Typ solche Heilerfolge haben? Wer erklärt mir das – das Christentum oder der Buddhismus oder die Sozialwissenschaft oder die Medizin?

Die einzige brauchbare Erklärung liefert mir die Gehirnforschung. Wenn an der Wahrnehmung die Sinnesorgane im besten Fall zu 9% beteiligt sind und über 90% eines Eindrucks aus meinem Inneren gespeist werden, dann können die Erwartungen, Voreinstellungen zu dem, was Godfrey Chips bietet, mich so stimulieren und so viele neue Synapsen im Gehirn schalten, dass tatsächlich etwas Außergewöhnliches passiert.

Überwältigend ist seine immense Kraft, auch in der negativen Erfahrung, die ich mit ihm gemacht habe. Mal unabhängig davon, wozu er in meinem Fall seine Kraft eingesetzt hat, sie war heftig. Diese Omnipotenz, die er wie ein Urviech in den Raum hineinbringt, das eine Mal brüllend, ein anderes Mal sphärisch, monoton, hypnotisierend zu seinen Trommelschlägen singend – das hat Magie. Wenn diese Kraft den Willen zur Selbstheilung bei seinen Klienten reizt, dann verändert sich etwas. Seine Telefonliste ist der Beweis, dass in der Wahrnehmung einer großen Anzahl von Menschen seine Kraftübertragung funktioniert hat.

Für mich bleibt ein Problem: Wenn ich heute angerufen und gebeten werde: »Nennen Sie mir bitte einen seriösen, guten Heiler oder Schamanen«, dann weiß ich nicht, was ich darauf antworten soll. In meinen Augen kann dieser Lakota-Medizinmann das Paradebeispiel eines »Scharlatans« abgeben, aber das wiederum kann ich niemals behaupten, denn einen Scharlatan gibt es so gesehen nicht. Für den einen bringt die Performance des Schamanen einen gewaltigen Veränderungsstoß und für den anderen nichts als Abneigung und Frustration. Kann ich wissen, was auf den Anrufer wirkt, der mich um meinen Rat bittet?

Laurence Cacteng – Philippinen

Eine noch drastischere Art, den Selbstheilungsprozess bei Menschen anzustoßen, begegnete mir auf den Philippinen. Eine Frau, die mit mir am selben Ort wohnt, erzählte mir, dass sie auf den Philippinen gewesen und ihr dort der Krebs wegoperiert worden sei, dass sie jetzt wieder ganz gesund sei und das auch in den Augen der Schulmedizin.

Wie wurde sie operiert? Von einem Chirurgen? Steril und unter Narkose? Nein, alles das nicht, sondern von einem Heiler einfach so, mit bloßen Händen. Das konnte ich nicht glauben. Die Frau verwies mich auf einen japanischen Professor, der darüber wissenschaftliche Abhandlungen geschrieben hat. Dieser erklärt angeblich, wie es möglich ist, dass philippinische Heiler mit der bloßen Hand durch die Haut in den Körper greifen und dort schlechte Zellen entfernen können. Diese Erklärungen seien sehr kompliziert, sodass sie sie mir nicht wiedergeben könne, was für sie aber auch keine Rolle spiele, denn das Wichtigste sei für sie, dass sie den Krebs überwunden habe.

Das muss ich mir ansehen. Mit meinem Kameramann fliege ich nach Manila, der Hauptstadt der Philippinen, und von dort weiter in den Norden nach Baguio. Der Heiler, der die Frau aus meinem Ort behandelt hat, ist allerdings nicht zu erreichen oder will nicht erreichbar sein. Für mich ist das jedoch kein Problem, denn in Baguio gibt es Heiler in großer Zahl, die alle genauso operieren können wie der mir genannte Lobo. Binnen weniger Stunden habe ich einen, der mir gegenüber sehr offen und gesprächig ist und mich filmen lässt, was immer ich will. Sein Wartezimmer ist voll von Patienten, alles einheimische Frauen, bis auf eine Australierin, die das dritte Mal da ist. Keine der Patientinnen hat Scheu vor der Kamera, obwohl solch eine

Laurence Cacteng: Heilung findet im Bewusstsein statt.

OP etwas sehr Intimes ist, je nachdem, an welcher Stelle der Heiler operieren muss.

Doch Zuschauen ersetzt nicht die Eigenerfahrung. Also lasse auch ich mich operieren. Der Heiler Laurence Cacteng schaut sich meinen Rücken an und entdeckt den zertrümmerten L2-Wirbel. Er fragt, ob ich noch Schmerzen habe. Ab und zu, muss ich zugeben. Er meint, da könne er was machen. Okay, ich willige ein, auch wenn es für mich heikel ist, jemanden an meinem Rücken herumdoktern zu lassen. Aber ich vertraue ihm insoweit, als ich glaube, dass er mir nichts verschlimmern kann.

In meinem Film *Unterwegs in die nächste Dimension* sieht man, wie meine OP abläuft. Ich liege auf dem Bauch und Laurence Cacteng massiert mit zehn Fingern auf meiner Bruchstelle herum und plötzlich fließt Blut. Es tauchen kleine Gewebeklümpchen auf, die er abhebt und in den Mülleimer unter der Liege wirft. Für mich geht dies einher mit einem recht angenehmen Körpergefühl. Mein Kameramann (und später auch etliche Zuschauer) werden fast ohnmächtig. Ich sehe nicht, was da auf meinem Rücken vor sich geht, und ich habe, wie die Betrachter meinen könnten, auch keine Schmerzen. Also, was ist bei dieser OP passiert?

Wir fahren ins Hotel und schauen uns dort, dank Video, die Aufnahmen auf dem Zimmerfernseher an. Meine Kamera nimmt 25 Bilder pro Sekunde auf, die ich mir nun in Zeitlupe und einzeln anschauen kann. Ich entdecke keinen Trick. Trotzdem kann ich nicht nachempfinden, dass es mein Blut ist, das da augenscheinlich aus meinem Körper fließt. Während ich die Szenen betrachte, erinnere ich mich, dass mir Laurence Cacteng erzählt hat, er praktiziere bisweilen auf dem Land und zelebriere dort Opferungen für die Göttin Anima.

»Was opfern Sie da?«, fragte ich ihn?

»Hühner und ... meistens Hühner«, antwortet er.

Ich wunderte mich, dass auf den Philippinen Animismus noch praktiziert wird.

»Ja, schon«, sagt er etwas verlegen, »die Landbevölkerung glaubt daran.«

Er selbst hält Tieropfer nicht für nötig, aber auf dem Land wird es noch verlangt. In seiner Praxis hängt ein großes, kitschiges Jesusbild. Plötzlich durchschießt mich die Idee, dass nicht die Bevölkerung, sondern der Heiler das Tieropfer braucht, denn es würde ja auffallen, wenn er sich grundlos Blut besorgen müsste. Daraufhin schaue ich mir die Szenen meiner OP noch einmal an. Ich will sehen, ob er das Blut irgendwie einbringt, aber ich erkenne nichts dergleichen. Erst als ich mir die Aufnahmen rückwärts vorführe, klärt der Fall sich auf: Das Blut fließt nicht zurück in meinen Körper, sondern zurück in seine Hand! Der Heiler ist für mich entlarvt. Ein bekannter Ethnologe hatte mich bereits davor gewarnt, philippinische Heiler zu besuchen, denn die habe man doch längst durchschaut. Ich würde mir meinen Ruf ruinieren, wenn ich auf die hereinfiele. Nun bin ich gespannt, was Laurence Cacteng zu seiner Verteidigung hervorbringt, wenn ich ihn mit der Entlarvung seiner »OP« konfrontiere.

Als ich in seine Praxis komme, begegne ich einer Einheimischen, die sich von ihm schon mehrfach hat operieren lassen. Weil der Meister gerade nicht zu Hause ist, spreche ich erst mal mit ihr.

»Sie haben sich schon öfters operieren lassen?«

»Ja.«

»Wie ist das bei Ihnen, blutet das auch so stark?«

»Ja, manchmal.«

Vorsichtig formuliere ich, dass ich den Eindruck habe, es sei gar nicht mein Blut.

»Seins?«, fragt sie.

»Nein, das weiß ich nicht. Die OP fühlte sich so an, als sei überhaupt nichts Schlimmes passiert.«

»Es passiert auch nichts Schlimmes«, sagt sie.

»Ja genau, aber wie kommt es dann zu dem Blut?«

»Na, das ist seine Fähigkeit, deshalb ist er ja ein so guter Heiler.«

Und noch einmal sehr vorsichtig frage ich: »Glauben Sie nicht, dass es sich bei dem Blut vielleicht um Hühnerblut handeln könnte, denn Sie wissen ja auch, dass er auf dem Land solche Opferungen durchführt?«

Ihre Antwort kommt ohne zu zögern, ohne Zustimmung und ohne Ablehnung, geradeheraus:

»Na und?«

Diese Antwort schockt mich wie nichts anderes bei allen Erfahrungen, die ich mit Schamanen bisher gemacht habe! Ich stelle die Gretchenfrage, die Frage aller Fragen, die darüber entscheidet, ob dieser Heiler ein höheres Wesen oder ein Gauner ist, und sie sagt ganz lapidar: »Na und?« Wenn sie geantwortet hätte: »Klar, weiß ich!«, dann hätte sie meinen Realitätsbegriff, mein positivistisches Weltbild bestätigt. Hätte sie geantwortet: »Nein, da täuschen Sie sich«, dann hätte ich gedacht, diese Frau lässt sich gerne betrügen. Aber so? Welchen Realitätsbegriff muss sie haben? Das »Na und?« bringt mich vollkommen durcheinander. In meinem Verständnis geht es hier um Sein oder Nicht-Sein, aber ihr ist es offenbar egal, ob ein Heiler trickst oder nicht. Was hat diese Frau für einen Wahrheitsbegriff?

Ich muss viel darüber nachdenken und frage mich, ob es vielleicht daran liegt, dass die Philippinen keinen Descartes* hatten, der ihnen positivistisches Denken beibrachte, und/oder daran, dass bei ihnen keine 300.000 Hexen verbrannt wurden, wie bei uns im alten Europa?

Die Philippinen (zumindest in diesen Kreisen) stehen noch in der Kontinuität des *intuitiven Bewusstseins*. Das »Na und?« zeigt mir, worauf es eigentlich ankommt, wenn es egal ist, ob der Heiler wirklich operiert oder nur so tut: Die Frage der moralischen Verwerflichkeit macht sich in dem Weltbild der Philippinin offenbar nicht daran fest, ob die Mittel wahr oder nicht wahr sind, sondern daran, ob die Motivation für den Einsatz der Mittel – also das Ziel der Handlung – moralisch vertretbar ist oder nicht. Wenn Hühnerblut wirkt – wunderbar, wo liegt das Problem? Die Philippinin versteht den Heiler, wie wir das Schauspiel.

Die Wirklichkeit ist keine Frage der Wahrheit, sondern eine Frage der Wirkung.

** René Descartes (1596–1650), franz. Philosoph und Mathematiker, Begründer des naturwissenschaftlichen Denkens oder der mechanistischen Weltansicht.*

Wirksame Illusionen

Wenn wir ins Theater oder Kino gehen, wissen wir, dass alles, was wir zu sehen bekommen, gespielt ist. Jeder auf der Leinwand oder Bühne ist ein Schauspieler und tut nur so, als wäre er die dargestellte Person. Wir wissen, keine einzige Szene ist echt. Das Blut und die Tränen sind künstlich; alle, die getötet werden, stehen später unversehrt wieder auf; niemand kommt beim Drehen des Films oder im Theater wirklich zu Schaden; keiner springt aus dem 10. Stock, in Wahrheit nur einen Meter außerhalb des Bildrandes, wo er weich und sicher landet. Alles, was wir im Kino und auf der Bühne sehen, ist also nur Lug und Trug. Trotzdem steht niemand auf und sagt: Schluss mit der Scharlatanerie, das ist alles Betrug. Im Gegenteil, wir wollen gar nicht genau erklärt bekommen, mit welchen Tricks der Regisseur arbeitet, wir wollen nur die volle Wirkung seines Schaffens.

Der Betrug wirkt umso besser, je weniger wir darüber wissen, wie er zustande kommt; aber es mindert die Wirkung auch nicht, wenn wir wissen, dass rational gesehen Betrug vorliegt. Würde der Betrug nicht wirken – keiner würde dafür bezahlen. Wir bekommen für unsere Kinokarte nichts Echtes, außer Licht und Schatten. Dennoch bekommen die Zuschauer echte Gefühle. Es gibt Leute, die erregen sich und streiten für oder gegen den Film. Sie weinen, bekommen Schweißausbrüche und Herzrasen, also echte körperliche Symptome, obwohl jedem klar ist, dass der Auslöser ein Fake ist oder – in der Sprache der Mediziner – Scharlatanerie.

Wir gehen ins Kino wegen der Illusion und wollen sie in vollen Zügen genießen. Mit diesem Bewusstsein sollte man auch zum Heiler und Schamanen gehen und nicht auf diejenigen hören, die einem die Illusion kaputtmachen wollen. Die Fähigkeit oder das Wunder unseres Gehirns besteht darin, der Absicht Wirkung verleihen zu können. Wenn der philippinische Heiler die Absicht hat, mich vom Krebs zu heilen, ich ihm aber mit Skepsis begegne, hat er es sehr schwer, mit seiner Performance bei mir Wirkung zu erzielen. Bin ich dagegen von seiner positiven Absicht überzeugt und glaube an seine Kraft, dann lasse ich ihn seine Illusion kreieren und überlasse es seiner künstlerischen Freiheit, mich zu beeindrucken.

Die Illusion oder den Placeboeffekt (oder wie auch immer wir die virtuelle Wirkung der heilenden Absicht bezeichnen) moralisch negativ zu bewerten ist für den Heilungsprozess kontraproduktiv. Produktiv ist es, sich dem Heiler hinzugeben, mit der Bereitschaft, sich überraschen zu lassen. Um das dafür nötige Vertrauen zu haben, befasse ich mich mit seinem Charakter, seiner Motivation und seinem Glauben, nicht mit seinen Methoden oder »Tricks«. Wenn mich seine Attribute des Menschseins überzeugen, ist er mein Heiler. Damit verleihe ich ihm die Kraft, die er braucht, um bei mir mit seiner Absicht Erfolg zu haben. Die Wirkung entscheidet, wie der Schamane zu bewerten ist. Es ist der gleiche Maßstab, wie ihn die Filmkritik anlegt: Geht der Film unter die Haut, wird er positiv bewertet; mit welchen Mitteln (»Tricks«) Regisseur, Drehbuchautor und Schauspieler diesen Effekt erreichen, ist eine Frage für Fachleute, die bestrebt sind, sich selbst der Wirkung nicht auszusetzen, sondern sie rational analysieren zu wollen. (Die Trennung von Emotion und Ratio gelingt ihnen aber eigentlich nicht.)

Wer einem Schamanen vorhält, er sei ein Scharlatan, der sollte die Rolle einmal tauschen und sich einen Medizinmann aus einem unzivilisierten Land vorstellen, der zum ersten Mal in seinem Leben ins Theater geht. Vielleicht durchschaut dieser Indigo das Theater und bezichtigt unsere Schauspieler der Scharlatanerie. Vielleicht regt er sich auf, weil er sieht, dass die Meister auf der Bühne nur so tun, als würden sie sterben, oder weil sie vorgeben, jemand zu sein, der sie in Wirklichkeit gar nicht sind. Der Mensch aus der Dritten Welt würde zu Hause erzählen, dass es in der Zivilisation Veranstaltungen gibt, in denen von Anfang bis Ende gelogen wird, und die Zuschauer zu alldem auch noch applaudieren. Theater käme ihm so lächerlich vor wie einem deutschen Professor die philippinische Heilkunst.

Natürlich, wir würden den »Wilden« beruhigen und ihm sagen, dass er das Wesen des Theaters nicht richtig verstanden habe. Genauso, wie die philippinische Frau mit ihrem »Na und?« mir klar machte, dass ich nicht richtig verstanden habe, was Schamanismus eigentlich ist. Viele reden bei Schamanismus über Geister und höhere Kräfte, in Wahrheit aber wissen sie nicht, wovon sie reden, und wissen offenbar auch nicht, wie unser Gehirn funktioniert. Dem Gehirn »genügt« eine Illusion, um etwas Körperliches auszulösen. Es bedarf keiner realen Aktion, keiner verabreichten Chemie, keiner Strahlen, um Gehirnfunktionen in Gang zu setzen.

Wir materialistisch ausgerichteten Menschen tun uns mit dieser Erkenntnis sehr schwer und es wird wohl Generationen dauern, um die Kraft des Geistes in uns zur Blüte zu bringen. Vorerst sind noch viele Kompromisse mit dem materialistischen Weltbild nötig, um Heilerfolge zu erzielen.

Das Philippinische Wunder

Wie ist es überhaupt zu den Operationen ohne Messer auf den Philippinen gekommen? Bis 1965 wurde ähnlich gut massiert wie auf Hawaii. Es war wunderbar, zu erfahren, wie die schnellen Finger des Masseurs den Körper abtasteten und blind die neuralgischen Punkte fanden, um dort mit schmerzender Intensität die Energieblockaden zu lösen. Danach fühlte man sich durch und durch regeneriert. So haben auch die Masseure von Baguio gearbeitet, bis Toni Powell diese Massagekunst mit

Blut kombinierte und »psychische Operation« nannte. Auf diese Idee hatten ihn aber nicht etwa seine Landsleute gebracht, sondern seine ausländischen Kunden, die ihm auf seiner Liege detailliert ihre Krankheitsgeschichten erzählten. Dabei war ihm aufgefallen, mit welcher Ehrfurcht sie von ihren Operationen sprachen.

Mit seinem Bild vom Menschen als geistiges, energetisches Wesen hielt er viele OPs für vollkommen unnötig und falsch, denn er konnte durch energetische Berührungen seiner Patienten Fehlfunktionen auflösen, die bei uns durch Herausschneiden beseitigt werden. Im Vergleich zu solchen OPs wurde seine energetische Arbeit aber nicht entsprechend gewürdigt. Die Suggestionskraft einer OP war wesentlich höher als die seiner Massage, auch wenn er dafür viel Lob erhielt. Den richtigen Ernst bekamen seine Behandlungen aber erst, als Blut mit ins Spiel kam. Blut hatte für den Menschen schon immer eine archaische Tiefenwirkung. Menschen, die Blut sehen, fallen in Ohnmacht, schreien oder laufen davon. Blut berührt in unserer Seele Tiefen, an die so schnell keine andere Maßnahme herankommt.

Dieses Potenzial hatte Toni Powell nutzen wollen und sich die Fertigkeit angeeignet, Massage und Blut so zu kombinieren, dass es nach einer OP aussah. Er zeigte seinen Patienten Gewebe-, Fleisch- und Knochenteilchen, die er ihnen an ihren neuralgischen Stellen aus dem Körper »herausoperiert« hatte, und warf sie mit der Geste der Endgültigkeit in den Abfalleimer. Weg war der Krebs, weg waren die Rückenschmerzen, weg war die Dauermigräne und so weiter. Schlagartig stiegen seine Heilerfolge um das Vielfache. Hatten die Patienten einen stabilen Glauben, dann gab es auch keine Rückfälle und die Erfolgsquote stieg weiter an. Seine Bezeichnung »psychische OP« beschreibt den Vorgang im Grunde richtig. Einige, die nach einer solch virtuellen OP gesund die Praxis verließen, später aber an ihrer Genesung zu zweifeln begannen, fielen dadurch nach dem Motto »Was nicht wahr sein kann, ist auch nicht wahr« wieder zurück in ihren alten Krankenstand.

Tonis Erfolg sprach sich so schnell herum, dass er Zulauf aus aller Welt bekam, besonders aus den Industriestaaten, sodass er eine Klinik mit 150 Betten eröffnete, in der er täglich mehrfach auf blutige Weise operierte.

Nach unserem Wahrheitsbegriff war alles, was er machte, eine Fiktion, wie in einem Spielfilm. Ich aber ziehe den Hut vor diesem »Scharlatan« wie vor einem guten Regisseur, der einen starken Film abliefert. Was Toni bot, war eine hervorragende Performance. Wer durch harmlosen Einsatz von Hühnerblut die Selbstheilungskräfte auf so direkte Weise mobilisieren kann, dem gebührt ein Oscar für Geistheilung.

Eine gute Performance ist gute Heilarbeit.

Grotesk ist nur, dass die Verteidiger des materialistischen Weltbildes das Verbot dieser Operationen ohne Messer verlangen, wegen der angeblichen Infektionsgefahr. Ist das nicht zum Lachen?

Wenn man schamanisches Heilen richtig analysieren will, dann muss man sich vor allem die Begleitumstände einer solchen virtuellen »OP« ansehen. Die Heiler in Baguio »operieren« ihre Patienten nicht gleich am ersten Tag. Bis zum OP-Termin finden intensive Gespräche statt, in denen der Patient sich alles von der Seele spricht, was ihn belastet. Die OP ist der für ihre Sorgen alles beendende Schlussakt. Nach der OP fahren die Patienten in der Regel auch nicht sofort wieder nach Hause, erst müssen die Vorsätze für den geänderten Lebenswandel gefestigt werden und in klare Handlungsschritte übersetzt sein. Alles, was zu der Krankheit geführt hat, soll hochkommen, angeschaut und verstanden werden. Die blutige OP ist der Tribut an unsere materialistische Fixierung.

Als ich von den Philippinen zurück bin, ringe ich mit mir, ob ich die Frau besuchen soll, durch die ich dorthin gefahren war.

Was soll ich ihr sagen? Wird sie wieder krank, wenn ich ihr anhand meiner Videoaufnahmen zeige, dass der philippinische Heiler ihr den Krebs nicht wirklich herausoperiert hat? Braucht sie die Illusion, um gesund zu bleiben?

Der Gehirnforscher Prof. Dr. Ernst Pöppel erzählte mir: »Man kann einem Patienten eine Tablette anbieten und ihm sagen, diese Tablette ist ein Placebo ohne jeden Wirkstoff, sie hat aber schon Tausenden von Menschen geholfen und sie wird auch Ihnen helfen. Der Patient nimmt die Tablette und sie hilft ihm tatsächlich.«

Schließlich erzähle ich der Urheberin meiner Reise, die seit über vier Jahren krebsfrei ist, was ich über die philippinischen Heiler herausgefunden habe. Darauf sagt sie: »Das verunsichert mich nicht. Meine Hochachtung für meinen Heiler Lobo bleibt ungebrochen. Wenn er mich nicht materiell, wie Sie sagen, von meinem Krebs befreit hat, dann auf jeden Fall mental und das hatte physisch stärkere Auswirkungen als jede Operation, die ich hier mit dem Messer hätte erhalten können. Lobo hat mich unter meinen vielen Tränen des Kummers so oft zum Lachen gebracht, dass ich meinen Krebs am Ende überhaupt nicht mehr wichtig nahm. Ich nahm nur noch wichtig, dass ich den ganzen, blöden Kummer – entschuldigen Sie das Wort – los werde. Es ist mir so vorgekommen, als klebte der Kummer an mir und zerfresse meine Zellen. Davon hat Lobo mich befreit. Der Kummer war weg und mit ihm ging der Krebs. Wenn Sie jetzt sagen, das war nicht echt, wunderbar, ich kann damit bestens leben. Ich sehe ja, das es echt gewirkt hat.«

»Glauben Sie denn, dass Sie trotzdem gesund geworden wären, wenn Sie vorher gewusst hätten, dass Lobos OP nur Theater ist?«

»Nachträglich schwer zu sagen. Es ist überhaupt schwer, sich in eine frühere Bewusstseinslage zurückzuversetzen und beurteilen zu wollen, was in dieser Lage gewirkt und was nicht gewirkt hätte. Ich war damals ziemlich verzweifelt. Ich erinnere mich gerne an seine Hände und den starken Blick. Er war ein sehr starker, kräftiger Mann – vor allem seelisch sehr warmherzig. – Ich kann Ihre Frage nicht beantworten.«

Tonis Klinik wurde nach zwölf Jahren durch ein Erdbeben schwer beschädigt. Danach kamen erst mal keine Patienten mehr und Toni starb überraschend kurze Zeit später. Der Anfang der OP ohne Messer (der *Psychic Surgery*) war aber gemacht. Ich schätze, dass es in Baguio und Umgebung heute mindestens 30 Heiler wie ihn gibt, die diese Operationen durchführen. Das zeigt, welch große Klientel es für solche Heilmethoden gibt.

Tonis Tochter, die auch Heilerin wurde, fragt mich vor der Behandlung: »Wollen Sie es mit oder ohne Blut?« Ich sage: »Wenn ich es mir aussuchen kann, dann lieber ohne.«

Sie: »Das ist mir auch lieber. Die energetischen Kräfte sind so stark, da bedarf es des Blutes gar nicht mehr.«

»Okay.«

Lhamo Dolkar – Nepal

Seit 24 Stunden liege ich im Zimmer 724 im Seitenflügel des Vaja Hotels in Kathmandu Swayambhu mit hohem Fieber. Ich habe ein großes Pensum vor mir. Ab dem nächsten Morgen will ich hier fünf Tage lang weiter an der Geschichte über Jamgon Kongtrul (siehe das Kapitel »Eine Person – zwei Leben«) drehen, dann über Bangkok nach Rangoon (Burma) zu dem Alchemisten U Shein, von dort über Manila in die Nordphilippinen, und weiter nach Südkorea. (Südkorea ist das einzige Land der Erde, in dem die Schamanen in einer staatlichen Organisation vertreten sind, die dem König untersteht. In Korea gibt es offizielle Ausbildungswege und Prüfungen für Schamanen.) Von dort soll es zurück nach Europa gehen über die USA und Mexiko, eine Mammuttour. Die Tickets für meine Crew und mich sind gekauft. Doch seit zwei Tagen fühle ich mich so elend, dass ich diesen und wohl auch den nächsten Tag nicht werde arbeiten können. Da erhalte ich Besuch von Sai Baba ...

Ich liege allein in meinem Hotelzimmer, als es draußen beginnt, hell zu werden. Plötzlich kommen mehrere Personen herein, von denen ich einige kenne, unter anderem die Inhaberin des Hotels und zwei andere Gesichter. Dazwischen steht zu meiner großen Verblüffung Sai Baba in seinem orangefarbenen langen Kleid. Die Gruppe bleibt am Fußende meines Bettes stehen. Ich kämpfe mit meiner Wahrnehmung: Ist das alles nur ein Traum? Aber ich bin doch wach und nehme das real existierende Hotelzimmer in seinem vollen Zustand klar und deutlich wahr! Das kann unmöglich geträumt sein.

Sai Baba tritt aus der Gruppe ein wenig heraus, legt seine Hand auf das Fußteil meines Bettes und sagt: »Du brauchst nicht weit zu reisen, um deinen Film zu machen.« Dann schickt er mir einen versichernden Blick, lächelt und verlässt mit der

Gruppe im Gefolge den Raum. Ich höre, wie die Zimmertür ins Schloss fällt.

Ich will aus dem Bett springen und hinterherlaufen und meinen Kameramann Gerardo aus seinem Zimmer holen, damit er mir sagt, ob für ihn Sai Baba ebenfalls sichtbar ist. Doch es ist wohl nicht nur meine Krankheit und Trägheit, die mich im Bett hält und dem Satz von Sai Baba nachsinnen lässt, sondern auch die Akzeptanz der anderen Wirklichkeit. Ich will sie nicht mit dem Konzept der rationalen Wahrheit überprüfen und zerstören. Wozu? Das wäre unproduktiv. Alle intuitiven Erfahrungen wären mit einer solchen Haltung gefährdet, wenn nicht gar verbannt aus meinem Leben, das viel mehr ist als Rationalität.

Mir wird klar, was Sai Baba gemeint hat. Anderntags bin ich wider Erwarten vollkommen gesund. Ich konsultiere die Airlines und ändere die Weiterreise nur noch bis zu den Philippinen und will von dort wieder nach Europa zurückkehren. Als ich meinen Film zwei Jahre später fertig gestellt habe, hat eine koreanische Schamanin den prominentesten Platz darin, ohne dass ich je nach Korea reisen musste.

Als wir mit unseren Dreharbeiten über die Wiedergeburt des Jamgon Kongtrul fertig sind, treffen wir im Kloster eine Schweizerin, die ein schweres Hüftleiden nicht verbergen kann. Ein Mönch gibt ihr den Tipp, damit zu einer tibetischen Heilerin zu gehen, die unten im Ort wohnt. In der Schweiz hat sie schon einen OP-Termin für ein künstliches Hüftgelenk. Aber warum nicht noch etwas anderes probieren, schaden kann es ja nicht, denkt sie, zumal ihr die OP große Sorgen bereitet. Sie bittet uns, sie mit in den Ort zu nehmen, wenn wir morgen früh zum Flughafen fahren.

Seinen Körper verleihen

Um 9 Uhr morgens, dreieinhalb Stunden vor unserem Abflug, stapfen wir die Betontreppen in den zweiten Stock des Mietshauses an der viel befahrenen Hauptsraße von Bodanath hinauf, genau gegenüber vom Eingang zu der großen Buddha-Stupa* mit den weltberühmten Augen-Paaren, die in alle vier Himmelsrichtungen schauen. Hier wohnt in einem Zimmer mit Küche und Flur die Schamanin Lhamo Dolkar, eine 65-jährige liebevolle, bescheidene Tibeterin, die vor 30 Jahren nach Nepal geflohen ist. Sie galt schon in Tibet seit ihrem 16. Lebensjahr als hoch begabte Schamanin. Sogar der Dalai Lama hat ihre Fähigkeiten in Anspruch genommen und ihr ein Zertifikat verliehen, in dem er sie eine »schamanistische Manifestation kosmischer Kräfte« und »authentische Besetzung der Dorje Yudroma« nennt. Was das heißt, erleben wir gleich:

Wenn sie sich in Trance versetzt, stellt sie ihren Körper der großen tibetischen Yogini** Dorje Yudroma aus dem 14. Jahrhundert zur Verfügung, um hier und heute Menschen zu heilen. Die Wandlung, die sie vor unserer Kamera vollzieht, ist staunenswert. Ihr Gesicht wird breiter, mächtiger, ihre Stimme tiefer und resoluter; ihr ganzer Charakter scheint sich zu wandeln. Sie kleidet sich schließlich auch wie die Yogini – mit einem roten und mit goldenem Brokat besetzten Umhang, einer Krone und einem roten Tuch vor dem Mund.

Ihr Mann, der ihr während der gesamten Zeit assistiert, hat den Altar vorbereitet, Wasserschüsseln aufgestellt und die Gers-

---

* *Die Stupa ist das Symbol für den tibetischen Buddhismus, so, wie das Kreuz für das Christentum. Die Stupa in Bodanath ist die größte der Welt.*

** *Yoginis sind Frauen, die zu ihren Lebzeiten ein hohes Bewusstsein erreicht haben und, seit sie ihren Körper verlassen haben, durch andere Personen zeitweise oder dauerhaft weiterhin agieren, um der Menschheit zu helfen.*

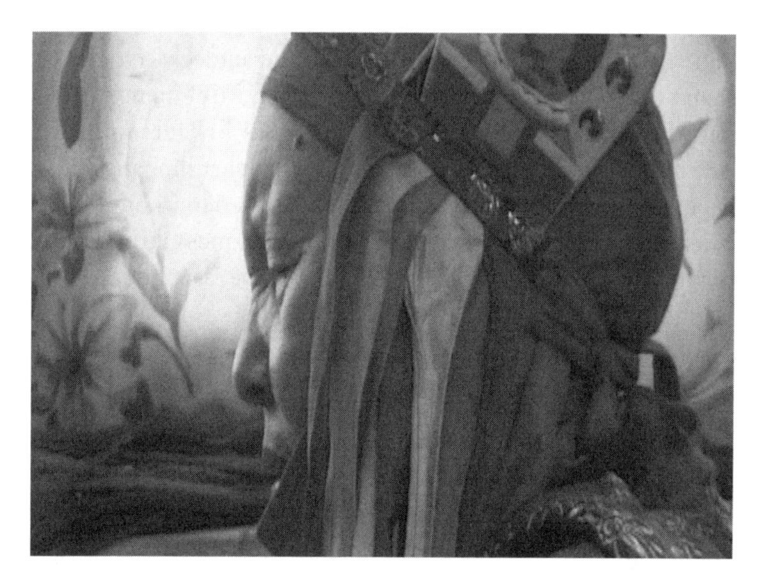

Die tibetische Schamanin Lhamo Dolkar (†) in Trance.

tenkörner in einem Sack gebracht, die durch das Ritual Heilkraft erhalten und von den Patienten als Medizin am Ende mit nach Hause genommen werden. Es haben sich etwa 25 Patienten in dem kleinen Raum eingefunden. Sie sitzen entlang der Wand auf dem Boden und warten darauf, was passiert. Es sind Russen, Holländer, Amerikaner, viele Nepali, drei Tibeter und die Schweizerin mit ihrem Hüftleiden. Eine von den Tibeterinnen ist Lehrerin und übersetzt spontan für uns aus dem Tibetischen ins Englische.

Nachdem Lhamo Dolkar sich in ihre neue Identität eingefunden hat, treibt sie zur Eile. Jeder soll drankommen, bevor sie wieder aus der Trance erwacht. Wer traut sich als Erster? Ein Nepali. Er erklärt ihr kurz sein Problem. Sie schimpft ihn wegen seiner schlechten Lebensgewohnheiten, denn sie ist berühmt dafür, dass sie geheim gehaltene Vergehen ihrer

Patienten in ihrem hellseherischen Zustand aufdeckt. Der junge Mann klagt über schwere Kopfschmerzen. Mit einem stumpfen Messer hackt sie symbolisch in seinen Schädel und ruft laut nach den tibetischen Heilenergien, belehrt ihn, anständig gegenüber Mutter und Nachbarn zu sein – dann kommt der Nächste dran. Die Frau hat etwas am Bauch, muss ihren Pullover lüften. Dolkar beißt ihr regelrecht in die Bauchdecke und beginnt, heftig zu saugen. Plötzlich hat sie etwas im Mund. Ihr Mann hält ihr einen Spucknapf bereit. Sie schaut sich das eklige Teil genau an, dann spült sie sich den Mund aus. Die Frau bekommt Gerstenkörner mit einer Dosierungsanweisung. Dem Russen saugt sie vampirartig einen Stein aus dem Hals.

Schließlich komme ich dran. Ich habe Schmerzen im Knie, die mir auch nicht durch eine Meniskusoperation genommen wurden. Sie setzt ein kleines Kupferrohr neben der Kniescheibe an und bohrt es so fest in die Haut, dass es mehr wehtut als alle Schmerzen, die ich dort je hatte. Durch das Röhrchen saugt sie eine dicke schwarze Soße aus meinem Knie ab. Mir ist nicht wohl dabei. Auch ich bekomme am Schluss Körner, von denen ich dreimal täglich fünf Stück gut kauen und schlucken soll. Die Schmerzen im Knie sind nach drei Tagen weg – und zwar alle, auch die, die ich vor der Behandlung hatte! Ich kann nicht sagen, womit das zu tun hat; ich weiß nur so viel: Wenn ich gesagt hätte, ihre Behandlung habe nicht geholfen, dann hätte sie mich noch ein zweites Mal so schmerzhaft behandelt, und das wollte ich mir um Himmels willen ersparen. Mein Knie sah das auch so und war geheilt. Vermutlich hat in meiner Psyche genau das gewirkt, was ich schon über die philippinischen Heilmethoden sagte: Die Performance von Dolkar ist für meine Psyche so heftig gewesen, dass ich mich der beabsichtigten Wirkung nicht mehr entziehen konnte.

Es verwunderte mich auch nicht mehr, als eine Kinobesucherin mir Folgendes berichtet:

»Salzburg, den 2. Feb. 2002. Lieber Clemens Kuby, warum ich schreibe: Zuerst wollte ich Sie anrufen, aber meine Freunde haben mich überzeugt, Ihnen zu schreiben. Ich musste aber noch einige Zeit verstreichen lassen, um sicher zu sein, dass das, was geschehen war/ist, auch wirklich geschah. Genug der Geheimnistuerei, ich möchte bestätigen, dass mir in Ihrem Film bei den Szenen mit der tibetischen Heilerin Lahmo Dolkar mein krankes, schmerzendes, seit Monaten immer unbeweglicher werdendes linkes Knie geheilt wurde. Es war, als wäre ich in die Szene hineingezogen worden – die Intensität meiner Gefühle für die Schamanin war so stark! Ich erlebte ihren Schmerz, ihre Erschöpfung, ihre bedingungslose Hingabe, aber auch die Schmerzen, die Sie hatten. So können Sie sich mein Überwältigtsein vorstellen, als ich am anderen Tag bemerkte, dass ich wieder normal, ohne Schmerzen gehen konnte. Nun dachte ich, abwarten, ob es hält. Ja – es hält!! Es war eine schamanische Geistheilung – ich bin unendlich dankbar. Die geistige Welt steht tatsächlich offen.

Mit herzlichen Grüßen
Ihre Catarina M.«

Dieser Brief ist für mich eine Bestätigung dafür, dass wir in erster Linie geistige und nicht körperliche Wesen sind. Auch die Schweizerin, mit der wir zu Lhamo Dolkar gingen, ist ein Hinweis darauf. Sie hat ihren OP-Termin kurz vorher absagen können. Nachdem die Schamanin auch ihr mehrmals aus der Hüfte eine dicke, schwarze Substanz herausgesaugt hatte, spielte es für sie keine Rolle, dass die Behandlung ein Trick war, denn er zeigte Wirkung. Real wäre eine solche Behandlung natürlich Folter gewesen – zum Glück war es aber ein Trick. Wer zum Schamanen geht, besucht einen Performance-Künstler. Für wen dieser gut oder schlecht ist, entscheidet die Wirkung.

Natürlich kann ich mich dieser Wirkung verschließen, wie gegenüber jedem Kunstwerk, aber dann brauche ich erst gar nicht hinzugehen. Ich bin bei Lhamo Dolkar in der Lage gewesen, meine Skepsis so weit zurückzustellen, dass ihr unbedingter Wunsch, die Schmerzen mögen mich verlassen, bei mir so angekommen ist, wie sie es aus tiefstem Herzen gewollt hat. Diese selbstlose Hingabe war so beeindruckend, dass ich mich danach in einem ganz anderen Lebensgefühl wiederfand. Mein Knie war in diesem Zusammenhang bedeutungslos, aber mein Herz quoll über durch diese unerwartete Zuwendung.

Indem Lhamo Dolkar sich mit einer spirituellen Figur, der Yogini, identifiziert, katapultiert sie sich selbst aus den materiellen Anbindungen ihrer körperlichen Existenz heraus und kann so unsere Seele berühren, wo alle Krankheit und alle Heilung beginnt. Schlagartig habe ich dadurch die Bewusstseinsebene gewechselt, weg von allem, was ich jahrelang über mein kaputtes, schmerzendes Knie gehört hatte – hin zu »Der Geist ist alles, kann alles, macht alles – steht weit über der Materie«. Das war das Bewusstsein der Yogini, sozusagen die geistige Ebene pur, wie der Ursprung des Universums.

Heiler und Schamanen berühren die Seele, wo alle Krankheit und Heilung beginnt.

Demut

Keiner der Teilnehmer an Dolkars Trance-Sitzung redet von Fake oder fragt: »War das echt?« Nichts dergleichen, denn die Energie ist echt gewesen. Manche sind schon zum fünften Mal und öfter bei ihr. Der russische Patient hat Lhamo Dolkar früher auf einer Reise durch sein Land betreut und erzählt, dass sie auf diese Art täglich vor vielen Hundert Menschen geheilt habe. Hier behandelt sie in zwei Stunden 23 Leute. Geld nimmt sie keines. Wer draußen für die tibetischen Flüchtlinge spenden möchte, ist dazu herzlich eingeladen.

Mit schmerzverzerrtem Gesicht und spitzen Schreien kommt sie aus der Trance wieder heraus. Ihr liegender Körper windet und bäumt sich dabei auf und nieder, so, als habe sie entsetzliche Krämpfe. Danach ist sie wieder die kleine, bescheidene, liebevolle tibetische Hausfrau. Sie fragt, wie es war. Sie selbst hat keinerlei Erinnerung. Sie packt ihr Kostüm zurück in den Koffer, wäscht sich gründlich Hände und Gesicht und putzt lange ihre Zähne über einer Plastikschüssel, die ihr Mann für sie bereitgestellt hat. Sie lächelt uns alle an, geht hinaus in die Küche und kommt für jeden mit einer Tasse heißem Tee zurück. Wir schauen auf die Uhr: Nur noch 90 Minuten bis zu unserem Flug nach Bangkok. Eine unglaubliche Leistung, denken mein Kameramann Gerardo und ich auf dem Weg zum Flughafen. Wieder einmal haben wir etwas gedreht, worüber wir zum ersten Mal nachdenken, nachdem es schon im Kasten ist. So ergeht es mir oft. Das ist das Beste am Dokumentarfilmen.

U Shein – Burma

Ausreisen ist kein Problem, auch wenn unser Handgepäck, wesentlich größer und schwerer ist als alles, was erlaubt ist. Da hilft aber immer ein bisschen reden und dann sind wir durch, entscheidend ist dabei nur, dass sich niemand für unsere Aufnahmen interessiert. Solange wir aussehen wie Touristen, ist das meistens gewährleistet. Brisanter sind die Einreisen, insbesondere bei unserer nächsten Station, Myanmar. Das herrschende Militärregime hat seinen Staat umbenannt, der vorher Burma hieß und lange eine englische Kolonie war. Die Militärs hatten kurzerhand eine demokratische Wahl annulliert, aus der die Friedensnobelpreisträgerin Aung San Suu Kyi als haushohe Siegerin hervorgegangen war, und sie unter Hausarrest gesetzt.

Es ist zu erwarten, dass der Zoll keine Leute mit professionellem Kameragerät liebt, besonders, wenn sie Westler sind und keine Drehgenehmigung oder sonst irgendeine offizielle Erlaubnis haben. Normalerweise wird man sofort mit dem nächsten Flugzeug zurückgeschickt oder man sitzt tagelang, meistens erfolglos, herum. Im besten Fall bekommt man einen Lieson-Officer an die Seite gestellt, der aufpasst, dass man nur das dreht, wozu man die Erlaubnis erhalten hat, und das ist natürlich immer nur etwas, was der Militärregierung schmeichelt. Aus diesem Grund habe ich gelernt, spontan auf eigene Faust vorzugehen. Denn man darf nie vergessen, dass man es nicht mit Institutionen zu tun hat, sondern immer mit Individuen, samt ihrer Schwächen und Stärken.

Heiler und Alchemist

Durch den Buddhismus als Volksreligion ist es in Myanmar üblich, auf der geistigen Ebene zu heilen. Das westliche Weltbild hat sich noch nicht wirklich durchgesetzt. Das herrschende Militärregime ist zwar nicht buddhistisch motiviert, kann und will gegen die religiösen Initiativen aber auch nicht vorgehen. Der Buddhismus ist viel zu demütig, als dass er dem Regime gefährlich werden könnte. Das Regime hat nur Angst vor filmenden Ausländern, wenn sie sich nicht in einer geführten Touristengruppe bewegen.

In der Straße von U Shein, einem bekannten burmesischen Heiler, dauert es nur ein paar Minuten, bis uns eine Zivilpolizei beim Filmen stoppt. Doch wir werden nicht verhaftet, denn U Shein ist selbst Armeeoffizier gewesen und hat schon hohe Militärs geheilt. Im Zweiten Weltkrieg wurde er zweimal schwer verwundet. Beide Male hatte er, als er im Lazarett lag, Stimmen gehört, die ihm sagten, er müsse aufhören zu kämpfen. Nach der zweiten Verwundung, die stärker war als die erste, warnten ihn die Stimmen, dass er beim nächsten Gefecht, was er mitmacht, fallen würde, wenn er nicht auf sie hören und weiter kämpfen würde. Aber sie sagten auch: Wenn du aufhörst, wirst du dich selbst und andere heilen können.

Er konsultierte einen Lama, der sein ständiger Lehrer wurde und der ihm erklärte, dass seine Stimmen Devas seien, die barmherzigen Schwestern aus dem Jenseits, und dass er gut daran täte, ihrem Rat zu folgen. U Shein verließ daraufhin die Armee, begann zu meditieren und die Lehren Buddhas zu studieren. In seinen Träumen übermittelten ihm die Devas ein Rezept, das er nicht verstand. Da er weder Chemiker noch Mediziner war und über keinerlei Heilwissen verfügte, schrieb er die Anweisungen von Traum zu Traum mit. Erst nach 14 Jahren war das Rezept komplett und er konnte ein Mittel herstellen, das er *Gold Ash Powder* nannte.

Die Basis dafür sind zehn verschiedene Metalle, die bei sehr hohen Temperaturen von speziell hitzetrainierten buddhistischen Mönchen in einem ganz bestimmten Mengenverhältnis miteinander verschmolzen werden. Ein hoher Anteil besteht aus Gold und normalerweise entstehen bei diesem Prozess sehr giftige Schwermetalle. Zwei renommierte medizinische Institute in Singapur und Hongkong haben *Gold Ash Powder* unabhängig voneinander auf giftige Spuren der verwendeten Metalle untersucht und bestätigt, dass nichts Giftiges nachzuweisen ist – für Chemiker ein unerklärliches Phänomen. Viele nennen deshalb diesen Herstellungsprozess Alchemie.

U Shein zeigt mir einen schwarzen kleinen Stein und sagt, es handele sich dabei um den »Stein der Weisen«, den ihm die Devas eines Nachts unter sein Kopfkissen gelegt haben. Dieser Stein ist ein Katalysator beim Schmelzen. Die dabei entstehende Legierung wird für Monate in fermentierte Früchte eingelegt. Dabei verwendet U Shein nur mindestens zwölf Jahre alten schottischen Whisky. Danach werden Flüssigkeit und Feststoffe getrennt und einerseits Tabletten unter Zugabe von Kräutern und andererseits Tropfen hergestellt.

Zutaten, Energieeinsatz und Zeitaufwand machen die Herstellung dieser »Medizin« teuer und langwierig. An einzelnen Herstellungsschritten arbeiten zwei Helfer, die U Shein dafür regelmäßig in Trance versetzt. In diesem Zustand sind sie völlig schmerzunempfindlich, sodass jemand schon zum Test auf ihren Armen Zigaretten ausgedrückt hat. Die Wunden sind vernarbt und deutlich zu sehen. U Shein sagt, dass sie in diesem Trancezustand ihre Handlungsanweisungen von den Devas für ihre Arbeit erhalten.

Nachdem sich U Shein nach seinen Verletzungen mit dieser Medizin ein halbes Jahr lang selbst behandelt hatte, konnte er seine Finger wieder bewegen, obwohl deren Nerven durchgetrennt waren, und außerdem hörten etliche Schusswunden,

Der Alchemist und Heiler U Shein mit seinem »Wundermittel«.

die er mir zeigte, auf, ihn zu quälen. Heute ist er 70 Jahre alt und topfit. Zum Beweis geht er tief in die Hocke und streckt abwechselnd seine Beine rhythmisch schnell wie russische Kosakentänzer, dann springt er aus dem Stand auf einen Tisch und stemmt große Gewichte, die junge Männer kaum heben können. Besonders stolz ist er auf seinen Sohn, der dank regelmäßiger Einnahme von *Gold Ash Powder* solche Muskeln entwickelt hat, dass er »Mister Universum« wurde.

Inzwischen behandelt U Shein mit *Gold Ash Powder* fast alle Krankheiten, die ihm begegnen. Als Aids zur größten Geisel im benachbarten Bangkok wird, wendet er es auch dafür an und erzielt verblüffende Erfolge. Er nimmt nur Patienten, die eine Krankenhaus-Diagnose mitbringen und sich nach ihrer Heilung wieder im Krankenhaus testen lassen. Ich habe Blutuntersuchungsberichte von Patienten gesehen, die mit

HIV-positiv kamen und nach drei bis vier Monaten mit HIV-negativ gingen.

Das ist aber nur die eine Seite der Heilung, die wichtigere ist mir erst später klar geworden, die ich im Film aber nicht zeigen konnte: U Shein gibt normalerweise seinen »Trumpf« – die Behandlung mit *Gold Ash Powder* – nicht aus, ohne vorher mit den Patienten ausführliche Gespräche geführt zu haben. Alle Probleme müssen auf den Tisch und der Patient muss sagen, was er an seinem Leben, seinen Gewohnheiten, überhaupt an seinem Verhalten ändern möchte. Damit er das schafft, bekommt er eine kleine Menge Tabletten, und zwar nur so viel, dass er spätestens nach einer Woche wiederkommen muss (bei Patienten aus dem Ausland macht er Ausnahmen), und er kann sehr »militärisch«-ungemütlich werden, wenn der Betreffende noch nicht damit begonnen hat, seine Vorsätze in die Tat umzusetzen. Spätestens nach zwei Monaten sollten entscheidende Lebensverbesserungen realisiert sein. Meistens ist dann auch die Behandlung mit seinem Mittel abgeschlossen und die Krankheit oder das Problem gelöst.

Bei diesen intensiven Gesprächen geht es um die Moral des Patienten, die stark kulturell geprägt ist. Es geht zum Beispiel darum, wie viel jemand betet, was er betet und wofür er betet, zu wem er betet, zu welchen Zeiten er betet usw. U Shein überprüft, in welcher Weise sich seine Patienten im positiven Sinne programmieren. Mit dem Beten sollen sie sich mehrmals täglich ihrer selbst gewählten Vorsätze vergewissern.

Es war beeindruckend, zu beobachten, wie ernst es den Patienten und U Shein darum ging, eine konsequente religiöse Praxis als Gegengewicht für das Krankheitsbild zu entwickeln. Innerhalb des energetisch-buddhistischen Weltbildes hat das Krankheitsbild hauptsächlich mit dem Charakter des Patienten zu tun. Insofern sind alle Neuprogrammierungen, die für die Heilung erforderlich sind, Charakter bildende Maßnahmen. In jedem Fall machen diese Gespräche dem Patienten seine Defizite deutlich: Intrigen, Sex, Drogen, Missgunst, Eifersucht, Neid – alles kommt zur Sprache und muss behandelt werden, wenn *Gold Ash Powder* wirken soll. U Shein lässt, wenn es ums Gesundwerden geht, keine Kompromisse gelten – und das wirkt.

Natürlich spricht er auch über die Entstehungsgeschichte seiner Tabletten, was wiederum seine Wirkung nicht verfehlt. Betrachtet man dieses Spezialmittel unter dem Blickwinkel des energetischen Weltbildes, dann steckt in jeder Tablette enorm viel Heilungswille, Hingabe und Engagement, sodass allein dies ein Kraftpaket darstellt, das die Immunstärke wesentlich verbessert. So gesehen ist es auch nicht mehr vollkommen verwunderlich, dass U Shein offensichtlich auch Aids heilen kann. Will man mit ihm über die westliche Aids-Forschung sprechen, hört er nicht zu, winkt ab, obwohl er sich schon viel damit befasst hat. Sein Menschenbild ist so anders als das der westlichen Aids-Forscher, dass ihm ein Dialog zwecklos erscheint. Er sieht den Menschen als energetisches Wesen, das sich einen Körper als zeitweilige Wohnung sucht.

Besetzungen

Viele Probleme seiner in der Mehrzahl weiblichen Patienten sieht U Shein darin begründet, dass noch andere Wesen in ihnen wohnen, welche im Konflikt mit dem Hauptwesen stehen, dem der aktuelle Körper gehört. Sobald er das Hauptwesen in Trance versetzt, wird das Zweitwesen sichtbar, sagt er. Eine kleine Handbewegung genügt – und seine Patienten fallen reihenweise in Trance. Sie gebärden sich dabei teilweise so heftig, dass man sich um ihre Unversehrtheit sorgt. In mehreren Fällen habe ich miterlebt, wie der Körper sich aufbäumt, herumwirft, zum Teil in die Luft schnellt (wofür es keine physiologische Erklärung mehr gibt), hart wieder auf dem Holzboden aufschlägt, vielfach auch mit dem Kopf zuerst; manche schreien und schluchzen dabei; die Person ist sozusagen außer sich.

Der ganze Hypnose-Spuk ist sofort vorbei, wenn U Shein jeden Einzelnen mit wiederum einer kleinen Handbewegung und sanften Worten zurückholt. U Shein erklärt dann, von welchem Wesen der Patient/die Patientin besetzt ist. Meist sind es Personen aus ihrem früheren Leben: Vater, Mutter oder der Ehepartner, mit dem der Patient/die Patientin noch eine Rechnung offen hat.

U Shein sagt, er sei nur sehr selten in der Lage, das störende Zweitwesen wegzuschicken, denn es gehe nur freiwillig und wolle seinen Preis dafür. Zum Beispiel: Der Ehemann aus einem früheren Leben ist heute noch eifersüchtig und bereitet seiner Frau in ihrem derzeitigen Leben erhebliche Schwierigkeiten mit dem neuen Partner. Es wird mit ihm vereinbart, dass die Frau verspricht, noch für eine gewisse Zeit keusch zu leben und sich dem früheren Ehemann gegenüber ehrerbietig in ihren Gebeten zu erweisen, mit der Bitte, von ihr loszulassen. Etwa nach einem Jahr kann U Shein bei der Patientin einerseits durch den Trance-Test, andererseits durch das Verschwinden der sie störenden Symptome feststellen, dass die Besetzung durch das andere Wesen beendet wurde. Durch solche Maßnahmen hat er bei anderen Patienten bewirkt, dass beispielsweise Asthmaanfälle oder Migräne verschwunden sind.

Bevor ich abreise, möchte U Shein, dass ich ihm verspreche, in Deutschland zu heilen, und schenkt mir *Gold Ash Powder* in fester und flüssiger Form. Ich erkläre ihm, dass ich Filmemacher bin und man außerdem in Deutschland nicht so wie in Myanmar Heiler sein könne. Er gibt es mir trotzdem mit.

Tabletten allein heilen nicht

Kaum bin ich wieder zu Hause, klingelt das Telefon und die Freundin eines Musikers, mit dem ich sehr eng zusammengearbeitet habe, berichtet, dass ihr 18-jähriger Neffe in Kroatien einen Gehirntumor habe, der nicht operiert werden könne und weiterwächst. Sie hat von U Shein schon viel gehört und ihn 1998 auf dem 4. Schamanen-Kongress in Alpbach gesehen. Sie glaubt an *Gold Ash Powder* und bittet mich, es ihr für ihren Neffen zu geben. Dem sagt sie: »Nimm das und du wirst wieder gesund.«

Dreimal kommt sie, um Nachschub zu holen, und meldet nach drei Monaten, der Gehirntumor ihres Neffen entwickele sich zügig zurück, bald sei er ganz frei davon. Alle freuen sich sehr, vor allem der Junge selbst: Endlich kann er seine Pubertät nachholen und das Leben in vollen Zügen genießen. Er besucht seinen alten Freundeskreis, fängt wieder zu rauchen an, geht nachts viel aus, trinkt Alkohol, er lässt, wie man so sagt, die Sau raus und macht aus seinem wiedererlangten Leben eine Dauerparty. Nach zwölf Monaten kommt der Krebs zurück und drei Wochen später ist er tot.

Was ist da passiert? Offenbar war seine Tante für ihn eine Autorität, wie U Shein für seine Patienten. Vermutlich hat sie im Wesentlichen mit ihrem unzweifelhaften Gebot »Damit wirst du wieder gesund!« seine Selbstheilungskräfte mobilisiert. Die Tabletten erinnerten ihn täglich an diese Prophezeiung. Als er schließlich gesund war, fiel die Autorität weg, ohne dass er selbst aus eigenem Entschluss ein neues, gesundes Leben zu führen begann. Die notwendige Lebensveränderung, worauf seine Seele gehofft hatte, blieb aus. Das Motiv für die enorme Leistung, die Selbstheilungskräfte in einer so durchschlagenden Weise zu mobilisieren, ist dem Neffen durch die willensstarke Tante gegeben

Heilung will gelebt sein.

gewesen, sodass sein Gehirn bzw. seine Zellen genau das taten, was für eine so genannte Spontanheilung notwendig ist. Wäre sein Motiv nicht nur an die Autorität der Tante gekoppelt gewesen, sondern von ihm selbst getragen worden, dann würde der Neffe sich vermutlich heute eines gesunden Lebens erfreuen.

Ich bin mir der Problematik einer solchen Vermutung natürlich bewusst, aber ich kann umgekehrt feststellen, dass Menschen, die nach einer Heilung gesund blieben, ihr Leben geändert haben. Ich kenne keine einzige Erfolgsstory im Schamanismus, bei der nicht eine bedeutende Veränderung des Lebens stattgefunden hat.

HiAh Park – Korea

Eine solche Story ist Uwe. Uwe hatte eine starke Affinität zu Drogen. Wann immer das Leben langweilig wurde und Frust aufkam, griff er danach. Es begann mit Zigaretten, steigerte sich zu Kokain und anderen harten Drogen.

Während eines kurzen Reiseaufenthalts trifft er eine Freundin, die ihn überredet, mit auf eine Schamanenveranstaltung zu kommen, statt irgendwo herumzuhängen. Uwe hat aber mit Schamanismus nichts am Hut, wie er sagt, geht aber mit. Sie kommen zu spät und stehen hinter einem Kreis von zirka 50 Personen, in dessen Mitte eine koreanische Schamanin tanzt oder, wie Uwe meint, »Bodenübungen« vorführt. Im Publikum sitzen noch weitere zwölf Schamanen aus aller Welt, darunter auch Don Agustin aus Amazonien/Peru, Papa Elie aus Burkina Faso/Afrika und U Shein aus Myanmar (Burma), denen hier im Buch jeweils ein eigenes Kapitel gewidmet ist.

Mit ihrem Tanz versucht die Koreanerin auf unorthodoxe Art, ihre Kollegen aus den unterschiedlichsten Kulturen zum Mitmachen zu animieren. Sie setzt sich in ihrem weißen, hautengen Body auf deren Schöße, umarmt sie und rekelt sich zum Teil in erotisch provozierender Weise. Dabei bemächtigt sie sich der Kopfbedeckungen ihrer Kollegen, die bei Schamanen einen hohen rituellen Wert haben. Entsprechend entsetzt fallen die Reaktionen aus. Welcher König lässt sich schon die Krone vom Kopf nehmen? Ohne Krone kein König, und Schamanen fühlen sich auch oft wie kleine Könige. Viele fühlen sich sogar als Herrscher einer geistigen, höheren Welt.

Die Koreanerin HiAh Park lässt sich von dem Konflikt, den sie provoziert, nicht ablenken. Sie setzt unbeirrt und kraftvoll ihren Tanz fort. Plötzlich greift sie sich im Publikum einen jun-

Die tanzende Schamanin HiAh Park aus Korea provoziert.

gen Mann aus der hintersten Reihe und zieht ihn mit sich auf die Mitte der Bühne. Es ist Uwe.

Uwe fühlt sich scheußlich, mehrmals will er ihr entkommen, aber die kleine, zierliche Frau weiß ihre Kräfte einzusetzen, ringt ihn zu Boden und hält ihn dort fest. Uwe fügt sich und HiAh Park versucht, ihn in Trance zu versetzen, was ihr erstaunlich schnell gelingt. Ohne Trance-Zustand können nur wenige von ihrer linken auf die rechte Gehirnhälfte umschalten, von der die Heilung ausgeht. Dafür balanciert HiAh Park nicht nur seine Energien, sondern auch noch alle anderen im Raum mit aus.

Die schamanische Arbeit der Koreanerin besteht nun darin, den jungen Mann mit seiner Seele zu verbinden. Andere sprechen von der Verbindung zu Gott oder zu Allah oder zum Heimatplaneten, letztlich meinen aber alle dasselbe Unfassbare, das ein Teil von uns ist. HiAh Park selbst befindet sich ebenfalls in einem ekstatischen Trancezustand. Sie liegt halb über Uwe und fleht schreiend seine verletzte Seele herbei. Von ihren Kollegen an den Armen gehalten, spreizt sie die Beine, als würde sie seine Seele unter großen Schmerzen gebären müssen. Der neuseeländische Medizinmann der Maoris kann dieses weibliche Verhalten mit seinem Bild der Frau nicht mehr vereinbaren.

HiAh bleibt vollständig auf Uwe konzentriert und schenkt ihm ihr bedingungsloses Mitgefühl, obwohl dieser Mensch ihr vollkommen fremd ist. Sie agiert unmittelbar von Seele zu Seele. Uwe empfindet eine Tiefe, die er weder gewollt noch gesucht und so intensiv noch nie erfahren hat, wie er später erzählt.

Er liegt die ganze Zeit über regungslos mit geschlossenen Augen auf dem Boden, während die Schamanin ihn betanzt. Es sieht aus, als habe er seinen Körper verlassen. Muss man sterben, um den wahren Frieden zu finden, fragen sich die übrigen Teilnehmer? Muss man den Körper verlassen, um an den Ort zu gelangen, wo jeder Konflikt und aller Hass ein Ende haben? Obwohl viele der anderen Schamanen HiAhs Art kritisieren, erlebt Uwe einen nie gekannten Frieden, das Nirvana im Hier und Jetzt. Er tauscht auf einer überirdischen Ebene mit der Schamanin eine Liebe aus, die keine Bedingungen stellt, nicht einmal die, sich zu kennen.

Muss man den Körper verlassen, um wahren Frieden zu finden?

Die kolumbianische Heilerin Roika hat Angst, Uwe würde sterben. HiAh spürt diese Angst, auch wenn sie sie selbst nicht teilt, ruft aber Roika und eine indische Heilerin herbei, um Uwe zurück in seinen Körper zu holen. Für viele im Kreis fühlt es sich an, als geschehe dies in letzter Minute. Die Spannung ist unerträglich. Draußen vor dem Haus beginnen Hunde zu bellen, die Pferde in den Boxen wiehern laut und schlagen um sich. Die Kühe im benachbarten Stall brüllen. Daraufhin verlässt der südafrikanische Schamane Percy auf Geheiß seines Meisters den Raum, um draußen für »Ruhe« zu sorgen.

Don Agustin stellt später fest: »Die Luft war mit einer schrecklichen Energie geladen. HiAh hat nicht nur die Seele von Uwe zurückgeholt, sondern zugleich unendlich viele Seelen erlöst, die in diesem Gebäude seit Jahrhunderten gefangen waren.« Diese Veranstaltung findet nämlich in einem ehemaligen Klosterhof statt, in dem es Zeiten gegeben haben soll, die von Mord und Zerstörung geprägt waren. Das alles soll jetzt, in diesem Moment aufgebrochen sein, so intensiv beschäftigen sich alle im Raum mit der Seelenebene. Alle haben irgendwie dazu beigetragen, dass mit einem Mal draußen und drinnen wieder Frieden herrscht und Uwe die Augen aufschlägt und lächelt. Die Freundin, die ihn zu diesem Abend überredet hatte, stürmt erleichtert auf ihn zu, hilft ihm auf die Beine, umarmt ihn und ist glücklich. Alle Anwesenden stimmen mit HiAh Park in einen Freudentanz ein, an dem sich auch Uwe zaghaft, wie ein neugeborenes Kind, beteiligt. Er kann noch lange nicht fassen, was er da erlebt hat.

Am nächsten Morgen frage ich ihn: »Wie fühltest du dich, als die Schamanin dich in die Mitte geholt hat?«

»Ich habe mich total gewehrt dagegen, dass da irgendetwas mit mir gemacht wird, weil mir das alles viel zu blöd war mit den ganzen Leuten drumrum. Mir war das super, super unangenehm. Aber ich hab dann gemerkt, dass ich mich dagegen gar nicht wehren konnte, dass da einfach etwas mit mir passiert, worauf ich keinen Einfluss mehr habe. Ich denke, ich habe meinen Körper verlassen. Also, ich hab das Gefühl gehabt, als wäre ich nicht in meinem Körper.«

»Ging das sofort los?«

»Ja/Nein. Na, ich hatte kein Zeitempfinden mehr. Ich weiß noch, dass ich mit meinem Ich alleine war. Da war mir wieder bewusst geworden, dass mein Körper eigentlich gar nichts mit meiner Seele zu tun hat.«

»Was denkst du, was HiAh Park mit dir gemacht hat?«

»Das frage ich mich immer noch. Das Merkwürdige ist, ich fühle mich sehr, sehr clean jetzt, so von innen heraus. Also, ich hatte ziemliche Lungenprobleme gehabt – ich kann jetzt wieder sehr tief durchatmen. Ich rauche nicht mehr seitdem, freiwillig, also, obwohl ich Kettenraucher gewesen bin – vielleicht fang ich es ja auch wieder an – aber im Augenblick habe ich kein Interesse, irgendwie zu rauchen oder irgendetwas, was ich nicht für gut halte, in meinen Körper zu lassen. Das hat mir niemand gesagt, das mache ich einfach so von mir aus. Es käme mir total idiotisch vor, wenn ich jetzt noch rauchen würde oder sonst irgendetwas für mich Schädliches machen würde. Ich bin jetzt sehr viel friedvoller drauf so; viel ruhiger und viel lebensbejahender – eigentlich, ja.«

Während Uwe sich seiner neu gewonnenen Gesundheit erfreut, verteidigt HiAh sich vor ihren Kollegen für ihre Tabuverletzung: »Wir reden über Tabu. Ich glaube, ich bin als Asiatin mit zu vielen Tabus aufgewachsen. Vielleicht bin ich deshalb eine Schamanin geworden. Schamanen – glaube ich – sind dazu da, Tabus herauszufordern für die Freiheit, für neue Erkenntnisse, was anders sein könnte. Für eine asiatische Frau ist es zum Beispiel ein großes Tabu, das Becken zu bewegen oder – wie der Maori sagt – die Beine zu spreizen. Das ist ein ganz großes Tabu. Aber ich nehme das Risiko auf mich und bereue nichts.«

Roika, die Kolumbianerin hakt ein: »Mir tut diese Auseinandersetzung sehr weh, weil ich erkennen muss, dass der Schamanismus zwar eine kosmische Angelegenheit ist, dass wir Schamanen aber auch nur Menschen sind.«

HiAh weiter:

»Wir reden über Schamanismus. Um Schamane zu werden, muss man sterben. Alle diese Krankheiten, verursacht durch unsere schlechten Gedanken oder durch den Teufel oder Viren oder Aids oder HIV, nenne es, wie du willst – du musst den Menschen, der von so etwas betroffen ist, verstehen; du musst wissen, warum nimmt er Drogen. Warum fühlt er sich dazu hingezogen? Er sehnt sich nach einem Ort ohne Konflikt; und an diesem Ort war er. Ich weiß das, denn ich kenne diese Sehnsucht und war selbst an diesem Ort. Ich kann darüber aber nicht sprechen, deshalb tanze ich. Meine Tänze führen immer zu diesem Ort ohne Konflikte. Da ist die Freiheit, von der alle Religionen sprechen. Ich persönlich hätte gewünscht, er wäre sieben Tage und sieben Nächte dort geblieben und bräuchte nie wieder Drogen zu nehmen und würde das wahre Leben leben. Aber ich wollte nicht, dass das Publikum sich ängstigt, er wäre gestorben. Deshalb bat ich die Kollegin, ihn zurückzuholen. Viel früher, als ich es wollte.«

Eineinhalb Jahre später bringe ich HiAh Park und Uwe wieder zusammen: »Uwe, wie geht es dir?«

»Heute, eineinhalb Jahre später, geht's mir super gut. Es erstaunt mich immer noch, was da alles mit mir passiert ist, was das alles in mir ausgelöst hat, wie ich mit Dingen umgehe, wie das mein Leben verändert hat – ja, wirklich unglaublich.«

»HiAh, was ist damals mit Uwe passiert?«

»Als er vollkommen in Trance war – in Korea heißt es Moa –, also in diesem Zustand sah es aus, als wäre er tot. Deshalb warfen mir die anderen Schamanen vor, ich hätte ihn umgebracht. In gewissem Sinn ist das auch richtig, denn die

Angst vor dem Tod, die ein ständiger Kampf mit Krankheiten ist, diese Angst muss sterben.«

»Uwe, hast du danach noch mal eine harte Zeit gehabt?«, frage ich ihn.

»Überhaupt nicht. Mit gar nichts. Also, ich hab seitdem komischerweise wirklich keinen Tropfen Alkohol mehr getrunken, keine Zigarette, keinen Joint, kein Kokain, kein Garnichts.«

»Ist ja fantastisch! Worauf musstest du achten, damit das so bleibt?«

»Auf gar nichts. Das Einzige, was mir auffällt, worauf ich achten muss, ist, dass man auf seine Gedanken achtet, auf das, was man so denkt und wie man mit Dingen umgeht. Das ist das Einzige, worauf man achten soll, und dass man sich auch daran hält.«

»HiAh, was hast du mit Uwe gemacht?«

»Meine Aufgabe ist es, die Seele zurückzuholen. Und das ist bei ihm passiert.«

Uwe: »Ich weiß seitdem, dass man nicht sterben kann, dass das Leben nicht aufhört, dass dieses Leben halt nur ein Teil der Entwicklung ist. Und wenn man dieses Leben beendet hat, dass die Entwicklung dann wieder weitergeht. Ja, das ist das, was ich für mich weiß, wofür mich die Leute für bescheuert oder bekloppt erklären können. Aber das ist etwas, das seitdem ganz tief in mir verankert ist.«

HiAh: »Ich hoffe, die Menschen merken, dass es Medizin nicht nur in der Apotheke gibt. Sobald wir diesen einen Zustand erreichen, verfügen wir selbst über unglaubliche Heilkräfte. Gott gab uns die Fähigkeit, uns selbst zu heilen, und ich hoffe, wir benutzen sie auch.«

Die Reaktion auf diese Hoffnung ist bei den Kinozuschauern von *Unterwegs in die nächste Dimension* sehr heftig. Viele finden diese Fähigkeit bei sich und fangen an, sie zu entwickeln, andere sind weniger selbstbewusst und wünschen sich, geführt zu werden, am liebsten in einer Weise, wie sie glauben, dass Uwe von der koreanischen Schamanin geführt worden ist. Dieser Eindruck kann ein Missverständnis sein, der sich aus der Kürze meines Films ergibt.

Uwe hat sich zwar gegen die Behandlung gewehrt und ist grundsätzlich äußerst skeptisch gegenüber geistiger Intervention eingestellt gewesen, nichtsdestotrotz hat ihn eine starke Sehnsucht nach Heilung umgetrieben, was der Film nur ahnen lässt. Erst als die Schamanin sein skeptisches Ego verführt und dann gebrochen hat, fügt er sich und nimmt die Erfahrung vollständig an. Er nutzt sie fortan als Sprungbrett, um seinen inneren Schweinehund endlich und endgültig zu überwinden.

Uwes Beispiel zeigt wieder: Den Entschluss, sein Leben zu verändern, nimmt einem kein Schamane ab! Diesen Willen muss jeder selbst aufbringen.

Viele glauben, Uwe legte sich hin, die Schamanin tanzte auf ihm herum und nach einer Stunde stand er geheilt wieder auf. Es stimmt zwar, dass Uwe eine Stunde lang eine tiefe Seelenmassage erhalten hat, doch die garantierte ihm nicht den Erfolg. Uwe hätte nach Hause gehen und das Erlebnis genießerisch auf sich wirken lassen können wie eine schöne Bergtour; um sich dann wieder genüsslich eine Zigarette anzuzünden und die alten Drogen-Freunde zu besuchen; er hätte ihnen von dem tollen Schamanenerlebnis erzählen und dann irgendwann wieder in alter Gewohnheit sich einen künstlichen Flash mit Kokain setzen können.

Uwe aber hat Charakter bewiesen. Er trennte sich von seinem alten Freundeskreis, zog sogar weg von seinem bisherigen Wohnort, um ganz woanders komplett neu und sauber zu beginnen. Er setzte großen Willen in den gesunden Umgang mit sich selbst und war wachsam gegenüber seinen alten, schlechten Gewohnheiten. Er duldete sich selbst gegenüber keine Trägheiten und keine faulen Kompromisse mehr mit den alten

Lastern und ließ sich nichts durchgehen. Sich heilen ist in erster Linie eine Charakterleistung.

Viele glauben, wenn sie für einen Workshop viel Geld bezahlen, dann hätten sie sich eine Dienstleistung eingekauft, die bei ihnen einen Schalter umlegt und alle Probleme löst. Einen Workshop oder ein Seminar bei einem Schamanen kann man jedoch nur dazu nutzen, sich selbst in den Hintern zu treten oder – eleganter ausgedrückt – um sich einen Motivationsschub zu verschaffen. So gesehen wird das Geld, das man dem Heiler zuträgt, zum Strafgeld für zu geringen Glauben an die eigenen Heilungsfähigkeiten.

Schamanen haben »lediglich« die Funktion, den Heilsuchenden an seine Fähigkeit der Selbstheilung zu erinnern und sie zu fördern. Viele Leidende sind zu dieser Arbeit bereit, werden aber in unserer Konsumgesellschaft dazu verführt, dem Seminarleiter (dem Schamanen) die Verantwortung für ihr eigenes Heil zu überlassen. Benutzt man eine Veranstaltung über geistiges Heilen zur Bewusstseinsentwicklung, indem man sich ernsthaft Ziele setzt und Entscheidungen fällt, dann braucht man nicht noch weitere esoterische Seminare zu besuchen. Man wird sich vielmehr fragen: Warum habe ich diese lebensverändernden Entscheidungen nicht schon längst getroffen? Die Schamanen und Seminarleiter können nicht wissen, welche Entscheidungen bei mir anstehen, sie können nicht wissen, welche Trauerarbeit ich noch zu leisten habe, sie wissen nur, dass Tränen fließen dürfen, dass Entschlüsse notwendig sind, dass es ohne Mut nicht geht. Schamanen, denen ich vertraue, sind gute Freunde, die sich zutiefst um die Seele kümmern, dort, wo Krankheit und Heilung beginnen, aber den eigenen Entwicklungsprozess können sie einem nicht abnehmen.

Schamanen machen Mut, sich selbst zu heilen.

Wunder erwartet

HiAh Park hat so viel Zuspruch durch den Film bekommen, wie sie es niemals erwartet hätte – und ich auch nicht. Insofern muss ich mir Kritik gefallen lassen. Ich habe unterschätzt, welche Sehnsüchte auf Erlösung das Medium Film wecken kann. Dies ist nicht nur mein Problem, sondern auch ein gesellschaftliches, denn mit unserer Konsumentenhaltung überfrachten wir auch Schamanen mit Erwartungen, die nicht zu erfüllen sind. Viele, die bei HiAh nach dem Film einen Workshop buchten, wollten ein Wunder erleben, so, wie sie glauben, dass es bei Uwe stattgefunden hat. Das Wunder jedoch ist unser eigener Geist, der Meister aller körperlichen Vorgänge mit seinen unerschöpflichen Möglichkeiten. Um es zu erleben, ist bisweilen jemand nötig, der uns daran erinnert. Zulassen müssen wir es selbst.

Wenn jemand in der traditionellen Gesellschaft den Beruf des Schamanen einschlägt, wird seine Entwicklung von den Ältesten begleitet. Diese brauchen selbst keine Schamanen zu sein, sie üben nur ihre Stellung in der Stammesgesellschaft kraft ihrer Lebenserfahrung aus.

Die Ausbildung zum Schamanen ist langwierig und hart. Die Ältesten drücken einen immer wieder in den eigenen Dreck. In der tibetischen Kultur zum Beispiel muss man drei Jahre in einer Holzkiste sitzen, bei den Indianern wird man lebendigen Leibes begraben und bleibt tagelang unter der Erde, nur mit einem Luftröhrchen am Leben erhalten. In jeder Kultur ist die Ausbildung eine schwere katharsische Übung. Meist durchleiden angehende Schamanen schwere Krankheiten und/oder Unfälle. Dabei müssen sie beweisen, dass sie sich selbst heilen können. Diese Heilung ist verbunden mit der Zertrümmerung ihres Egos.

Die meisten Indianerstämme Südamerikas haben beispielsweise keine regulären Medizinmänner oder -frauen, aber wer eine schwere Krankheit überlebt hat, erlangt dadurch diese

Fähigkeit. Jeder im Stamm, der sich einmal selbst von einer sehr schweren Krankheit hat heilen können, wird Vorbild und Ratgeber für die anderen. Mit dieser Methode bleibt die Verantwortung für die Gesundheit bei jedem Einzelnen.

In den tibetischen Neujahrstänzen oder auch bei anderen Kulturen sehen wir Darstellungen der Egozertrümmerung in vielerlei Formen. Da kann es dann schon mal vorkommen, dass um einen Haufen gehacktes Fleisch getanzt wird (inzwischen sind in den meisten Kulturen Tiertötungen überwunden), in den aller noch vorhandener Stolz und verbliebene Hybris hineinprojiziert werden. Auf dem Höhepunkt des Rituals wird das Fleisch dann zerfetzt und weggeschleudert. Es gibt in der tibetischen Kunst auch Werke, die wie Folterszenen aussehen: Das Ego tritt in absonderlichen, hässlichen und eitlen Gestalten auf, die zertreten und zerstückelt werden. (Eine von den Chinesen missverstandene und reichlich für Propagandazwecke ausgeschlachtete Kunst.)

Ist die Ausbildung abgeschlossen, erhält der Schamane die Initiation und darf dann heilen, Ratschläge geben und allgemein für eine spirituelle Ausrichtung der Gemeinschaft sorgen. Aber auch dann lassen die Ältesten ihren Schamanen nicht aus den Augen, denn seine Macht kann enorm wachsen. Entsprechend muss sein Charakter mitwachsen, darauf achten die Ältesten. Sie weisen einen Schamanen für bestimmte Zeiten zurück ins Retreat (Klausur), wenn sie fürchten, dass sein Charakter den Aufgaben nicht standhält. Ein gut erzogener Schamane kennt seine Grenzen selbst und zieht sich von allein zurück, wenn er mit den auf ihn gerichteten Erwartungen nicht mehr umgehen kann.

Wir haben in unserer modernen Mediengesellschaft oft das Problem, dass die Macht eines Einzelnen durch die Verbreitung seines Bildes sprunghaft wächst, aber die Charakterentwicklung diese Sprünge nicht mitmacht. Das Medium Film/Fernsehen ist ein besonders starkes Brennglas für das Ego. Es bläht das

Ego auf, die Selbsteinschätzung und -kritik verkümmern und der Mensch verlässt schließlich den Boden der Realität. Wenn es so weit gekommen ist, muss der Schamane eine neue Katharsis durchstehen.

Viele selbst ernannte Schamanen haben keine Ältesten mehr oder sie sind ihnen über den Kopf gewachsen und entziehen sich ihrer Kontrolle. Sie fliehen in die Popularität und dort werden sie vergöttert. Das stellt unerfüllbare Erwartungen an sie. Die wiederum führen zu Aggression gegen ihre Vergötterer, sie werden arrogant und schließlich missbrauchen sie ihre Macht. In dem Maße, wie die Lichtseite eines Schamanen künstlich aufgehellt wird, verstärkt sich auch seine Schattenseite. Wir sehen das bei Gurus mit ein paar Hundert Schülern und bei solchen mit Millionen Anhängern.

Papa Elie – Burkina Faso

Ein Schamane, der in Deutschland nicht durch meinen Film, sondern durch die *Bild*-Zeitung zu Popularität gekommen ist, heißt Papa Elie und stammt aus Afrika, Burkina Faso. Über ihn wurde verbreitet, er habe dem Schauspieler Günter Strack das Leben verlängert, indem er ihn aus dem Koma holte. Daraufhin erzählte er in einer Talkshow bei Jürgen Fliege, er könne Tote wieder lebendig machen.

Als ich ihn dazu befragte, sagte er, dass er diese Fähigkeit hier in Europa nicht demonstrieren dürfe, weil er dann mit dem Gesetz in Konflikt käme. Wenn ich sehen (und filmen) wolle, wie er das mache, müsse ich ihn in seine Heimat nach Afrika einladen. Dort würde ich erleben und filmen können, wie er Regen macht, Begegnungen mit Ahnen herbeiführt und Tote wieder auferstehen lässt. Eher amüsiert als gläubig fliege ich mit meinem Team nach Burkina Faso, dem ehemaligen Obervolta in Zentralafrika.

Papa Elie, dessen Ticket ich übernehmen musste, ist schon vorausgeflogen und holt uns in Quagadougou mit dem Luxusauto des Abgeordneten seines Bezirks vom Flughafen ab. Am liebsten hat er es, wenn wir ihn mit laufender Kamera auf der Straße und bei seinen Behördenbesuchen begleiten. Überall stellt er uns als das Team des »Deutschen Fernsehens« vor und nutzt die Stunde für große Reden. Wann immer eine Rechnung zu zahlen ist, schaut er mich an. Als wir in sein kleines Dorf kommen, sorgt er dafür, dass jeder dort einen Geldschein von ihm bekommt, damit wir ungehindert drehen können. Er lässt es sich nicht nehmen, die Massenauszahlung meines Geldes in einer Art Huldigung für sich selbst vorzunehmen, wozu sich vor seinem erhöht aufgebauten Stuhl eine lange Schlange bilden muss und jeder den Schein demutsvoll entgegennimmt.

Die Dorfgemeinschaft, die wir zu sehen bekommen, ist faszinierend, die Tänze und Rituale, die einerseits zur Ehre des heimgekehrten Schamanen und andererseits für das »Deutsche Fernsehen« aufgeführt werden, sind beeindruckend. Mir wird nur langsam klar, was es heißt, wenn einer aus dieser afrikanischen Land-Gesellschaft ausgezogen ist und nach 20 Jahren mit einem Fernsehteam zurückkehrt. Er ist der gemachte Mann, zumindest soll es so aussehen. Ohne unsere Filmproduktion würden sich wohl nur wenige nach ihm umdrehen. Wir verhelfen Papa Elie zu großer Popularität bei seinen Landsleuten. Mit pathetischen Worten kündigt er die Zeremonie an, in der er zum Herrscher über Leben und Tod wird.

Er lässt umfangreiche Vorbereitungen treffen und beginnt dann mit einem großen Feuer. Mit der Asche zieht er eine Linie, die mein Kameramann nicht überschreiten darf. Es sei schon vorgekommen, dass sich ein Fotograf bei einer früheren Zeremonie dieser Art nicht daran gehalten habe und kurz darauf gestorben sei. Diese Geschichte wird mehrmals erzählt, um sicher zu sein, dass die Drohung auch verstanden wird. Meinem Kameramann zittern die Knie. Ich brauche ihn aber nicht in Gefahr zu bringen, weil unsere Kamera einen starken Zoom besitzt, was der Schamane wohl nicht bedacht hat.

Dann geht es los. Der Hilfsschamane aus dem Nachbarort bekommt ein Hühnchen in die Hand gedrückt, das er töten soll. Mit seinem stumpfen Taschenmesser säbelt er entsetzlich lange am Hals des Hühnchens herum, bis Blut spritzt, das Hühnchen ihm dabei entwischt, noch mal eingefangen und ein zweites Mal geschnitten wird, worauf es dann endlich tot auf dem Rücken liegt. Die umherstehende Dorfbevölkerung von zirka 80 Leuten applaudiert und feixt.

Nun legt der große Schamane das tote Hühnchen in einen Eimer, überschreitet damit die Demarkationslinie und geht ein paar Meter weiter zum Baum des Lebens, wie er ihn zuvor getauft hat. Er nimmt das Hühnchen wieder aus dem Eimer und

Papa Elie auf Schamanen-Mission in seiner afrikanischen Heimat.

versucht dabei, uns mit seinem Rücken den Blick auf seine Hände zu verstellen; er legt es in eine Astgabel, nimmt dort ein kleines Bündel hinzu, steckt alles wieder in den Eimer und fummelt unter lautem Abra-Kadabra-Gemurmel mit beiden Händen lange daran herum. Dann kommt er mit dem Eimer über die Linie zurück – mit dem Gesichtsausdruck eines Lausbuben, der etwas ausgefressen hat. Nun zieht er plötzlich ein lebendiges Hühnchen aus dem Eimer und wirft es in die Luft. Das Hühnchen fliegt nicht so recht, es ist wohl noch zu sehr benommen, weil es mit zugebundenem Schnabel so lange in ein Tuch eingewickelt war. Es fällt auf den Boden, hopst ein bisschen herum und das Dorf klatscht wieder.

Es stört niemanden, dass das zweite Hühnchen ziemlich anders aussieht als das erste und kein Blut an ihm klebt. Auf meine Bemerkung, das Ganze sei ja lächerlich und ekelig zugleich, hält Papa Elie dagegen, dass er eigentlich jemanden aus dem Dorf habe mit einem Jagdgewehr erschießen lassen wollen, um ihn dann wieder zum Leben zu erwecken. Diese Aktion hätte meinem Film aber rechtliche Probleme eingebracht, weshalb er darauf verzichtet habe. Ich fühle mich gründlich verladen, aber das Dorf ist fröhlich und tanzt noch bis tief in die Nacht hinein.

Schamane als TV-Show

In dieser Nacht habe ich einen Traum, in dem sich die Szene wiederholt und ich danach die Einheimischen frage: »Sagt mal, braucht ihr dieses Theater, damit ihr Papa Elie als euren Schamanen akzeptieren könnt?« Daraufhin lachen sie mich aus und sagen: »Das hat er doch nur für euch gemacht. Ihr seid doch so geil auf schamanische Zauberkunststücke. Wir brauchen das nicht. Wir kennen das Theater. Wären die Weißen nicht so gierig auf das magische Afrika, dann wäre es zu dieser Zeremonie gar nicht gekommen.« Ich wache beschämt auf und tröste mich damit, dass das erste Hühnchen heimlich zum Kochen verwendet wurde.

Bei der zweiten Show bin ich mir nicht mehr so sicher, ob die Einheimischen wissen, was gespielt wird. Die Show heißt »Ahnen-Kontakt« und wird in einer großen Höhle ausgerichtet. Das Ereignis gilt als panafrikanisches Highlight und auch der Bestseller *Vom Geist Afrikas* von Malidoma Patrice Some beschreibt diese Begebenheit. Am heutigen Tag werden Busse und lange Wagenkonvois organisiert, um alle Interessierten zur Höhle zu bringen, wohin man den letzten Hang zu Fuß hinaufklettern muss, was den eleganten Damen aus der schwarzen High Society mit ihren Stöckelschuhen einige Probleme bereitet.

Zuerst dürfen sich alle beim Abbrennen von Reisigbündeln davon überzeugen, dass die Höhle leer ist. Danach wird gegen eine Spende jeder Einzelne in die dunkle Höhle geschickt, in der plötzlich vier Hände nach einem greifen und einem einen kleinen Ring oder Armreif anstecken, wie man sie in Massen auf den Wochenmärkten findet. Viele haben für diese »Ahnenberührung« eine mehrtägige Reise, sogar aus dem Nachbarstaat Ghana, hinter sich. Sie kommen mit Tränen in den Augen aus der Höhle zurück und werfen sich zitternd in die Arme ihrer Angehörigen und Freunde. Ein sehr reicher Mann feiert den Schamanen als die größte Offenbarung seines Lebens. Durch den Kontakt, den er ihm zu den Ahnen geschaffen habe, sei er reich und erfolgreich geworden. Seit seiner letzten Begegnung mit den Ahnen vor drei Jahren wisse er, dass er seither immer von ihnen begleitet und beschützt würde und sie ihn in der richtigen Weise lenkten, insbesondere, was seine wirtschaftlichen Entscheidungen beträfe.

Aktionen und Erfahrungen wie diese haben wie immer zwei Seiten: Dasselbe, was bei dem einen fördernd wirkt und deshalb für heilig und magisch erklärt wird, wirkt beim anderen lächerlich und betrügerisch und wird deshalb abgelehnt und verachtet. Das wiederum beleidigt den anderen und wird von ihm als Affront empfunden, wodurch die Menschen in Streit geraten. In der afrikanischen Stammeskultur gibt es kaum ein schlimmeres Sakrileg, als die Ahnen zu beleidigen. Wenn ich also von einer Höhlen-»Show« spreche, verletze ich bereits heiliges Kulturgut und das erzeugt Wut auf mich. Würde bei uns jemand sagen, es sei doch lächerlich, sich den Leib Christi in Form einer Oblate auf die Zunge legen zu lassen, gäbe es ebenfalls Ärger. Menschen, die nicht im christlichen Glaubenskonzept zu Hause sind, könnten es abstoßend empfinden, dass man Rotwein trinkt und dabei daran denken soll, es sei das Blut von Jesus.

Es darf also nicht darum gehen, dem anderen Aberglauben nachzuweisen, wenn letztlich doch alles Aberglaube ist. Denn auch das, was ich für eine objektive Wirklichkeit halten möchte, ist eine Projektion meines Geistes. Der Unterschied ist nur, dass die eine Projektion von nur ganz wenigen geteilt wird und deshalb von der großen Mehrheit als Aberglaube entlarvt wird, die andere Projektion aber von einer großen Mehrheit geteilt wird und deshalb als wahr gilt. Letztlich ist beides eine Projektion.

Ich selbst kann inzwischen würdigen, mit welchen Methoden, Bildern, Ritualen, Sätzen, Klängen, Gerüchen und Handlungen neue Lebensimpulse geweckt werden. In dieser ländlichen, afrikanischen Gesellschaft gibt es eben keine raffinierteren Methoden, geistige Effekte zu erzielen. Ich sprach Papa Elie und seinem Hilfsschamanen meine Bewunderung dafür aus, mit welch geringen Mitteln es ihnen gelingt, ihren Mitmenschen – zumindest einigen – Motivationsschübe zu verschaffen. So gesehen ist jeder Schamane, der bei seinen Klienten etwas bewirkt, ein guter, seriöser Schamane. Bei wem ein großspuriger, ego-strotzender »Großmeister« besser wirkt als ein bescheidener, in sich ruhender Heiler, ist eine Frage der persönlichen Vorliebe und kann nicht objektiv bewertet werden.

Unter diesem Gesichtspunkt konnte ich Papa Elie »freisprechen« und anerkennen: Mich hat niemand gezwungen, mit ihm nach Afrika zu fahren, mich zwingt auch niemand, das Abendmahl einzunehmen oder an Ahnen zu glauben. Wie immer kommt es nicht auf eine vermeintlich illusionäre Wahrheit an, sondern auf ihre Wirkung. Andere, denen eine spezifische Illusion nicht hilft, haben etwas anderes, worauf sie schwören. Es gibt unendlich viele Illusionen, die einen vorwärts bringen. Doch es ist gefährlich, unfair und wirklichkeitsfremd, die eigene Illusion für objektiv wahr zu erklären und die des anderen zu verdammen.

Wem mit einer Illusion geholfen wird, der verleiht ihr ihre Berechtigung.

Der Begriff Illusion hat einen polemischen Beigeschmack, verträglicher ist daher der neue Begriff »Vehikel« aus der Placeboforschung. Da wir materialistisch orientierte Menschen sind, wird außer bei der Fernheilung jede geistige Intervention von einem Vehikel begleitet. Darunter fallen sämtliche Medikamente, operative Eingriffe, physiologische und strahlentherapeutische Behandlungen.

Bevor wir diese allgemeine Erörterung des Geistigen Heilens vertiefen, möchte ich noch zwei Beispiele aus meinen Reisen schildern, die auf sehr unterschiedliche Weise Geistiges Heilen bzw. – weiter gefasst – geistige Intervention beschreiben. Sicherlich gibt es unendlich viele verschiedene Formen geistiger Intervention mit sichtbarer, zum Teil frappierender Wirkung, die beiden folgenden Kapitel beschreiben sehr extreme Fälle.

Don Agustin – Peru

Am peruanischen Amazonas lebt, zwei Bootsstunden südlich von Iquitos den Rio Ucayali hinauf und nach weiteren zwei Stunden Fußmarsch, mitten im Dschungel der Schamane Don Agustin Rivas Vasques, 1933 in dieser Gegend geboren. Er wurde durch extreme Schicksalsschläge, hervorragende Lehrer und eine spektakuläre Selbstheilung zum Schamanen. Sein Vehikel ist eine Mixtur verschiedener Urwaldpflanzen, die an verschiedenen Stellen im südamerikanischen Urwald schon vor Urzeiten entwickelt wurde, das *Ayahuasca*. Es führt zu tief greifender seelischer und körperlicher Reinigung. Ayahuasca heißt wörtlich »Frucht des Todes«.

Ayahuasca wird hauptsächlich aus einer Schmarotzerliane gewonnen, deren Qualität wesentlich von ihrem Wirt abhängt. Man findet sie an den unterschiedlichsten Bäumen im Regenwald. Nachdem das Ayahuasca tagelang aus mehreren Pflanzen zusammengekocht und mit zusätzlichen Säften einigermaßen trinkbar gemacht wurde, kommt es in alte Cola-Plastikflaschen und wird in der Zeremonie in Plastikbechern ausgeschenkt.

Don Agustin hält uns dazu an, mit der Pflanze zu kommunizieren, wie mit einem Tier oder auch höherem Wesen. Er umwirbt und liebkost sie in seinen Gesängen und Gedichten. Er behandelt das Ayahuasca wie eine Geliebte, dann überreicht er jedem in der kleinen Gruppe den vollen Becher und sagt dazu: »Es mögen mit dem Ayahuasca alle genesen, die Erde und jeder von uns, alles Schlechte von uns fernbleiben und nur positive Gedanken uns erreichen.« Wir trinken, das heißt würgen es hinunter. Es schüttelt sogar den Meister, der eigentlich daran gewöhnt sein sollte, denn alle seine außergewöhnlichen Heilerfolge führt er unter Ayahuasca herbei. Solch eine Zeremonie macht er zeitweise jede Woche.

Don Agustin weckt den Geist seiner Urwald-Pflanzen.

Wir befinden uns auf einer kleinen Lichtung bei stockfinsterer Nacht mitten im Dschungel. Hier verbringen wir auf gefällten Bäumen, mitgebrachten Klappstühlen oder einfach auf dem Boden die ganze Nacht. Ein Feuer würde zu viel Aufmerksamkeit von unserem Inneren abziehen.

Wenn bei Tagesanbruch die Wirkung des Ayahuasca abgeklungen ist, steht man in jeder Hinsicht vollkommen nackt da: Scham, Hemmung, Neurosen, Selbstmitleid – jede Art von Anhaftung an überkommene Muster sind von einem abgefallen. Dies hat schon viele Menschen von schweren Leiden befreit. Ayahuasca scheint jede Zelle daran zu erinnern, dass sie sterben muss. Damit fordert die Pflanze uns heraus, wahr und klar zu leben.

»Auch Pflanzen haben einen Geist, wie jedes Wesen in diesem Universum, und der Geist der Pflanze ist viel wichtiger und viel stärker als ihre biochemischen Eigenschaften. Deshalb sollen wir mit der Pflanze kommunizieren – sie ehren –, sie einladen, sich uns zu offenbaren. Wie bei jedem Lebewesen muss man seine Fähigkeiten durch Liebe und Zuwendung wecken. Die Ayahuasca-Pflanze besitzt Fähigkeiten von ganz besonderer Art. Sie ist im Dschungel des Amazonas die weiseste, vom Bewusstsein am höchsten entwickelte Pflanze«, erklärt mir der Schamane. »Mithilfe ihres Geistes«, sagt er, »gelingen bei den Patienten die Veränderungen und Einsichten, zu denen unser Geist ohne die Pflanze meistens nicht fähig ist.«

Pflanzen sind Wesen wie du und ich.

Für Don Agustin, so erklärt er seine Arbeit, wird nach der Einnahme von Ayahuasca das Leben auf der energetischen Ebene sichtbar. Gesunde Menschen erstrahlen für ihn weiß, Energieblockaden zeigen sich entweder als rote oder grüne Punkte. Um zu heilen, schnappt er sie mit der Hand oder saugt sie mit dem Mund aus dem Körper ab. Er muss dabei schnell, entschlossen und hoch konzentriert zupacken, denn diese Energiepunkte entkommen ihm sonst wie kleine, flinke Fische und sind dann erst mal wieder unsichtbar. Ich bin erstaunt, wie er in vollkommener Dunkelheit – aus dem Nichts heraus – plötzlich mein Knie packt, genau dort, wo mein aktueller Schmerz sitzt. Sein Daumen und sein Zeigefinger fühlen sich wie eine glühende Brenngabel an meinem Bein an. Dann sind meine Schmerzen erst mal weg. Ich habe zu ihm nie über mein Knie gesprochen, weder vor noch nach der Ayahuasca-Zeremonie. Seit Nepal (siehe Seite 190) ist es dann endgültig gesund geworden.

Während der Zeremonie geht es um einen schweren Fall von Rückenleiden bei einem 42-jährigen Mann. Er kommt auf zwei Krücken an. In 40 Minuten reiner Energiearbeit, ohne dass der Schamane ihn physisch berührt hat, ist er am Morgen vollkommen wiederhergestellt,sodass er vor Freude problemlos über einen Busch springt – und das nach 15 Jahren Leidensgeschichte mit Frührente und Invalidenausweis.

Die Teilnehmer, die rein aus Neugierde, ohne große gesundheitliche Probleme Ayahuasca nehmen, bekommen oft einen klaren Blick für die tiefen Zusammenhänge des Lebens. Das geschieht ganz ohne sprachliche Kommunikation. Don Agustin macht während der gesamten Zeremonie Musik mit seiner Mundharmonika oder er begleitet seine Stimme selbst mit der Trommel. Er spielt auch noch einige andere selbst gebaute Zupfinstrumente und schafft damit eine Atmosphäre großer, allumfassender Geborgenheit, in der viele ihr Leben mit seinen Verstrickungen und Lösungen sehen, so klar wie sonst nur bei anderen. Wenn man sich traut, kann man auch in die Zukunft sehen, Zeit und Raum scheinen durch Ayahuasca aufgelöst zu sein.

Der psychische Encounter passiert in der Dschungelumgebung des Amazonas ungleich stärker als in den geschlossenen Räumen in Österreich, wohin der Schamane auf Einladung von Ärzten und Psychotherapeuten seit 1987 jedes Jahr einmal kam. Im Urwald fehlt die Zivilisation, an die wir gewöhnt sind. Damit brechen unsere Muster, in denen wir verhaftet sind, noch schneller weg, zuerst im Denken, dann auch im Körper.

Sein Camp, für das er eine Lichtung mitten in den Dschungel geschlagen hat, bietet eine relativ sichere Zuflucht. Die Hütten sind auf eineinhalb Meter hohen Pfählen errichtet, wie auch die Wege dazwischen, um sich von dem reichhaltigen Getier etwas abzusetzen. Dennoch bekommt man noch genug Besuch von exotischen Gästen. Passiert ist aber niemandem etwas, auch wenn oft furchtbares Dschungellatein erzählt wird. Die wilde Umgebung trägt sehr zur aufmerksamen Beobachtung des eigenen Gespürs bei, denn eine andere Versicherung hat man nicht. Der gesamte Aufenthalt im Dschungelcamp gerät oft zu einem harten Seelenputz mit Tränen und Schmerzen. Aber danach fühlen viele eine größere Freiheit und ein erweitertes Bewusstsein über das, was ihr Leben ausmacht. Viele wurden auf diese Weise wieder gesund, nicht nur körperlich.

Die Teilnehmerin Maria aus Österreich sagt: »Als ich erfahren habe, dass ich Krebs habe, bin ich zuerst einmal in ein tiefes Loch gefallen. Hab nicht gewusst, wie geh ich um damit; was kann ich machen? Sterbe ich? Sterbe ich nicht? Was ist da falsch in meinem Leben gelaufen und warum? Gut, wenn ich sterben soll, dann sterbe ich, aber wenn ich noch eine andere Aufgabe in diesem Leben habe, dann erfülle ich die auch. Ich nehme es so, wie es kommt.«

Don Agustin ist sich seiner Sache in ihrem Fall vollkommen sicher, obwohl die Ärzte die junge Frau bereits aufgegeben haben. Es interessiert ihn nicht wirklich, mit welcher Krankheit jemand zu ihm kommt. Er beobachtet den Lebenswillen, den jemand mitbringt. Wenn jemand sich aufgegeben hat und nicht mehr zu mobilisieren ist, kann der Schamane nur noch selten die Selbstheilungskräfte stimulieren. Maria ist davon beeindruckt, dass Don Agustin ihr immer wieder sagt: »Du wirst gesund; du wirst gesund; du wirst gesund.«

Auf dem Weg dahin war viel Überwindung nötig, um die Medizintrunks herunterzubekommen und sich ihrer Wirkung hinzugeben.

Aus der Dschungel-Apotheke

Der Einstieg ist ein Abführmittel. Anschließend gibt es ein »Flugmittel«, es heißt »Vaida Caspy«. Es soll uns mit dem Geist des Südens verbinden, der uns auf unseren spirituellen Wegen leitet und beschützt. Es soll unserem Geist erlauben, zu unserem Heimatplaneten zu fliegen.

Ich kann das nicht annehmen oder glauben. Für mich ist das eine Metapher für Selbstfindung. Mir fehlt der Mut, mich der psychoaktiven Wirkung dieses Getränks voll hinzugeben, wodurch ich meinen Körper womöglich hätte verlassen können, wie andere berichten. »Wer seinen Körper verlässt«, sagt Don Agustin, »kehrt vollkommen gereinigt zurück.«

Maria ist sehr mutig. Das zeigte sie schon bei der Vorbereitung ihrer Reise zu Don Agustin in den Dschungel von Peru. Sie wagte es, die Transplantation ihrer krebszerfressenen Leber zu verweigern. Das hätte geheißen, ihr wird die Leber herausgeschnitten und die eines Verstorbenen eingesetzt. Die Ärzte sagten ihr, dass es keine Alternative gäbe, wenn sie weiterleben wolle. Ob die Operation aber gelingen würde, könnten sie nicht garantieren. Dieses Risiko wollte sie nicht eingehen, aber was dann?

Sie hatte Don Agustin nur einmal in Österreich gesehen und sofort Vertrauen zu ihm gefasst. Danach beging sie den Fehler, ihrer Schwester, dem Hausarzt und – das Schlimmste – ihrem Pfarrer zu erzählen, dass sie die Krebsbehandlung durch die Ärzte nicht mehr fortsetzen wolle, weil ihr das nicht gut tue, und sie stattdessen einen Schamanen im Amazonasgebiet aufsuchen möchte.

Der Widerstand und die Vorhaltungen, die Maria sich ab diesem Moment von diesen drei »Mächten« hat machen lassen müssen, sind unbeschreiblich. In der Kirche sollte sie sogar während des öffentlichen Gottesdienstes vor dem Pfarrer am Altar kniend vom Schamanismus abschwören. Ihre Schwester ging so weit, ihr zu sagen, ein Besuch bei dem Schamanen käme einem Selbstmord gleich. Der Arzt drohte ihr mit Entzug des Versicherungsschutzes. Maria fuhr trotzdem, was ihr schon aus finanziellen Gründen nicht leicht fiel. Nur schwer bekam sie das Geld zusammen, 2.500 Euro für den Flug und den 14-tägigen Aufenthalt bei Don Agustin. Ich denke, dieser Mut und die Entschlusskraft, die Verantwortung für ihr Überleben selbst in die Hand zu nehmen, sind bereits das Tor zur Heilung gewesen.

»Spätestens da, wo wir einen Medizintrank nach dem anderen kriegten, habe ich mir gedacht: Was tue ich mir da an?

Wieso bin ich eigentlich da? Also am Anfang war es schlimm«, sagt Maria, nachdem sie die ersten Tage bei Don Agustin schon hinter sich hat. Diese scheußlichen Getränke sind nur die Vorbereitung auf das, was noch viel, viel scheußlicher schmeckt, sodass man es nur mit größtem Widerwillen herunterbekommt, das Ayahuasca.

Maria: »Als ich das erste Mal Ayahuasca genommen habe, bin ich gestorben. Ich bekam so innerliche Schmerzen, ich fühlte meinen innerlichen Hass, den ich immer in mir gehabt habe, gegen meinen Vater und meine Mutter, halt so Probleme etc., die man so mitschleppt. Auf einmal sind sie da, ganz blank und unausweichlich. Das ist so intensiv, wenn man das spürt – den Schmerz. Der Körper drückt das aus, indem man schwitzt, bricht, sich anmacht. Man ist nicht mehr Herr seines Körpers und seiner Seele. Alles löst sich auf.« – Und dennoch: Das war ihr Wendepunkt.

»Als ich von Peru nach Hause gekommen bin, bin ich total stark gewesen, hab mich gefühlt wie ein Baum – gereinigt, stark halt! Voll Kraft. Voll Power. So kräftig war ich noch nie. – Nach einem Jahr bin ich wieder in die Klinik zur stationären Aufnahme für meine Untersuchungen. Da haben die alles mit mir gemacht, was sie halt so machen, und nach einer Woche kam der Arzt und hat sich auf mein Bett gesetzt und gesagt, ich habe keinen Krebs mehr; ich hätte zwar noch Leberzirrhose, aber keinen Krebs mehr. Und weil gerade Ostern war, hat er gesagt, soll ich meine Auferstehung feiern.« Heute hat Maria sogar ihre Leberzirrhose überwunden. Sie richtete ihr Leben neu ein und verwirklichte ihre Kindheitsträume, wechselte beruflich zu sinnvoller Tätigkeit und begann ein selbst bestimmtes Leben, in dem sie vielen anderen in Not hilft.

Wieder entsteht die Frage: Bei wem soll sie sich bedanken? Bei Don Agustin? Beim Ayahuasca? Bei sich selbst? Wenn es eine Leistung gab, die Dank schuldet, dann ist es die Konzentration, die einem jemand zukommen lässt. Unzweifelhaft hat Don Agustin Maria große Konzentration entgegengebracht und diese Zuwendung hat auch in ihr die Konzentration auf ihre Selbstheilungskräfte gefördert.

In den fünf Jahren, in denen ich viele Heilungen miterleben konnte, habe ich mich oft gewundert, wie selbstverständlich geheilte Menschen diese Zuwendung ohne ein Wort des Dankes eingesteckt haben. Ich bewundere Schamanen, die in großer Selbstlosigkeit egozentrisches Verhalten wortlos hinnehmen, ohne eine Rechnung zu stellen. Es erwartet niemand von den Nutznießern, dass sie sich bei dem Schamanen in der Weise bedanken, dass sie ihn auf einen Thron setzen, sich vor seiner Wundertätigkeit auf den Boden werfen, in dem Glauben, er habe sie geheilt. Das ist das andere Extrem. Sie sollten sich aber stets vergegenwärtigen, dass der Schamane, Heiler oder wer immer es war ihnen geholfen hat, ihre Selbstheilungskräfte zu wecken. Dieser unerschütterliche Glaube an sie, da, wo sie selbst oft schon aufgegeben haben, muss belohnt werden.

Dank gebührt jenen, die den Glauben an mich selbst stärken.

Wenn mir eine solche Kostbarkeit zuteil wurde, hat dies aufrichtigen Dank in jeder Form verdient. Denn es ist das größte Geschenk, wenn jemand anderes an mich glaubt, an meine eigenen Kräfte, sodass sie tatsächlich zum Tragen kommen und ich es dadurch schaffe, mein Schicksal wieder in die eigene Hand zu nehmen.

Nach diesem Erfolg von Maria, der sich schnell herumgesprochen hatte, fuhren zwei Männer zu Don Agustin in den Dschungel, die beide ebenfalls Leberkrebs hatten. Beide haben Ayahuasca und all die anderen Medizintrunks genommen, trotzdem sind beide gestorben. Was war bei diesen beiden anders? Wer ist für Erfolg oder Misserfolg verantwortlich?

Viele gehen zum Heiler, weil sie sich erhoffen, er könnte an ihnen ein Wunder vollbringen. Diese Hoffnung haben hauptsächlich Menschen, die ansonsten in ihrem Leben stramme Materialisten sind und Krankheit als chemische Fehlfunktion begreifen. Fragt man nach, was sie sich unter einem Wunder vorstellen, dann soll das so etwas wie ein märchenhafter Über-nacht-Effekt sein, ähnlich wie ihnen das Christkind die Geschenke bringt oder die Hasen ihnen die Ostereier anmalen.

Wenn dieses Märchen bei ihnen nicht klappt, wird der Schamane oft als Scharlatan beschimpft. Offenbar halten Rationalisten, die davon überzeugt sind, dass sie wüssten, was Sache ist, in ihrem Denken ein Eckchen für Wunder frei, in dem alles passieren kann, was sie ansonsten nicht für möglich halten. Besonders gern nehmen sie diese Ecke in Anspruch, wenn sie sehr krank werden und Angst vor dem Sterben bekommen. Solange sie selbst gesund sind, kritisieren, veralbern oder verteufeln sie alles, was ihr materialistisches Weltbild nicht abdecken kann.

Um wirklich gesund zu bleiben und zu werden, muss man jedoch erkennen, dass der Mensch nicht nur ein vom Ego gesteuertes, materielles Wesen ist, sondern auch eine Seele besitzt, die der Ort ist, wo jede Krankheit und Heilung beginnt.

Maria ist gesund geworden, weil sie auf ihre Seele gehört hat. Maria war voll von berechtigtem Hass gegen ihre Eltern, insbesondere gegen ihre Mutter, von der sie als kleines Kind sehr schlecht behandelt wurde. Erst als sie ihrer Mutter vergeben hatte, legte sich ihr Hass und sie empfand schließlich sogar Liebe für sie. Die verletzenden Taten ihrer Mutter konnte sie als Taten der Verzweiflung in großer Not erkennen und damit entschuldigen.

Maria begreift sich seither nicht mehr als Opfer, sondern als für ihr Schicksal selbst Verantwortliche. Diese Veränderung in ihrem Weltbild hat nicht der Schamane bewirkt, sondern sie selbst, indem sie mit mutigem Entschluss die Unterschrift für ihre Lebertransplantation verweigerte. Sie war nicht mehr bereit, das Risiko für die Handlungen der Ärzte zu tragen, sondern wollte dies nun für ihre eigenen Handlungen tun. Sie wusste anfangs noch nicht genau, was sie zu tun hatte, wollte es aber herausfinden. Sie fuhr in den Dschungel – eigenverantwortlich, und nicht in der Erwartung, der Schamane »wird's schon richten, das gehört zu seinen Pflichten«.

Was stimuliert?

Das derzeitige Gesundheitssystem fördert die Haltung: Der Arzt macht mich schon gesund, er hat ja schließlich die Krankheit studiert, die er bei mir diagnostiziert und behandeln möchte. Wie soll ich als Patient wissen, was er für die Aktivierung meiner Selbstheilungskräfte veranstalten soll? In dem uns suggerierten Weltbild heile ja nicht ich mich selbst, sondern der verabreichte chemische Wirkstoff. Gegen diesen Glauben ist im Prinzip nichts einzuwenden – im Gegenteil, denn es ist sehr hilfreich, wenn der Patient an die Wirksamkeit des Medikaments glaubt, das er einnimmt. Das verstärkt die Wirkung. Dieser Mechanismus wird auch von der Placeboforschung nachgewiesen.

Kritisch wird es nur, wenn Krankheit rein auf der materiellen Ebene verstanden wird. Der Patient entwickelt dann vornehmlich ein recht komplexes Wissen über gemessene, chemische Abläufe in seinem Körper, die ihm als Orientierung für seine Heilung dienen sollen, gewinnt aber keinen seelischen Zugang, der die Nachhaltigkeit der Gesundung jedoch entscheidend beeinflusst. Bei der materiellen Betrachtung verstärkt sich das Gefühl, seelisch vom Zustand des Körpers und der gemessenen Werte abgetrennt zu sein, wie von einem anderen Wesen.

Auch eine medikamentöse Therapie kann nur Stimulus für die Aktivierung der Selbstheilungskräfte sein. Die Selbstheilungskräfte sind gebunden an die Bewusstseinslage des Patienten. Es ist entscheidend, sich im Vorfeld oder Anfangsstadium von Krankheit zuerst mit den seelischen Ursachen einer körperlichen Ungleichgewichtigkeit oder Dysfunktion zu befassen. Sollte man die geistige, psychische Kraft nicht aufbringen, das seelische Gleichgewicht wiederherzustellen, ist man angesichts unserer starken materiellen Prägung leider genötigt, einen chemischen Stimulus (ein Vehikel) für den körperlichen Vollzug der Heilung einzusetzen. Die Erfahrung lehrt allerdings, dass dieser Stimulus meist viel zu früh gesetzt wird, bevor man sich überhaupt ernsthaft um die wahren seelischen Ursachen des Problems bemüht hat.

Es besteht ein ständiger Konflikt zwischen dem Vertrauen in die Klärung und Aufarbeitung der seelischen Ursache einer Krankheit und der Angst vor dem Tod bzw. der Verschlimmerung des Leidens. Mit der seelischen Aufarbeitung seines gesundheitlichen Problems ist man meist allein. Dagegen erfährt die Angst vor dem Leiden große Unterstützung durch die Mitmenschen und Ärzte, sobald man die chemische Intervention weglassen möchte. Das macht es doppelt schwer, auf die Seele zu hören und zu verstehen, was sie einem mit den körperlichen Symptomen sagen möchte.

Wenn die medikamentöse, operative Intervention zusätzliche neue Gefahren in sich birgt, dann muss die geistige Intervention sehr tief greifend und präzise ansetzen, damit Heilung im fortgeschrittenen Krankheitsstadium noch erwirkt werden kann. Unmöglich ist es nie, wie viele Beispiele von totgesagten und wieder auferstandenen Schwerstkranken zeigen. Das Vertrauen in die geistige Dimension muss bei einem selbst dafür allerdings sehr stark sein und darf nicht primär von einem Heiler oder Schamanen abhängen. Er hilft mir, mich in meinem Vertrauen in die allumfassende Wirksamkeit geistiger Intervention zu stärken. Seine Kraft ist die Kraft des Zweifelsfreien, der in der geistigen Dimension tief und fest verankert ist.

Gerade weil wir normalerweise hauptsächlich von einem materialistischen Weltbild geprägt sind, wird die Rolle des Schamanen heute immer wichtiger. Wenn er ein Wunder vollbringen soll, dann das, seine Klienten von einem materialistischen Weltbild herunterzuholen. Wenn jemand dieses Weltbild nicht loslassen möchte, dann kann er auch seine Krankheit nicht loslassen und der Schamane kann nicht helfen.

Diese Menschen sollten bei der materialistischen, chemischen, physiologischen Interventionsmethode bleiben, um ihre Selbstheilungskräfte zu aktivieren. Durch ihr materialistisch ausgerichtetes Bewusstsein würden sie für ihre Gesundheit ein zu großes Risiko eingehen, wenn sie sich in einem fortgeschrittenen Krankheitsstadium plötzlich auf die geistige Intervention verlassen wollten, an die sie im Grunde nicht glauben. Der notwendige Bewusstseinswandel kommt dafür leider zu halbherzig und sie machen sich dann zu jenen Fällen, die man hernimmt, um Geistiges Heilen zu diskreditieren.

Das Zutrauen zum Schamanen gewinne ich nur auf der emotionalen Schiene. Wenn ich seine Arbeit analysieren will, muss ich ihn sehen wie einen Performancekünstler, das zeigen verschiedene Beispiele in diesem Buch. Wenn seine Arbeit wirkt, dann ist er sein Geld wert. Wenn sie bei mir nicht wirkt, dann werde ich nicht bei ihm bleiben. Insofern brauche ich mir keine Sorgen darüber machen, ob der Schamane »seriös« ist oder nicht. Natürlich gibt es, wie in jedem Beruf, solche und solche Typen. Schamanen sind auch nur Menschen, der eine mit einem größeren, der andere mit einem kleineren Ego. Will jemand nur kassieren ohne Gegenleistung, wird sich das sehr schnell herumsprechen. Den Preis regelt sozusagen der Markt.

Ich habe wenig Verständnis dafür, dass Schamanen in bitterer Armut leben sollen, wenn Ärzte sich dicke Autos, Ferienhäuser und teure Reisen leisten können. Niemand sagt, ein Arzt sei weniger gut, wenn er reich ist – oft sogar das Gegenteil.

Schamanen steht deshalb für ihre Heilarbeit dieselbe Anerkennung zu wie Ärzten. Würde man die Heilungserfolgsquote zum Maß des Einkommens für Ärzte und Schamanen machen, würden die Schamanen besser verdienen als so manche Ärzte. Unser Gesundheits-/Krankenkassen-System verdunkelt diese Bilanz.

Es lohnt sich, verschiedene Schamanen aufzusuchen, weil es um die individuelle Stimulanz der Selbstheilungskräfte geht und weil jeder Heiler eine andere Methode hat, um den Patienten aus der Fixierung seiner Denkmuster zu lösen, durch die er offenbar nicht in der Lage ist, selbstständig seine Krankheit zu überwinden. Der eine saugt die Krankheiten mit dem Mund ab, der andere setzt Feuer, Wasser, Erde oder Luft als Vehikel ein. Vom Nächsten wird man nach Lourdes geschickt oder es werden 111.111 Niederwerfungen oder einmal um den Berg Kailash laufen empfohlen, und und und ... Wer Hilfe braucht, um seine Selbstheilungskräfte zu aktivieren, muss den treffen, der ihm das Weltbild oder – wie die Wissenschaft sagt – den Knowledge Frame erweitert und den Zugang zur eigenen Seele eröffnet. Dann ist es der richtige Schamane.

Im nächsten Beispiel ist es nicht nur ein anderer Schamane, sondern gleich eine ganz andere Kultur. Auch das kann nötig sein, um der Seele zu begegnen.

Scheich Ibrahim – Sudan

Ich fahre mit einer deutschen Gruppe den Nil hinauf nach Khartum, der Hauptstadt des Sudan. Sie nennen sich Sufis, eine spezielle, alte islamische Glaubensrichtung. Ihr Schamane nennt sich natürlich nicht Schamane, sondern, seiner arabischen Kultur gemäß, Maulana Scheich.

In jeder freien Minute rezitieren die Sufis das Aurad, ein islamisches Gebet zur Ausrichtung des nie stillstehenden Geistes. Damit versetzen sie sich in den Zustand des Sikr, ebenso wie mit ihren Liedern. Es heißt, dass ihre Rhythmen und Gesänge sogar heilen können. Töne, die heilen? Das wäre für mich ein Wunder. Wunder, sagen sie, sind Kontakte zu Gott, in ihrem Fall zu Allah. Maulana Scheich öffnet den Weg zu Allah, wird mir versichert. Um das zu erleben, habe ich mich auf diese Reise begeben.

Es ist meine erste Reise in ein islamisches Land und speziell der Sudan ist mir vollkommen fremd. In unseren Medien lese ich nur Negatives über ihn. Ich kann mir kaum vorstellen, wie ich dort Gott oder Allah begegnen könnte, und bin überrascht, wie offen und herzlich man mir aber begegnet. Es ist ein Gefühl selbstverständlicher Freundschaft. Dr. Gamal, der Arzt und Vertraute des Scheichs, will mich ihm sogleich vorstellen – eine sehr seltene Ehre, wie ich später erfahre.

Scheich Maulana Ibrahim ist Sufi-Meister und Oberhaupt einer internationalen Gemeinde gläubiger Moslems, die auch in Deutschland vertreten ist. Wie alle Moslems beruft er sich auf den Propheten Mohammed und den Koran. Welche besonderen Fähigkeiten sind es, die ihn zum Lehrer und Meister von Hunderttausenden in der ganzen Welt machen? Ich werde es hier noch erleben – an mir selbst, kurz vor meiner Rückreise. Im Moment habe ich allerdings noch nicht die leiseste Ahnung, ob und wie ich die höhere geistige Ebene erfahren kann. Der Scheich rät mir, ich solle das Aurad auf Arabisch lernen und es täglich praktizieren, alles Weitere ergebe sich von selbst. Und wenn ich irgendwelche Fragen hätte, könne ich mich hier an jeden wenden. Alle könnten mir antworten, dazu bedürfe es seiner nicht.

Sufis sind Muslime

Ich frage Achmed, einen auffallend sympathischen Afro-Amerikaner mit einem herzerfrischenden, breiten Lachen, warum er hier ist. Er ist Polizist in New York, genauer, in der Bronx, wo er es täglich mit schlimmen Verbrechen zu tun hat. Was veranlasst ihn, den weiten Weg hierher in den Sudan zu machen? Achmed antwortet in einem gesprochenen Rap-Rhythmus, wie ihn kein Weißer beherrscht:

»Unser Scheich ist da, um an unseren Herzen zu arbeiten. Wir kommen aus den unterschiedlichsten Schichten und Berufen. Wenn wir hierher kommen – also ich komme hierher, um mich zu reinigen. Dann geh ich wieder nach Hause, reinige die Leute dort, so gut ich kann, komm wieder her und werde wieder gereinigt. Das hier ist eine große Waschmaschine für unsere Herzen und Seelen. Wie passiert das? Durch eine bestimmte Methode des täglichen Übens mit der Gebetskette. Das nennen wir Sikr, das heißt, wir erinnern uns an Allah, unseren Gott. Mit bestimmten Worten, die wir täglich mehrfach wiederholen, verbinden wir uns mit allen Wesen und Allah, Gott dem Allmächtigen.

Diese Worte lassen unsere Herzen schlagen und das Herz antwortet auf alles um uns herum, denn die Bäume, die Tiere, die Luft und die Insekten, alle haben sie eine Sprache. Alle stehen im Einklang mit Gott. Wenn der Mensch im Einklang mit den Tieren, den Pflanzen, dem Himmel – mit allem ist, dann ist das Liebe. Wenn du in Verbindung bist mit den Bäumen, der Erde, der Sonne, dem Mond und den Tieren, dann bist du bei Gott, dem Allmächtigen, dann wirst du Eins.«

In Kürze soll hier der Todestag von Moulana Scheich Mohammed Osman (dem Vater von Moulana Scheich Ibrahim) begangen werden, der seit 1985 jedes Jahr am 15. April gefeiert wird. Der Sarg mit seiner Mumie ist aufgebahrt in einem kleinen Mausoleum, genannt Makam. Dort besuchen ihn seine Anhänger, um mit ihm zu kommunizieren. Man erklärt mir, dass der Kontakt zu ihm vorher an seine körperliche Erscheinung gebunden war, jetzt ist sein Geist frei, allwissend und für jeden erreichbar. Dafür pilgern seine Anhänger aus der ganzen Welt regelmäßig hierher an seine Grabstätte.

Im Gedränge davor spricht mich ein Mann an, der sich vorstellt mit »Mustafa«. Er erklärt mir unaufgefordert den Islam, wie jeder hier, angefangen vom Taxifahrer bis hin zu den vielen Deutschen, die ebenfalls zu den Feierlichkeiten angereist sind: »Islam ist, wenn dein Herz gelassen und weit wird, dafür gehe in den Makam, dort passiert es.« Ich soll ohne Vorbehalt, wie alle anderen hier auch, Scheich Mohammed Osman Fragen stellen, er würde mir sie alle beantworten. »Und Fragen hat doch jeder, nicht wahr? Glücklich sind die, die eine Antwort bekommen.«

Was könnte ich den verstorbenen Scheich fragen? Ich schließe meine Augen und probiere es mit »Wie geht's meinen Lieben zu Hause?«. Sofort habe ich eine Antwort in meinem Kopf. Es sind Bilder von meiner Frau und meinen Kindern, lachend und froh. Aber haben diese Bilder tatsächlich etwas mit der Wirklichkeit zu tun? Schluss mit Skepsis, sage ich mir. Zweifel verderben die Antwort. Ich vertraue jetzt einfach auf die Richtigkeit meiner inneren Bilder.

Als ich meine Augen wieder öffne, ist Mustafa verschwunden. Ich setze mich zu den anderen auf den Teppichboden um den Sarkophag herum und schaue, was mein unruhiger Geist noch so alles an Eindrücken produziert. Mit dem inneren Auge sehe ich Bilder von dem Gelände, auf dem der Makam steht, gebaut in prachtvollem arabischem Stil, wie aus Tausendundeiner Nacht, mit den kostbarsten Materialien und kunstvollen Mosaiken. In Wirklichkeit ist es ein verwahrloster, bettelarmer Versammlungsplatz mit heruntergekommenen Gebäuden und Mauerresten drumherum, bestuhlt mit Schrott ...

Anderntags taucht Mustafa wieder auf. Er möchte mir das Aurad beibringen, wie der Scheich es mir empfohlen hat, und schenkt mir dafür eine Gebetskette. Ich soll bestimmte heilige Worte Hunderte Male am Tag wiederholen, damit der Geist sich auf diese höhere Ebene ausrichtet. Er zeigt mir, wie ich die Sätze mit der Gebetskette zähle. Es erscheint mir fraglich, ob ich das Aurad je praktizieren kann, denn Arabisch fällt mir sehr schwer. Ich probiere es trotzdem.

Ganz beiläufig fragt mich Mustafa, welche Antworten ich im Makam erhalten habe. Ich erzähle ihm ahnungslos von den Bildern meiner Familie und meinen Vorstellungen von dem Platz um den Makam, wie ich ihn gestalten würde, wenn Geld keine Rolle spielte – als imposanten Kultplatz mit Marmorböden, dort, wo jetzt zerfranste Matten liegen, auf denen getanzt und gebetet wird. Dazu eine reich verzierte Mauer drumherum mit Nischen für kleine Gruppen; schöne, reich verzierte Ornamente an den Wänden; eine Moschee mit Goldkuppel und arabischen Mosaiken, so, wie ich sie aus großen Bildbänden über islamische Kunst kenne. Er hört mir interessiert ohne Kommentar zu.

In der kommenden Nacht überfällt mich aus heiterem Himmel hohes Fieber und ich fühle mich morgens so elend, dass ich mich im Bett nur unter Schmerzen drehen kann. Ich habe das Gefühl, durch und durch vergiftet worden zu sein. Ich kann nicht aufstehen. Es ist der Todestag des Scheichs Mohammed Osman, zu dem die Sufigruppen aus der ganzen Welt angereist sind. Mein Kameramann fragt, ob ich einen Arzt brauche. Ich wehre ab, esse nichts, ziehe mir trotz der unerträglichen Hitze von über 45° C die Decke über den Kopf.

Gegen Nachmittag, als die Busse zu den Feierlichkeiten abfahren, nehmen sudanesische Sufi-Brüder mich einfach mit. Zu zweit schleppen sie mich die Treppe hinunter. Halbtot hänge ich im voll besetzten Bus und verstehe die Welt nicht mehr. Kaum sind wir losgefahren, stimmt jemand Lobpreisungen Allahs und des Propheten Mohammed an, in die alle anderen im Bus aus voller Kehle mit einstimmen. Sie singen Texte wie »Mein Ziel ist Allah, denn ich bin mit dem Propheten und seinen Worten zufrieden« in einem so furiosen Rhythmus und melodischen Vergnügen, dass man nicht anders kann, als sich vollkommen in den Klang hineinzubegeben, seinen Körper im Rhythmus mitschwingen lässt, egal, wie einem zumute ist.

Nach zehn Minuten erlebe ich, was ich mir bei der Anreise auf dem Nil nicht habe vorstellen können: Diese rhythmischen, feurigen Gesänge drehen meinen körperlichen Zustand in kürzester Zeit vollkommen um. Es ist wie ein Wunder: Als wir nach 25 Minuten am Ziel sind (drei Lieder waren es vielleicht, die in dem voll besetzten Bus gesungen wurden, begleitet von zwei Trommeln), bin ich wieder vollkommen gesund und sogar topfit! Ich kann mir diese blitzartige Transformation nicht erklären. Mein Geist hat das Kommando über meinen Körper wieder voll zurückerlangt. In mir regt sich der Verdacht, dass

Heilung bleibt letztlich unerklärlich, sie kann nur erfahren werden.

dieses Krankheitsabenteuer mir zeigen sollte, wie nah Allah sein kann. Wenn man so etwas am eigenen Körper erleben muss, ohne ausweichen zu können, dann zählt das mehr als jahrelange Belehrungen.

Die Festlichkeiten beginnen mit einem stundenlangen Umzug in sengender Mittagshitze von über 50° C. Die Prozession beginnt am Wohnhaus des verstorbenen Maulana Scheich Mohammed Osman und führt zwölf Kilometer durch die Hauptstadt Khartum zu seinem Mausoleum, dem Makam, auf den Versammlungsplatz. Dabei kennt die Freude der Teilnehmer keine Grenzen. Sie jubeln, singen und tanzen in einem fort, ohne einen Moment von Beschwerlichkeit, Durst oder Ermattung.

Ich verlange meinem gerade noch von hohem Fieber gebeutelten Körper alles ab. Trotz der unsäglichen Wüstenhitze renne ich problemlos auf das Dach eines fünfstöckigen Rohbaus, um den Umzug von oben zu sehen. Ich kämpfe mich vom Ende zum Anfang und vom Anfang zum Ende des dichten Menschenstroms von mehr als 10.000 Menschen mehrmals mit der Kamera durch. Ich verfüge über eine Energie, die ich mir nicht erklären kann. Ist es das, was man mir prophezeit hatte, als ich mich schweren Herzens dazu entschloss, auch den Islam in meinem Film aufzunehmen?

Ursprünglich gab es keinen Islam in meinem Kopf, als ich auf meine Schamanenreise ging. Doch nach den ersten Stationen bekam ich Zweifel, ob es mir nicht als Diskriminierung ausgelegt werden könnte, wenn der Islam fehlt. Aber welche islamische Richtung sollte ich nehmen? Ich habe keinerlei Ahnung von den unterschiedlichen Schulen dort. Wie soll ich entscheiden, wen ich als Beispiel nehme? In unserer Presse bestehen böse Vorurteile gegen Moslems. Und wo finde ich überhaupt innerhalb der nächsten vier Wochen unter 450 Millionen Moslems einen islamischen Schamanen, der noch einen Platz in meinem Film einnehmen kann? Wie so oft sind offenbar gute Geister zur Stelle und ich erhalte »zufällig« den Anruf einer alten Freundin, die mich über ihren Sohn, der dem Islam beigetreten ist, auf die Spur bringt. Meinen guten Geistern sei Dank. Acht Tage später sitze ich im Flieger nach Kairo, um in den Sudan zu kommen.

Und nun laufe ich hier durch die Hitze mit der Erfahrung eines Wunders. Hat das mit den Scheichs zu tun? Sind sie, wie ihre Schüler aussagen, die letzten, das heißt jüngsten Glieder einer Kette spiritueller Führer, die lückenlos zurückgeht bis auf den Propheten Mohammed? Können sie deshalb die Lebensfreude genauso befreien, wie der Prophet es vor 1.400 Jahren getan haben soll?

Bis Sonnenuntergang sind alle Gruppen auf dem Festplatz eingetroffen. Gruppen aus Afrika, Amerika, Europa, Russland und Asien. Alle wollen sie sich an ihre geistigen Dimensionen erinnern – an ihre Verbindung mit Allem, dem All, dem Einen – Allah, wie sie es nennen. Der Scheich verkörpert diese Verbindung. Er arbeitet auf der geistig-intuitiven Ebene oder besser gesagt, er lässt diese Ebene arbeiten. Er sorgt lediglich dafür, dass die Leute ihr vertrauen, auf sie hören – ihr Bewusstsein ihr zuwenden. Diese Erfahrung sollte nun auch ich machen.

Ich werde zum Medium

Dr. Gamal, der Arzt und Vertraute des Scheichs, holt mich überraschend aus der Menge heraus und erklärt mir, ich solle heute Abend eine Rede halten. »Ich??? Wieso ich?« »Der Wunsch kommt von Scheich Maulana persönlich«, sagt er.

»Ich bin doch erst vier Tage zum ersten Mal in meinem Leben in einem islamischen Land. Worüber soll ich öffentlich, noch dazu in einer Live-Übertragung des sudanesischen Fernsehens von der Bühne dort oben sprechen?« Dr. Gamal versucht mich zu beruhigen: »Scheich Maulana möchte, dass die Vision, die Sie im Makam durch seinen Vater erhalten haben, von allen Versammelten gehört wird, besonders von den hohen anwesenden Persönlichkeiten, unter denen auch der deutsche Botschafter ist und viele andere aus dem reichen Ausland.«

Fünf Minuten später bin ich schon dran. Der Sohn des ehemaligen, ermordeten Präsidenten (bevor der Sudan eine Militärdiktatur wurde) übersetzt mich simultan vom Deutschen ins Arabische. Er hat in Hannover Ingenieurwesen studiert. Wir kommen zusammen auf die Bühne und treten vor die Mikrofone. Mit einer einladenden Geste erhalte ich die Aufforderung, loszusprechen.

»Guten Abend, ich bin das erste Mal in einem islamischen Land. Ich bin sehr erstaunt, wie anders es hier zugeht, als mich meine Zeitungen zu Hause glauben ließen. Ich bedauere die Hetze gegen den Islam, wenn ich sehe, mit welcher Liebe und Freude die Menschen hier zusammenstehen. Nirgendwo habe ich mehr Herzlichkeit und Zuwendung erfahren als in meinen letzten drei Tagen hier im Sudan. Ich glaube, das hat mit Scheich Moulana und dem Sufismus zu tun.

Bruder Mustafa hatte zu mir gesagt, ich solle in den Makam gehen und mich dort hinsetzen und jede Frage, die mich betrifft, in meiner Sprache stellen und auf die Antwort lauschen. Die Antwort kam in Bildern. Dabei sah ich diesen Platz als wunderschönen arabischen, orientalischen Kultplatz. Dieses Gebäude hier hinter mir war ein Palast in moslemischer Kunst und hier in der Mitte, wo Sie jetzt stehen und auch gebetet und getanzt wird, war ein Marmorboden. Der Makam war mit einer goldenen Kuppel in schönstem Licht zu sehen. Das Ganze war eingetaucht in ein großes Gefühl der Liebe. Guten Abend. Ich danke euch fürs Zuhören.«

Es gab keinen Beifall, sondern ein arabisches, kreischendes Gejohle und Gepfeife in den höchsten Tönen aus vielleicht

50.000 Kehlen. Ich war beeindruckt. Heute früh noch todkrank und jetzt dieser Auftritt! Mustafa hielt ich für eine zufällige Begegnung und erfahre jetzt, dass er vom Scheich beauftragt worden war, mich auf Visionssuche in den Makam zu schicken. »Maulana Scheich Ebrahim, Sufi-Meister, was bedeutet das? Welche Kräfte sind hier im Spiel?«, frage ich ihn. Er lächelt und tätschelt mich. Ich weiß noch immer nicht, welcher Sinn hinter dem Ganzen steckt.

Um die intuitiven Fähigkeiten des Gehirns zu erreichen, benutzen die Sufis nicht nur Gesang und Rhythmus, sondern auch körperliche Bewegung, die direkt in Trance oder in das schon erwähnte Sikr führt. Damit wird der spirituelle Kanal frei gelegt, über den jeder Mensch verfügt. Bei uns wird dieser allerdings weit weniger genutzt als hier.

Dieses Ritual, genannt »Tanz der Derwische«, praktizieren sie wenn nicht täglich, so doch wenigstens einmal wöchentlich. An einem Festtag wie heute tanzen sie die ganze Nacht und geraten dabei in Euphorie oder, wie Achmed aus New York sagt: Die Waschmaschine läuft auf Hochtouren. Ich muss zugeben, auch bei mir stellt sich mit dieser Tanzübung das Gefühl einer seelischen Tiefenreinigung ein. Ich fühle mich eins oder leer oder, wie sie hier sagen, in Allah. Ein schwer zu vermittelndes Gefühl, aber jetzt kann ich etwas damit anfangen.

Bei Frauen ist im Allgemeinen der spirituelle Kanal offener als bei Männern. Sie kommen mit viel sanfteren Methoden dahin, wofür Männer sich weit mehr anstrengen. Die Frauen bei den Sufis sind nicht verschleiert. Man sieht ihre offenen, meistens wunderschönen Gesichter und sie schauen einen direkt an, reden ohne Scheu mit einem. Das ist anders als in den mehr dogmatischen islamischen Gemeinschaften.

Beim »Tanz der Derwische« sitzen sie am Rand und schauen zu. Sie tanzen nicht vor den Augen der Männer. Das wäre zu gefährlich für deren Gefühlslage. Denn die Männer versuchen, mit diesem Tanz in die geistige Dimension zu gelangen, und sie glauben, dafür die materiellen, fleischlichen Begierden hinter sich lassen zu müssen. Wie auch immer: Ich habe als Mann unter Männern bei diesem Tanz und während meines gesamten Aufenthalts festgestellt, dass die Sufimänner sich unglaublich stark auf ihre Herzlichkeit und Spiritualität ausrichten können.

Welche enormen Energien Visionen bei Menschen auslösen können, die sich in erster Linie als geistige Wesen verstehen, das heißt, für die der Kontakt zu nicht-materiellen Wesen selbstverständlich ist, erfahre ich am nächsten Tag.

Ein renommierter arabischer Architekt und ein gesandter Mulla des Scheichs Maulana besuchen mich in meinem Quartier und fragen mich in seinem Auftrag nach den Details meiner Vision. Sie wollen exakt wissen, was ich im Makam gesehen habe. Sie nehmen jedes Wort von mir auf Tonband auf und schreiben genau mit, wie hoch zum Beispiel die Empore ist, die ich mir neben dem Gebetsplatz vorstellte. Ein Meter oder ein Meterundzehn? Welcher Marmor es sein soll. Der weiße aus Carrera oder der grün marmorierte?

Ich habe fast auf jede Frage eine Antwort, einfach so, wie im Hellsehtest des Silva-Kurses. Der Architekt und sein Mullah sind begeistert. Nach fünf Stunden sind sie zufrieden. Alles, was ich sagte, ist die Idee des heiligen, verstorbenen Maulana Scheich Osman für die Umgestaltung des Platzes seines Mausoleums. Ich, ein völlig Ahnungsloser, ein zufällig dahergekommener Fremder, dem keinerlei Eigeninteresse unterstellt werden kann, bin für sie das Medium zur Übermittlung seiner Botschaft.

Als ich am späten Nachmittag zum Flughafen fahre, erkennt mich der Taxifahrer aus der Fernsehübertragung vom gestrigen Abend. Auf dem Flughafen scharen sich die Menschen um mich. Die Zollbeamten, die uns bei der Einreise noch so viel Stress gemacht hatten, sind jetzt, eine Woche später charmante

Stewards, die einen so zuvorkommend wie nur möglich behandeln. Ich bekomme das Gefühl, verehrt zu werden. Ein komisches Gefühl, vor allem, wenn man zu der Ehre kommt wie »die Jungfrau zum Kind«.

Tatsächlich, ein Jahr später werde ich eingeladen, wieder in den Sudan zu kommen. Diesmal werden meine gesamten Kosten übernommen. Ich traue meinen Augen nicht: Man ist in vollem Gange, »meine« Vision in Stahl und Beton umzusetzen, und zeigt mir die Pläne für dieses gewaltige Bauvorhaben. Die Reaktion auf meine im Fernsehen übertragene Rede war so stark, dass riesige Geldbeträge zusammenkamen. Die Idee des verstorbenen Scheichs war finanziert. Alles wird so gebaut, wie ich es gesehen habe.

Ich kann es nicht fassen. Während der gesamten Zeit im Sudan hatte ich niemals das Gefühl, benutzt worden zu sein. Niemand hatte mir vorgeschrieben, welche Gedanken ich haben soll, aber offenbar vertraute der Scheich darauf, dass sein verstorbener Vater mir im Makam schon das Richtige einflüstern würde, er sorgte durch Mustafa lediglich dafür, dass ich in den Makam gehe und Fragen stelle. Ich dachte immer, aus eigenem Antrieb gehandelt und gedacht zu haben. Habe ich das?

Es wundert mich noch heute, welche Bezüge unser Geist herstellt, ohne dass einem dies bewusst wird, und wie diese genutzt werden können, wenn das gesellschaftliche Umfeld von einem solchen spirituellen Bewusstsein beseelt ist. In unserer christlichen Gesellschaft kann ich mir nicht vorstellen, wie ein Priester durch die Vision eines Fremdlings Millionen von Euros gespendet bekommen könnte, selbst wenn der Priester behaupten würde, dass Jesus persönlich dem Fremdling die Vision vermittelt hätte. Unsere religiösen Bürger glauben an solche geistigen Bezüge erst gar nicht. Das spirituelle Bezugssystem ist im Islam, und speziell unter den Sufis, wesentlich ausgeprägter als bei uns im Abendland. Ich bin froh, dass ich zu guter Letzt doch noch den Islam mit in meinen Film *Unterwegs in die nächste Dimension* habe hineinnehmen können. Schließlich ist er ein Glaubenskonzept für eine halbe Milliarde Menschen.

Wer meinen Film nach den ersten beiden Vorführungen auf dem Filmfest in München gesehen hat, wundert sich, warum von all dem, was im Sudan passiert ist, nichts mehr zu sehen ist? Das hat schwer wiegende Gründe.

11. September

Nach meiner zweiten Reise in den Sudan bin ich mit dem Schnitt und Text dieser Episode relativ schnell fertig. Kurz darauf kündigt sich der Bruder des Scheichs an, um den Film in meinem Schneideraum zu begutachten. Er hat danach 15 Änderungswünsche. Zwar hatte ich meinen Schnitt vorab schon hiesigen Muslimen vorgelegt und deren Wünsche bereits berücksichtigt, aber für mich sind auch die erneuten Änderungen inhaltlich erfüllbar, wenngleich sie mich einiges Geld der Nachbearbeitung kosten. Danach ist aber alles komplett und alle sind zufrieden, sodass ich mich daranmachen kann, den Film von der Festplatte meines Computers auf 35 Millimeter Negativfilm zu transferieren, ein noch sehr teures Verfahren – aus diesem Grund vergewissere ich mich bei Dutzenden von Betroffenen, ob jeder von ihnen mit der Veröffentlichung seiner Person in meinem Film einverstanden ist. Immerhin spielt der Film außer im Sudan noch in sechs anderen Ländern mit entsprechend vielen Protagonisten. Danach startet der Film mit großem Erfolg auf dem Filmfestival in München Ende Juni 2001.

Einige Tage später erreicht mich die Botschaft, der Scheich selbst käme nach Europa und wolle mich sehen. Welch große

Ehre, denke ich, wann und wo soll es denn sein? Es bedarf mindestens zehn Telefongespräche mit seiner europäischen Pressesprecherin und seinem Sekretär, bis endlich ein Termin für das Treffen gefunden wird: Es ist der 11. September 2001, 18 Uhr, im islamischen Zentrum in München. Konnte es jemanden geben, der ahnte, was an diesem Tag passieren sollte?

Am Mittag dieses für die Menschheit historischen Tages komme ich mit meiner Frau aus dem Urlaub zurück. Im Auto unterhalten wir uns noch darüber, welch glückliche und einmalige Generation wir sind, ohne Krieg leben zu dürfen. Zu Hause finde ich von einer guten New Yorker Bekannten eine verunglückte Mail auf meinem Computer vor. Ich rufe sie um 14.30 Uhr unserer Zeit an. Sie sagt, sie sei in Eile und schon auf dem Weg zur Arbeit und sie schicke mir von dort die Mail noch ein zweites Mal. Von ihrer Wohnung muss sie etwa 800 Meter zum World Trade Center laufen und dort im Souterrain in den Hudson Express einsteigen. Als sie nach zehn Minuten Fahrt auf der anderen Seite des Flusses aus dem U-Bahn-Schacht herauskommt, steigt Rauch aus dem Süd-Tower des WTC. Ein paar Minuten später, um 9.30 Uhr Ortszeit, schreibt sie mir:

»Lieber Clemens, wir haben gerade die Nachricht erhalten, dass zwei Flugzeuge absichtlich in das World Trade Center (in beide Türme) geflogen sind. Ich war 15 Minuten, bevor es passierte, dort, um den Zug zu nehmen. Jeder ist sehr betroffen, obwohl wir noch nicht viel wissen.«

Ich nehme diese Nachricht auf, ohne zu ahnen, welche Tragweite das Ganze bekommen wird, kann aber auch nichts hinterfragen, weil mein Termin beim Scheich drängt. Als ich um 18 Uhr unserer Zeit in sein Zimmer gebeten werde, sitzt er wie gebannt vor dem Fernseher und sieht CNN mit arabischen Untertiteln. Er ist auch mit einem Gruß nicht abzulenken. Mit ihm zusammen sehe ich zum ersten Mal die Bilder von den in die Tower fliegenden Flugzeugen, und erst jetzt verstehe ich die Mail meiner Bekannten aus New York. Was heißt verstehen? Es ist schon erstaunlich, wie lange mein Gehirn braucht, eine solche Situation zu erfassen, die außerhalb von allem Gedachten liegt.

Plötzlich sagt der Scheich aus voller Überzeugung, immer noch in den Fernseher starrend: »Das ist sehr gut!« (»This is very good!«) Dann dreht er sich zu mir um und begrüßt mich. Der Übersetzer, Dr. Gamal, erzählt ihm, wie gut mein Film auf dem Münchner Festival angekommen sei. Doch er wird vom Scheich unterbrochen: »Ich will raus aus Ihrem Film.« Ich bin schockiert! Ich verstehe nicht, was jetzt passiert. »Jetzt herrscht Krieg«, sagt er. (»Now it's war.«)

Es wird mir noch viel erklärt, weshalb es unmöglich ist, dass er in einem Film vorkommt, in dem seiner Ansicht nach sonst nur »Schwarzmagier« mitmachen. Eine harte Aussage, die mir aber nicht fremd ist. Sie bedeutet: Es gibt nur einen Gott und das ist mein Gott. Alle anderen, die meinen Gott nicht anbeten und ihren eigenen Gott haben, sind »Schwarzmagier«. Schade, denke ich. Eigentlich hätte ich von einem Sufi-Meister etwas anderes erwartet. »Im Krieg gehen die Uhren halt anders«, wird mir erläutert.

Ziemlich niedergeschlagen verlasse ich am 11. September das islamische Zentrum. Am nächsten Morgen bekomme ich einen Anruf meines Verleihers: »Der Islam muss raus. Wir wollen keine Islamdiskussion. Das schadet deinem Film.« Ich muss mich beugen, obwohl ich der Meinung bin, dass gerade jetzt der islamische Teil in meinem Film etwas zum Kulturausgleich beitragen könnte. Die Kräfte auf beiden Seiten sind aber dagegen. Der Scheich bekommt Angst, von den islamischen Machthabern im Sudan und in Ägypten der Kollaboration mit dem Feind bezichtigt zu werden, zumal der »Feind« in meinem Film sogar nackt erscheint. Gemeint ist die österreichische Gruppe, die im Dschungel des Amazonas bei Don Agustin ein Schlammbad nimmt (siehe das Kapitel »Don Agustin – Peru«). Und der Verleiher bekommt Angst, dass der bei uns geschürte Hass gegen Islamisten den Film treffen könnte. Der Film wird für viel Geld noch einmal geändert und der Kinostart deshalb um ein halbes Jahr verschoben.

Später widerrief das islamische Zentrum, der Scheich hätte gesagt: »This is very good.« Er habe damit etwas anderes gemeint. Wie auch immer: Tatsache bleibt, dass er nicht in einem Film vorkommen will, in dem nackte Männer und Frauen zu sehen sind. Dass sie so darin vorkommen, wusste er allerdings schon früher und auch sein Bruder hatte diesen Fakt nicht beanstandet. Es ist das alte Abgrenzungsproblem: Wer beansprucht, den einzigen Weg auf den Gipfel des Glücks zu kennen, für den führen alle anderen Wege ins Verderben. Dogmatismus, der Samen für Krieg. Weil es im Islam keine Nacktheit geben darf, darf es sie auch in keinem Film geben, in dem ein Führer des Islam vorkommt. Darf er auch nicht in einem Fernsehprogramm vorkommen, in dem es Nacktheit gibt? Die verschiedenen Kulturen der Erde können sich heute nicht mehr voneinander abschotten. Toleranz ist unabdingbar geworden.

Begierde

Indem man der Nacktheit aber so große Bedeutung beimisst, wird der Körper wichtiger als der Geist. Damit der Geist in der Bewusstseinshierarchie über dem Körperlichen und der Materie steht, muss das Ego zurücktreten, denn das Ego orientiert sich am Materiellen, am Körperlichen. Es ist der Motor der Begierde.

Ein geistiger Weg, der als der allein selig machende vertreten wird, braucht das Ego jedoch, um den Hegemonialanspruch zu verteidigen. Das macht die Seele nicht. Die Seele kann ein solches Dogma nicht verteidigen. Sie ist an Frieden und Freiheit interessiert. Sie will niemanden bevormunden, sie ist großzügig und tolerant. Das Ego ist machtorientiert und kämpft für seinen Weg und solange das Ego für einen dogmatischen Weg gebraucht wird, ist die Dominanz des Materiellen/Körperlichen ungebrochen und damit auch alle seine Implikationen wie Begierde, Scham und Entfremdung. Mit der Dominanz des Egos lässt sich Begierde nicht transformieren, höchstens disziplinieren. Das Naheliegende ist daher, den Reiz für die Begierde zu verhüllen. Schon ein paar Quadratzentimeter Frauenkörper könnten in dem egozentrierten Weltbild der Männer eine so heftige körperliche Begierde auslösen, dass ihre geistige Ausrichtung gefährdet wäre. Die Verhüllung der Frau dient als Schutz vor profaner körperlicher Bewusstseinsausrichtung, sowohl für den Mann als auch für die Frau.

Im Materialismus ist nicht der Seelenfrieden das Maß aller Dinge, sondern der Egoismus.

Wollen wir die geistige Dimension unseres Menschseins wirklich erleben, so wissen wir, müssen wir auf das Ego verzichten. Damit verzichtet man auch auf den absolutistischen Wahrheitsanspruch, mit dem sich Macht und im Gefolge davon Dogmatismus und Fanatismus (be)gründen lassen.

Die Ausrichtung der Seele auf die geistige Existenz relativiert die körperliche Begierde, denn sie sieht im Körper einen Ausdruck ihrer selbst. Mit dieser Ausrichtung fügt die Materie, und speziell das Körperliche, sich der Hierarchie unserer Daseinsform und nimmt Platz hinter den Emotionen, und diese hinter dem Geist. Auf diesem fundamentalen, unteren Platz kann der Körper wieder enthüllt sein, ohne den geistigen Weg in Gefahr zu bringen.

Auf unserem westlichen, materiellen Weg ist die Gefahr für den geistigen Weg durch die egobehaftete Begierde nicht sehr groß, weil Glück von vornherein nicht primär in der geistigen

Dimension gesucht wird, wie es im Islam der Fall ist. Das Glück liegt bei uns im Bereich der Materie und des Körperlichen. Nacktheit verspricht höchstes Glück. Nacktheit ist Materie pur. Glücksuche mit Fleischeslust ist im Westen probater Lebenssinn. Welch trügerisches Vergnügen in Anbetracht körperlicher Vergänglichkeit und Tod ...

Der Islam fühlt sich gegenüber dem Westen so erhaben, weil er seinen Anhängern einen geistigen Weg anbietet. Damit jedoch dieser geistige Weg in Freiheit und Frieden gegangen werden kann, müsste er seinen allein selig machenden Anspruch aufgeben. Das aber ist gleichbedeutend mit Machtaufgabe, und davon sind die islamischen Herrscher genauso weit entfernt wie die materialistischen Herrscher. Krieg ist eine logische Konsequenz für zwei, die beide meinen, im Besitz einer unteilbaren Wahrheit zu sein.

Ankommen

Experiment Menschsein

Nach meinen vielen Reisen quer durch die Kontinente kann ich erkennen, dass es für mich keinen Sinn mehr macht, weiter unterwegs zu sein – denn die geistige Dimension ist in jeder Kultur und in jedem Menschen vorhanden. Ihre Erscheinung gibt es in unendlich vielen Formen. Mich interessiert nun, wie sie sich hier zu Hause leben lässt.

Geistiges Heilen hat es bei uns so schwer, Anerkennung zu finden, weil in einer materialistischen Gesellschaft die Materie als die Grundlage allen Seins betrachtet wird. Obwohl die Kirche anderer Meinung ist, reichen ihre große Macht und ihr bestimmender Einfluss auf den Zeitgeist nicht aus, um ihren Mitgliedern zu mehr spirituellem Bewusstsein zu verhelfen. Die große Mehrheit der Bevölkerung sind zwar Kirchenmitglieder, verstehen aber nicht, warum die Bibel (Johannes-Evangelium) mit dem Satz beginnt: *»Im Anfang war das Wort, und das Wort war bei Gott, und das Wort war Gott.«* Das ursprüngliche Wort für »Wort« war »Logos« und »Logos« lässt sich auch mit »Geist« übersetzen. Die Aussage der Bibel lautet also: »Im Anfang war Geist«, und nicht »Im Anfang war Materie.« Wer das verinnerlicht, fällt nicht mehr so leicht auf unser materialistisches Weltbild herein. Wer auf geistige Art gesund werden möchte, muss sich von dem materialistischen Weltbild befreien, sonst bleiben seine Selbstheilungskräfte gebremst.

Wie soll man sich vorstellen, dass alles, was ist, aus dem Geist entsteht? Fassen wir noch einmal zusammen:

Forscher, Wissenschaftler, Handwerker – jeder, der etwas Materielles erzeugt, braucht dafür eine Idee von der zu erschaffenden Materie. Er muss sich auf diese Idee so stark konzentrieren, bis die Vorstellung von dem, was entstehen soll, so präzise in seinem Kopf vorhanden ist, dass die Idee konkretisiert werden kann. Ein Chemiker muss sein Molekularmodell so exakt durchdenken, dass die Versuche, seine Idee zu realisieren, entsprechend ablaufen. Ohne eine geistige Vorarbeit entsteht keine Materie. Der Weg dahin ist und bleibt immer mit dem Risiko des Scheiterns verbunden, denn die so genannten Naturgesetze sind lediglich theoretische Denkmodelle oder Annahmen für die bisher beobachteten lebendigen, unfassbaren Prozesse im Universum. Deshalb kann die Wissenschaft nie sicher vor Überraschungen und Fehlschlägen sein und muss bereit sein, die Modelle (Gesetze) zu erweitern, zu korrigieren oder auch vollständig in Frage zu stellen.

Die Schöpfung

Mit der Entstehung eines jeden Stoffes wiederholt sich der Urprozess: Der Geist hat eine Idee. Jede Idee ist von Energie getragen. Diese Aussage steckt in dem Bibelzitat »Das Wort ist Gott«, denn »Gott« kann rational betrachtet mit »Energie« gleichgesetzt werden und »Wort« mit »Geist«. Diese Energie drängt auf Verwirklichung oder, anders ausgedrückt: Dem Geist ist als Zeichen seiner Lebendigkeit das Verlangen nach Wirkung zu Eigen; der Geist möchte sich erfahren. Der Geist ist aber im Ursprung leer. Doch Leerheit ist kein Nichts. Denn Geist ist pure, unkonkrete, nicht gestaltete Energie, Geist ist Eins.

Das Wesen von Energie ist also nicht Null, sondern ein Faktor, mindestens Eins, denn Energie ist ja nicht Nichts, sondern eine Kraft mit einer Ausstrahlung und diese Strahlung hat ein Zentrum: den Kern ihrer Kraft. Dieser Kern ist die Idee mit dem Wunsch nach Verwirklichung. Der Wunsch ist die Gerichtetheit, die Absicht oder die Ausstrahlung.

Der erste mögliche Schritt zu einer Konkretisierung ist die Teilung des Eins. Aus einem Faktor werden zwei Faktoren. Wenn zwei Faktoren nicht mehr dasselbe sind wie ein Faktor, dann müssen die Faktoren sich durch irgendetwas unterscheiden. Das heißt, die Teilung muss Wirkung zeigen. Das Erste, worin zwischen zwei Energien ein Unterschied und damit eine Wirkung erzeugt wird, ist, wenn sie in Gegensatz zueinander geraten. Eine zweite Energie, die sich in nichts von der ersten Energie unterscheiden würde, könnte nicht wahrgenommen werden, das heißt keine Wirkung zeigen. Licht wird nur durch Schatten sichtbar und umgekehrt. Ein nonduales Weltbild ist ohne Wirkung.

Eine Energie, die durch Teilung aus vorhandener Energie hervorgegangen ist, kann sich nicht im Wesen von dieser Energie unterscheiden, sondern nur durch eine eigene Ausstrahlung, das heißt eine eigene Gerichtetheit, Absicht. Sie erweist sich dadurch als neu, mit einer eigenen Identität, indem sie einen eigenen, gegensätzlichen Faktor bildet. Von Eins spaltet sich ein gegensätzliches neues Eins ab, somit beginnt das dialektische Weltbild.

Teilen und Verdichten

Dieses *Teilungsmodell* wirkt natürlich auch andersherum. Das heißt, die Teilung wird für beide Seiten dadurch erfahrbar, dass sie sich gegeneinander wenden, aneinander reiben. Das ist die erste Wirkung, die der Geist erzeugt. Dieser Teilungsprozess kann sich unendlich oft wiederholen. Jede Teilung schafft neue Reibungsmomente. Es entsteht eine Struktur unterschiedlicher Faktoren. Je mehr Faktoren auftreten, desto dichter wird die Idee, von der die Teilung ausging. Wir sprechen von einem *Verdichtungsprozess*. Die Idee gibt ihm seine Richtung. Der Prozess läuft also nicht willkürlich ab. Der Geist konkretisiert sich durch die Idee. Ideen sind somit der Treibstoff allen Seins. Konkretisierung heißt Struktur geben, heißt verdichten. Irgendwann wird auf diesem Weg der Geist zu Materie – ein exakter Übergang ist nicht eindeutig zu definieren.

Wenn ich die Idee für einen Tisch habe, verdichte ich diese Idee zunächst nur im Geist, das heißt in meinem Kopf. Die Idee wird durch Detailideen immer konkreter, ist aber noch nicht Materie. Irgendwann erreicht dieser Verdichtungsprozess einen Grad, der die Fixierung der Idee notwendig macht; dafür nehme ich früher bereits stattgefundene Verdichtungsprozesse zuhilfe, zum Beispiel eine Bleistiftmine, schreibe die Idee nieder oder zeichne sie auf. Für den Künstler mag hier der Wunsch nach Verwirklichung bereits enden und er spricht dem Produkt eine eigene Existenz zu, die damit von seinem Geist getrennt wird, für den Schreiner jedoch geht der Verdichtungsprozess weiter, für ihn ist die Zeichnung noch nicht das materielle Produkt seiner Idee »Tisch«. Noch kann er auf dem Papier die Idee beliebig verändern, sie ist seinem Geist noch immer untergeordnet. Der Geist ist noch Herr des Geschehens. Es kommen weitere Verdichtungsprozesse hinzu, beispielsweise ein Baum. (Der Baum war ursprünglich natürlich auch aus einer Idee hervorgegangen, die sich in einem Samen anfing zu materialisieren.) Aus dem Baum, sprich Holz, baut der Schreiner seinen Tisch. Irgendwann ist auch dieser Tisch fertig und bekommt von seinem Schöpfer eine eigene Identität zugedacht, er nennt ihn Holztisch.

Der Tisch ist nun nicht mehr Teil seines Geistes, sondern erscheint mit einer eigenen Wirklichkeit, losgelöst vom Schöpfergeist, er scheint eine eigene, selbstständige Existenz zu haben. Aus dem Subjekt wird Objekt. Die ersehnte Wirkung hat sich verselbstständigt. Materie erscheint unabhängig vom Geist, dem Schöpfer. *Hier kommt nun die Weichenstellung für ein geistiges oder materialistisches Weltbild.*

Bleiben wir vorerst noch bei dem Entstehungsprozess von Materie. Wir befinden uns aber nicht mehr am Anfang. Es haben schon unendlich viele Verdichtungsprozesse stattgefunden, finden statt und werden stattfinden. Die geistige Energie ist unerschöpflich. Den Ideen sind keine Grenzen gesetzt, außer denen, die unserer Idee entspringen. Keine Idee ist unabhängig von vorangegangenen Ideen, aber auch nicht daran gebunden. Das spielerische Element, das nach Wirkung lechzt, führt zu immer neuen Konstellationen. Es ist jedoch immer wieder eine Frage der Konzentrationsfähigkeit, welche Ideen sich so weit verdichten, bis sie sich manifestieren. Selbst wenn viele Ideen spontan, eruptiv, sprunghaft entstehen – ihnen Ausdruck zu verleihen, sie zu verdichten, erfordert höchste Konzentration.

Mit höchster Konzentration können wir eine ersehnte Wirkung herbeiführen.

Das Höchste, was wir tun können, ist daher, uns zu konzentrieren, das heißt den Geist ruhig zu stellen, seine Leerheit *und* pralle Energie zu spüren und sie dann auf was auch immer zu fokussieren, die Idee zu gebären und sie zu verdichten. Damit tritt die ersehnte Wirkung ein. Über unseren Geist, materiell ausgedrückt, über unser Gehirn, kann gesagt werden: Seine erste Aufgabe ist es, seine Wirklichkeit zu erschaffen. Diese Fähigkeit des Geistes, materiell erfahrbare Wirklichkeit zu erschaffen, ist die Grundlage geistiger Heilung überhaupt.

Die erwähnte Weichenstellung zwischen spirituellem (geistigem) Weltbild und materialistischem Weltbild liegt darin, dass das primär materialistische Weltbild den Ursprung allen Seins unberücksichtigt lässt oder aus dem Auge verloren hat. Seine Wahrnehmung heftet sich an das, was bereits verdichtet ist, und glaubt, nur mit materiell manifestierten Stoffen umgehen zu können, daraus neue Ideen zu entwickeln und sie zu verwirklichen. Dieses Weltbild betrachtet sozusagen nur noch die Endfertigung des Schöpfungsprozesses. Dass jeder Materie der geistige Impuls innewohnt, der sie hervorbrachte und zu dem sie auch wieder zurückkehrt, wird ignoriert. Das macht das Leben mühevoll und hart. Der direkte Weg, mit dem Geist Wirklichkeit zu schaffen, ist nicht (mehr) denkbar, die scheinbare Eigenständigkeit der Objekte prägt die Wahrnehmung. Man ist regelrecht verliebt in die Resultate des bereits sichtbaren, auch zum Teil sogar messbaren Verdichtungsprozesses.

Genau das passiert auch den meisten Künstlern. Sie haben eine Idee, verwirklichen sie und verlieben sich in diese Verwirklichung. Das Produkt wird »verheiligt«, es soll unverwundbar und unsterblich sein. Die Vergänglichkeit des Produktes schmerzt. Die singuläre, vom Schöpfergeist abgetrennte eigenständige Wirklichkeit (Wirkung) wird betont. Der dem Produkt (der Wirklichkeit) innewohnende Geist wird vernachlässigt. Dabei könnte das Leben so leicht sein, wenn man sich bewusst macht, die unversiegbare Quelle des Geistes, aus der alles entsteht, in sich zu tragen.

In jedem Zustand, ob wach oder schlafend, auf allen Frequenzen produziert der Geist Ideen. Die Aufgabe ist lediglich, sich auf die besten zu konzentrieren und sie kontinuierlich zu verdichten. Das schafft immer neue Wirklichkeiten, zeitigt materielle Effekte und bringt die ersehnte Wirksamkeit. Sobald dieser Kulminationspunkt des geistig-kreativen Prozesses erreicht ist, will man das Produkt festhalten, es zum Verweilen bringen. Der Geist bleibt aber nicht stehen. Neue Ideen streben unaufhörlich nach Verwirklichung. Diejenigen, die bereits materialisiert sind, dürfen wieder verfallen und müssen auch verfallen. Was wird, vergeht. Sich diesem Gesetz zu widersetzen, schafft Probleme. Das Credo heißt deshalb immer wieder: *Loslassen.* Picasso war dafür ein Vorbild. Er kreierte den ganzen Tag über seine Ideen bis hin zu ihrer Verwirklichung. Danach wendete er sich sofort neuen Ideen zu, verwarf oft die alten Verdichtungen, änderte sie; nie hing sein Herz so sehr daran, dass sie unsterblich hätten werden sollen. Es waren andere, die sich in seine Produkte verliebten und sie unsterblich machten.

Leidvolle Wirklichkeit

Wir kennen nun die eine Seite des geistig-kreativen Prozesses. Was aber ist mit der leidvollen Wirklichkeit? Was ist der Grund dafür, dass die Wirklichkeit zur Hölle wird? Hölle heißt erstarrte Strukturen, Energieblockaden, Egoismus, störende Gefühle wie Angst, Missgunst, Hass, Eifersucht und Ignoranz – wie kommt es dazu?

Man möchte behaupten, der Mensch ist frei – zumindest im Geiste –, und deshalb, so ließe sich schließen, kann der Geist auch die Idee der Hölle haben und sie verwirklichen wollen. Solange wir nicht von einer moralischen, zensierenden Kraft im Universum ausgehen können, die reguliert, welche Ideen Verdichtung erfahren und welche nicht, müssen wir anerkennen: Alle Ideen, nicht nur die besten, sondern auch die perversesten und die leidvollsten, sind ausgerüstet mit dem Verlangen (der Energie) nach Verdichtung bis zur Materialisierung (Verwirklichung). Ich sehe in der Geschichte des Menschen kein Hemmnis, Ideen verdichten zu wollen, die dem Streben nach Glück widersprechen oder abträglich sind.

Die Freiheit des Menschen, jede Idee zu haben, ist im Einzelfall lediglich eingeschränkt auf die Sprache, in der die Idee erdacht wird. Die Sprache umfasst das, was denkbar ist. Unterschiedliche Sprachen decken unterschiedliche Denkbarkeiten (Ideen) ab. Beispielsweise kann ich über die Funktionsweise des Geistes in Tibetisch mehr denken, also mehr Ideen haben als auf Deutsch – und umgekehrt kann ich über die Funktionsweise einer Maschine mit dem Deutschen mehr denken (mehr Ideen haben) als mit dem Tibetischen. Die Summe dessen, was bisher in einer Sprache gedacht wurde, bestimmt, was in einer Sprache denkbar ist. Auch große Denker schaffen es nur bruchstückweise, sich von dem bisher Gedachten zu befreien. Das ist harte Konzentrationsarbeit. Es gibt einen kollektiven Druck, niemanden aus dem gedanklichen

Gemeinschaftsgut zu entlassen, sowohl im Positiven als auch im Negativen.

Unsere größte Idee war bisher der Mensch. Diese Idee ist sehr jung, verglichen mit den Vorgängen im Universum. 120.000 Jahre sind ein Wimpernschlag, seit der erste Affe die Idee realisierte, sein Fell auszuziehen. Danach haben es viele Affen geschafft und die, denen die menschliche Form gelungen war, blieben bei ihren nächsten und weiteren Versuchen dabei, das heißt inkarnierten immer wieder als Menschen. Andere Seelen, die noch in Affen steckten, zogen nach – und zunehmend mehr aus unterschiedlichen Tiergattungen. Wir haben noch kein großes Bewusstsein darüber, aus welchen tierischen Existenzformen der Sprung in die menschliche Existenzform gelungen ist. Erst im Jahre 1010 n.Chr. ist es (verbrieftermaßen) einem Menschen gelungen, sich auch seiner zukünftigen Inkarnation bewusst zu werden. Das war der 1. Karmapa. Von niemand anderem ist bisher bekannt, dass er zum Ende seines Lebens aufgeschrieben hat, wann er wo wieder in menschlicher Form inkarnieren wird (siehe das Kapitel »Living Buddha«). Das Experiment Menschsein ist noch sehr jung und mit vielen Fehlern behaftet. Nur wenigen Exemplaren gelingt es, frühzeitig vor dem Verdichtungsprozess zu erkennen, welche ihrer Ideen positiv und welche negativ wirken. Große Denker wie Heisenberg und Justus von Liebig haben zu spät erkannt, dass sie negative Ideen in genialer Weise verdichteten. Der Widerruf fiel ihnen schwer und wurde überhört. (Justus von Liebig hat sogar seine Lehre schriftlich widerlegt. Trotzdem muss er immer noch weltweit für seine Idee des Kunstdüngers herhalten, obwohl er sie selbst am Ende seines Lebens als negativ verworfen hat.)

Ein Geist, der zu allem fähig ist und schließlich auf die Idee kommt, sich in menschlicher Form zu verwirklichen (nachdem er schon etliches vorher ausprobiert hat, wie den Wassertropfen, die Pflanzen und Tierformen), fährt volles Risiko. Das Experiment kann funktionieren, es kann aber auch danebengehen. Die Natur ist in jeder Sekunde voll von Ideen, die nicht klappen. Wie gesagt: Dem Geist ist es geradezu eine Lust, ständig Ideen zu haben, so viele wie möglich davon auszuprobieren und dabei unentwegt in Kreativität zu schwelgen. Es kostet ihn ein Lächeln, Ideen in jeder beliebigen Verwirklichungsphase sterben zu lassen, sozusagen Ausschuss zu produzieren. Der Geist kennt kein Gefühl von Knappheit, Sparsamkeit oder Vorsorge – er hat überhaupt keine Sorgen.

Vom Produkt aus betrachtet birgt das Experiment Menschsein allerdings große Unsicherheiten, Risiken und Ängste. Wir alle sind immer beides – der Experimentierende und das Experiment. Viele sehen sich allerdings nur noch als das Experiment *Menschsein* und können sich als den Betreiber des Experiments nicht mehr wahrnehmen. Sie ahnen zwar, dass sie nicht nur das Produkt sind, sondern auch mit der Idee zu diesem Produkt irgendetwas zu tun haben, denn sonst hätten sie nicht diese Angst, ob das Experiment gelingt oder nicht. Doch diese Angst können sie nicht auflösen, weil sie sich vom Experiment nicht lösen wollen, um die Position des Schöpfers hinzunehmen. Die Angst wird zum Circulus vitiosus.

Man ist der Meinung, dass das Werk »Menschsein« schon so weit fortgeschritten ist, dass man es nicht mehr aufgeben möchte, weil die große Mühe nicht umsonst gewesen sein soll, man darf an dem Werk, dem Experiment, nicht mehr rütteln. Es muss bleiben, wie es ist. Jede Infragestellung macht große Angst. Dabei tauchen ständig Kräfte auf, die das Experiment Menschsein gefährden (Krebs, Atom, Aids, ABC-Waffen, SARS, Flutkatastrophen und und und) oder verändern wollen (Armut, Genmanipulation, virtuelles Leben, Familienzerfall und und und). Beides beunruhigt und macht Angst.

Angst ist aber ein schlechter Ratgeber. Aus Angst kommt man auf Ideen, die nicht positiv wirken. Es scheint paradox:

Weil ich an dem Produkt des Experiments Menschsein krampfhaft festhalte, mache ich mir wegen der Vergänglichkeit und Labilität des Menschseins enorm viel Angst – und genau dadurch komme ich auf Ideen, die das Produkt Menschsein noch mehr gefährden und die Angst verstärken. An negativen Ideen scheint kein Mangel zu bestehen, oft hat man sogar den Eindruck, dass negative Ideen leichter erdacht werden als positive, obwohl doch jeder Mensch danach strebt, glücklich zu sein.

Es lässt sich nicht nachweisen, aber ich bin davon überzeugt, dass es genauso viel positive wie negative Ideen gibt. Wären die negativen tatsächlich in der Mehrheit, wäre das Experiment Menschsein schon jetzt gescheitert. Negative Ideen sind nicht nur ein psychologischer Faktor, sondern auch ein grundsätzlicher Zug des dialektischen Denkens. Das dialektische Denken impliziert den Gegensatz zu jeder Idee. Habe ich die Idee zu etwas Hohem, ist damit auch etwas Tiefes impliziert, sonst wäre »hoch« nicht denkbar (und umgekehrt). Alles, was ich denke, bedarf eines Gegensatzes, um gedacht werden zu können, wie es auch in dem Beispiel »Licht und Schatten« schon zum Ausdruck kam.

Dialektik des Seins

Betrachten wir das Einssein im Anfang allen Seins als das Ursprüngliche, das Reguläre, so ist die Abspaltung das Gegensätzliche, das Irreguläre. Ohne die Abspaltung oder das Irreguläre lässt sich keine Wirkung erzielen, wie es weiter vorn schon geschildert wurde. Ich muss den Gegensatz zu »Eins« in Kauf nehmen, wenn Wirklichkeit entstehen soll. Das ist die Spielregel für alles, was unser Geist produziert bzw. sich durch das bisher erreichte Bewusstsein materialisieren lässt. Die reguläre Idee von »Gut« erfordert den Gegensatz, die Idee »Böse«.

Es ist uns allen klar, dass niemand die Idee »Böse«, in welcher Form auch immer (z.B. als Krieg, Zerstörung und Misshandlung), verwirklichen möchte, aber die Idee »Krieg« ist unvermeidbar, um die Idee »Frieden« zu haben, und umgekehrt.* Auch wenn beide Ideen sich gegenseitig bedingen, sie sind nicht gleich. Wir machen einen qualitativen Unterschied: »Friede« ist die reguläre, die ursprüngliche Idee; »Krieg« die gegensätzlich, die irreguläre Idee.

Wie schlägt sich diese Dialektik unseres Seins in der Wirklichkeit nieder? Denken wir nur an Nachrichtensendungen, die stündlich und viertelstündlich auf unser Bewusstsein einprasseln. Die Nachrichten sind voll gepackt mit negativen Meldungen. Wie kommt das? Ist die Welt so schlecht?

Eine Nachricht ist nur dann eine Nachricht, wenn sie etwas beinhaltet, das vom Normalen abweicht. Wenn das Reguläre und Normale in unserem Experiment Menschsein der »Friede« ist, dann muss die Nachricht das Irreguläre, Unnormale, das Abwegige, der »Krieg« sein. An dem Normalen will niemand etwas ändern, damit sind wir zufrieden und wir müssen uns nicht damit befassen. Es ist deshalb keiner Meldung wert. Das Irreguläre, Unnormale soll sich ändern und muss deshalb so schnell wie möglich den Menschen mitgeteilt werden. Alle Menschen teilen grundsätzlich den Wunsch, die Ausnahme zu überwinden (egal, ob das gelingt oder nicht), deshalb ist der Fokus viel stärker auf das Negative gerichtet, dessen Ursache wir finden wollen, als auf das Positive im Leben.

Warum gibt es so viele Menschen, die Ideen produzieren und verwirklichen, die dem, was als gut empfunden wird, widersprechen? Der Motor dafür ist die bereits erwähnte allgegen-

---

* *Ich habe tatsächlich Menschen in Ladakh und auf den Nilgiri Hills getroffen, die kein Wort für Frieden haben. Sie können Frieden nicht denken, denn sie hatten noch nie Krieg. Es gibt bei ihnen keinen Grund für Frieden.*

wärtige Angst: Angst vor der Vergänglichkeit des eigenen materiellen Wesens, das die Bezeichnung Ego oder Ich erhält. Alles dreht sich ums Ich/Ego. Die Folgen sind Egozentrik und Egoismus, die in Kompensation der Angst das Böse fördern. Das Ich/Ego sieht sich isoliert von allen anderen. Es meint, sich behaupten zu müssen gegen den Rest der Welt. Jeder, der etwas Unnormales macht, macht es aus Angst und gerät damit in den Teufelskreis.

Hinter jeder Angst steckt Unsicherheit. Die Unsicherheit des Ichs wird auf Kosten eines anderen kompensiert; die Verbundenheit zum anderen durch Konkurrenz ersetzt. Ein ichbezogener Mensch stärkt sich auf Kosten eines anderen, indem er von dessen Energie zu profitieren versucht. Diese Ichbezogenheit kann sogar so weit gehen, dass sie zu töten bereit ist. (In Ladakh habe ich allerdings Menschen getroffen, die noch nie von einem Mord gehört haben. Es hat ihnen große Mühe gemacht, sich so etwas überhaupt vorzustellen, und ich war mir nicht sicher, ob sie sich wirklich vorstellen konnten, was ein Mord ist, so fremd war es ihnen.)

In nur 150 Jahren haben wir es geschafft, unsere Lebensgrundlage weitestgehend zu zerstören, Artensterben, Klimakatastrophen, Hunger etc., alles unsere Ideen. Es existiert die Meinung, dass alle Ideen, die wir seit der Steinzeit realisiert haben, egozentrische, angstgetriebene, ungute Ideen sind, die besser nicht realisiert worden wären. Wenn ich an die Ladakhis denke oder auch an die Todas, die an unserem Zivilisationsfortschritt nicht teilgenommen haben, könnte ich dieser Meinung zustimmen, denn in der Tat haben diese »primitiven« Menschen keine Angst. Für die Lebensqualität, spielt der Faktor »Angst« eine, wenn nicht *die* entscheidende Rolle. Die Todas und Ladakhis produzieren so gut wie keine negativen Ereignisse für ihre Umwelt. Ist deshalb die Zivilisation die Ursache des Leidens?

Wohl kaum, denn es gibt auch in unzivilisierten Gesellschaften viel Leid, das von den Mitgliedern selbst nicht als normal betrachtet wird, wo ebenfalls das Bedürfnis nach Verbesserung besteht und wo nach der Ursache des Leidens geforscht wird (z.B. ein Kampf der Geschlechterrollen). Es gibt viele Theorien für die Ursache des Leidens, doch mit keiner ist bisher das Leid beseitigt worden.

Der Mensch weiß: Die Erde und unser Leben darauf könnten ein Paradies sein. Einige Ökowissenschaftler haben ausgerechnet, dass der Planet bis zu 18 Milliarden Menschen verträgt. Wir überschreiten gerade die Zahl von fünf Milliarden, also könnte man folgern, dass es keinen ultimativen Grund gibt, einander umzubringen. Ein vernünftiger, glücklicher Mensch oder eine vernünftige, glückliche Menschheit hätte außerdem gesunde Methoden, ihr Bevölkerungswachstum in Einklang mit der Natur zu halten. In kleinerem Maßstab werden solche Methoden angewendet. Ich erwähne sie sowohl in meinem Film *Das Alte Ladakh* als auch in meinem Film *Todas – am Rande des Paradieses*. Die Ladakhis haben ihre Bevölkerungszahl konstant seit Jahrhunderten auf 100.000 Einwohner gehalten, die Todas in Südindien auf 1.000 Mitglieder. Für beide Ökosysteme hätten es nicht mehr, aber auch nicht weniger sein dürfen, um keine Probleme zu bekommen. Eine Überbevölkerung ist ein Leiden, das wie jedes andere größere und kleinere Leiden der Menschheit selbst gemacht ist. Nicht die Natur, nicht die Tiere, nicht die Elemente machen uns unglücklich und selbstzerstörerisch, sondern wir selbst mit unseren nicht reflektierten Ideen.

Die Ursache allen Leidens liegt in uns selbst.

Viele glauben, das Leid sei Bestandteil der Natur des Menschen und er könne deshalb aus der Geschichte nichts lernen. Dagegen spricht, dass, so dominierend der selbstzerstörerische Charakter des Menschen auch ist, er gemeinhin nicht als normal empfunden wird. Selbst die, die Krieg machen, führen ihn im Namen eines guten, höheren Zieles.

Vertreibung aus dem Paradies

Die Bibel hat für das Leiden eine einfache Erklärung: Der Mensch sündigt und wird dafür mit Leid bestraft. Diese Erklärung gibt die Bibel in Form des Gleichnisses von der Vertreibung aus dem Paradies: Das Weib hat vom Baum der Erkenntnis gegessen und den Mann verführt, dasselbe zu tun. Das Weib hat dies zwar nicht aus freien Stücken getan, sondern ist ebenfalls verführt worden, von der Schlange. Die Schlange kann aber auch nicht die Ursache des Leidens sein, weil das Leid nicht durch das Geschehen selbst, sondern dadurch entstanden ist, weil das Geschehene verboten war. Wäre es Adam und Eva erlaubt gewesen, von dem einen bestimmten Baum zu essen, wie von allen anderen, wäre keine Strafe gefolgt und wir säßen heute noch im Paradies.

Man kann aus dem Gleichnis der Bibel also folgern: Ohne Verbot kein Leiden. Über diese logische Schlussfolgerung mit überzeugten Christen zu diskutieren ist nicht einfach, denn sie müssten denjenigen, der das Verbot ausgesprochen hat, hinterfragen, und das sollen Christen nicht. Das religiöse Dogma entspricht dem wissenschaftlichen Dogma von der Entstehung des Universums. Für die Wissenschaft gilt weitestgehend noch die Theorie vom Ur-Knall. Diese zu hinterfragen ist ein Sakrileg. Papst Paul VI. hat dafür schon Steven Hawkings aus einer wissenschaftlichen Konferenz im Vatikan hinausgeworfen, als dieser (ehemals strenge Katholik) dort öffentlich bedauerte, dass er mathematisch gesehen im Universum keinen Schöpfer finde, also keinen Anfang, und deshalb auch nicht der Ur-Knall-Theorie zustimmen könne.

Für einen überzeugten Christen ist Gott Gott und was dahinter steht, geht niemanden etwas an. So platt ist die Bibel aber nicht. Das Gleichnis von der Vertreibung aus dem Paradies sagt wesentlich mehr: Warum könnte Gott es den Menschen verboten haben, vom Baum der Erkenntnis zu essen? Und weshalb hat er, wenn er die Menschen so liebt, der Schlange nicht verboten, Eva zu verführen? Was will uns dieses Gleichnis denn wirklich sagen?

Meine Tochter, die in ihrer anthroposophischen Schule jedes Jahr dieses Stück von der Vertreibung aus dem Paradies anschauen muss und einmal, in der 11. Klasse, den Erzengel Gabriel, den Vollstrecker Gottes Verbots, selbst spielte, wusste die Antwort sofort: *»Wir sollen lernen, dass es Verbote gibt, denn nur wer das gelernt hat, lässt sich beherrschen. Wer keine Verbote kennt, akzeptiert keinen Herrscher über sich, und solche Menschen wollte man damals nicht und heute nicht.«*

Bravo! Darauf wäre ich nicht gekommen, dabei ist diese Erklärung so nahe liegend. Die Kirche ist ein Herrschaftsapparat, und da niemand seine Herrschaft ausschließlich mit dem Schwert durchsetzen kann, müssen Geschichten erfunden werden, die die Masse in Angst und Schrecken hält. Dafür ist ein allmächtiger, strafender Gott eine plausible Erfindung.

Warum aber sollte Gott verbieten, vom »Baum der Erkenntnis« zu essen? Das klingt ja gerade so, als wolle die Kirche nicht, dass der Mensch sein Bewusstsein erweitert ... Die Frau hat – und das ist der Trumpf, den wir ihr bis auf den heutigen Tag verdanken – sich nicht an dieses Verbot gehalten. Eigentlich hätte die Kirche Eva als Symbol aller Frauen dafür auf dem Scheiterhaufen verbrennen müssen. Dem war auch so im Mittelalter, aber nicht in Gänze, sonst wäre die Menschheit ausgestorben und die Kirche hätte niemanden mehr, der sie ernährt, erfreut und finanziert. Also billigt man der Frau zu, sie hätte sich eigentlich an Gottes Verbot halten wollen, wenn nicht diese »verdammte Schlange« gewesen wäre. Auf diese Weise kann man Eva halbwegs entschuldigen und am Leben lassen. Was macht man aber mit der Schlange? Sie auf den Scheiterhaufen zu werfen macht keinen Sinn, denn als Tier hat sie nichts verbrochen, man kann aber den bestimmten Wesenszug, den sie symbolisiert, als »schlecht«, »teuflisch« oder »böse« stigmatisieren. So, wie wir Gott als den »lieben Gott« begreifen, sollen wir die Schlange als die »böse Schlange« begreifen, dann ist die Schuldzuweisung gesichert.

Was aber ist es, das in unserem Wesen so böse ist, dass es erst die Frau und dann den Mann zu einer Straftat verführt, für die wir heute noch büßen? Man könnte meinen, das Gleichnis von der Vertreibung aus dem Paradies will sagen, dass Eva dem Trieb nach Erkenntnis erlegen ist. Aber nein, die Schlange symbolisiert im Abend- und Morgenland nicht den Erkenntnistrieb, sondern den Sexualtrieb. Die Vertreibung aus dem Paradies und damit der Anfang allen Leids sollen demnach ihre Ursache im bösen Sexualtrieb haben. Aus der Sicht der Kirche mag das so sein, denn nichts stellt für ihre Herrschaft eine größere Gefahr dar als das sexuelle Verlangen.

Wir wurden also nicht aus dem Paradies vertrieben, weil wir in den Apfel der Erkenntnis gebissen haben, sondern weil wir der Sexualität erlegen sind. In diesem Sinne sagt die Kirche noch heute: »Lust ist Sünde.« Schon als junger Mann habe ich mich oft gefragt, was an sexueller Lust so schlimm sein soll. Nun endlich hat mir das Bibelgleichnis durch die Aufführung der Theaterklasse meiner Tochter die Antwort gegeben: Lust führt zu Erkenntnis! Die Sünde ist also nicht die Lust selbst, sondern das, was aus ihr entsteht. Es ist keine Sünde, wenn aus ihr eheliche Kinder entstehen, aber wenn keine Kinder dabei entstehen, sondern Bewusstseinserweiterung, also Erkenntnis, dann wird es schlimm bzw. gefährlich für die Religionsvertreter.

Wenn ich dieses Gleichnis zu erfinden gehabt hätte, erhielte die Schlange nicht die Rolle des Bösen, sondern die des Befreiers, im Kleid einer Prinzessin mit einer Krone auf dem Haupt, herrlich anzusehen, sehr einfühlsam und unbeschreiblich grazil. Sexualität würde ich darstellen als etwas Göttliches und nicht als das Werk des Teufels.

Es wundert mich, wie viel Wahrheit das biblische Gleichnis trotz seiner kirchlichen Herrschaftsideologie enthält. Aus keiner anderen Urgeschichte lässt sich der Schluss ziehen, dass Lust für Bewusstseinserweiterung sorgen kann. Wilhelm Reich war es, von dem ich diese These vernommen habe, und er experimentierte damit im Berliner Grunewald, bis er das bahnbrechende Buch *Die Funktion des Orgasmus* (1927) schreiben konnte. Es gelang ihm damit, die Psychoanalyse von Sigmund Freud so weit zu konkretisieren, dass er aufzeigen konnte, dass und wie Sexualität zu heilen imstande ist. Wofür man ihn gleichwohl aus der Psychoanalytischen Gesellschaft wie auch aus der Kommunistischen Partei geworfen hat. Er nannte die dabei frei werdende Energie die Orgon-Energie, mit der Neurosen, Zwangsvorstellungen und viele krank machenden Denkmuster aufzulösen sind. Jeder Mensch weiß, dass sexuelle Befriedigung tatsächlich befriedet, Verkrampfungen und Energieblockaden löst. Bei vielen Krankheitssymptomen denkt man aber zuletzt daran, dass sie auf sexueller Stagnation beruhen könnten, obwohl Migräne, Kopfschmerzen und viele andere Leiden sich mit einem schönen Orgasmus ins Nichts auflösen lassen.

Lust befreit und führt zu Erkenntnis.

Wir wären nie aus dem Paradies vertrieben worden, wenn die Schlange positiv besetzt worden wäre. Wilhelm Reich wäre nicht verfolgt worden und hätte nicht darzulegen gehabt, wie Faschismus aus unterdrückter Sexualität entsteht. Eine böse Schlange führt eben auch zu bösen Menschen. Eine befreite und erfüllte Sexualität führt zu erfüllten und befreiten Menschen – und die Schlange erschiene in einem anderen Licht. Auf der Ebene des Egos könnte dies nun heißen, Prostituierte seien die befreitesten Menschen der Welt. Weit gefehlt, das Gegenteil ist wahrscheinlich. Allein mit einer lieben und befreiten Schlange ist es ja noch nicht getan, wie das Gleichnis lehrt. Evas Verführung ist kein Selbstzweck, sondern zielt darauf ab, vom Baum der Erkenntnis zu essen und diese Erkenntnis, den Apfel, mit ihrem Mann zu teilen. Alle Darstellungen dieses Gleichnisses zeigen seit 2.000 Jahren einen prallen, gesunden Apfel. Ein, wie ich finde, sehr schönes Symbol für Bewusstseinserweiterung. Das Gleichnis sagt also, Sexualität will uns zur Bewusstseinserweiterung verführen.

Bewusstseinserweiterung ist Erkennen, wie gesagt. Wer also im Lieben miteinander spricht und von Seele zu Seele seine intuitiven Erkenntnisse angstfrei miteinander austauscht, wird erstaunt sein, zu wie viel Wahrheit und zu welchen Erlösungen dies führt. Im Grunde sagt das Gleichnis: Man muss die Lust geistig nutzen. Wer zusammen ins Bett geht, soll sich geistig synchronisieren, indem über alles gesprochen wird, was einem auf der Seele liegt. Das Ego kann unter Umständen Sexualität als körperlichen Lustgewinn betrachten, für die Seele ist sie eine geistige Offenbarung. Der Apfel schmeckt nur, wenn er ein seelisches gegenseitiges Erkennen bedeutet. Für das Vertrauen, das Sexualität erfordert, ist die Öffnung der Seele Voraussetzung. Liebe kann nur heilen, wenn sie die Wahrheit an den Tag bringt. Der Baum der Erkenntnis wächst durch gegenseitiges Erkennen der Seele, das ist das Gefühl der Liebe.

Dass dies auch ohne körperliche Sexualität geht, beweisen viele Einzelschicksale sowie glückliche Mönche und Nonnen. Sie haben den Sexualtrieb sublimiert, das heißt dem Geist untergeordnet. In ihrem Bewusstsein, als ein primär geistiges und nicht primär körperliches Wesen, brauchen sie den Umweg über den Körper nicht, um Freude in orgastischem Ausmaß zu empfinden. Sie brauchen dafür keinen Partner, sie verschenken ihre Lust an ihre Nächsten in Form von Herzlichkeit, Fürsorge und Mitgefühl – all das, was eine sich verstanden gefühlte Seele auch in der körperlichen Liebe zum Ausdruck bringen möchte.

In der Not

Das Erkennen der Seele heilt in so vielen Lebenslagen – auch in der Not. Wenn man sich elend und krank fühlt und weder einen Partner noch Heiler hat, kann man diesen Apfel der Erkenntnis sogar alleine essen. Wie das geht, habe ich am eigenen Leib erfahren:

Ich liege im Bett und bin krank, richtig krank. Ich fühle mich elend, habe hohes Fieber und bekomme in der oberen Magengegend immer stärkere Schmerzen. Wie das meistens mit solchen Schmerzen ist, werden sie erst so richtig intensiv am späten Freitagnachmittag, wenn kein Arzt mehr erreichbar ist. Was soll ich machen? Schmerzmittel will ich prinzipiell nicht nehmen und habe auch gar keine im Haus. Die Sache wird unerträglich. Unwillkürlich denke ich an »Notarzt«. Keine angenehme Vorstellung, aber wenn's unerträglich wird und sonst niemand zu erreichen ist, dann darf ich froh und dankbar sein, dass es diese Einrichtung gibt. Ich quäle mich aus dem Bett, hole Telefonbuch und Telefon, suche die Nummer raus und will wählen. Ich komme über die ersten beiden Nummern nicht hinaus, dann stocke ich. Irgendwie ist mir das peinlich. Nun beschäftige ich mich schon seit vielen Jahren mit Schamanimus, aber wenn es mir selbst mal so richtig dreckig geht, dann brauche ich den Notarzt. Irgendwie ist das ein Armutszeugnis und im Grunde nimmt es mir die Basis, über Schamanismus überhaupt noch zu reden. Wie auch immer: Ich muss diese Gedanken verdrängen. In einem solchen Zustand sind Schmerzen Schmerzen und daran kann ich nichts ändern, Schamanimus hin oder her.

Ich fange also noch einmal an, die Notarztnummer zu wählen, kurz vor der letzten Zahl stocke ich wieder. Ich setze mich aufrecht hin und versuche, auf meinen schweren Atem zu achten. Durch das hohe Fieber driften meine Gedanken wild herum und dabei mache ich plötzlich eine merkwürdige Erfahrung. Ich habe Gedanken, bei denen der Schmerz ein wenig leichter wird, und dann wieder solche, bei denen er erneut unerträgliche Züge annimmt. Was bedeutet das?, frage ich mich. Wenn die Schmerzen von meinen Gedanken abhängig sind, dann ...? Ich versuche mich zu konzentrieren: Was waren das gerade für Gedanken, bei denen der Schmerz nachließ? Es ging um meine kleine Tochter, ach ja ...

Was aber ist mit den Gedanken, bei denen der Schmerz ansteigt? Ich habe erhebliche Probleme, die verschiedenen Gedanken voneinander zu trennen. In meinem Gehirn geht alles irgendwie durcheinander und dieselben Gedanken wiederholen sich ständig. Ich kann mich nicht konzentrieren, vielleicht ist daran auch das Fieber schuld.

Entweder rufe ich jetzt an oder ich stehe auf? Ich bin hin und her gerissen. Doch ich muss der Sache nachgehen, ich muss wissen, inwiefern meine Gedanken meine Schmerzen beeinflussen können. Trotz Fieber, trotz unerträglichem Bauchweh ziehe ich mir dicke Socken und einen Bademantel an und setze mich an den Computer. Es entstehen Sätze, die nur für mich bestimmt sind, Sätze, die intuitiv meinem tiefsten Inneren entspringen. Plötzlich steht da das Wort »Mutter«. Wieso? Was steigt da hoch? Schreib es hin, verlangt meine Seele von mir. Plötzlich kommen Tränen. Tränen sind der beste Indikator, dass ich bei meiner Seele bin. Es sind keine Tränen des Selbstmitleids, sondern Tränen aus Einsicht, Dankbarkeit, Mitgefühl, Loslassen, Abschied nehmen, sich öffnen, zulassen, den ersten Schritt tun. Alles das, was mich (be)trifft, muss da schwarz auf weiß stehen, dann erkenne ich seine Wirkung.

Ich schreibe weiter. Ich schreibe Sachen, die ich nie meiner Mutter erzählen würde, abgesehen davon, dass sie tot ist. Jetzt muss es raus. Ich merke, dass dies augenblicklich meinen körperlichen Zustand verändert. Plötzlich schreibe ich ganz schnell, ich springe mit den Gedanken. Später, viel später sehe ich erst den Zusammenhang. Ich kann es selbst nicht glauben, was da alles nach draußen will bzw. erkannt sein möchte. Oft wiederhole ich mich, immer wieder dasselbe Wort, ... dasselbe Wort, ... dasselbe Wort. Weiter, was noch? Plötzlich sprudelt meine Seele und ich weine, während ich in die Tastatur hacke. Weinen, hemmungsloses Schluchzen. Zum Glück ist niemand da, aber irgendwie bewirkt es etwas. Ich zwinge mich, nicht aufzuhören mit dem Schreiben, und nun kommen Einsichten, Eingeständnisse, Entschuldigungen, Erkenntnisse zustande, wie ich sie nie für möglich gehalten hätte ... ich bin vollkommen überrascht. Ich erkenne meine Seele. Der Schmerz funktionierte wie ein Seismograph für Wahrhaftigkeit. Ich habe Dinge aufgeschrieben, die ich bisher immer weit von mir gewiesen hatte.

Der Schmerz wird zum Seismograph für Wahrhaftigkeit.

Ich gehe noch tiefer. Die Lösung kommt nicht aus dem Kopf, sondern von da unten, dem Zwerchfell, dort, wo auch die Tränen entstehen. Und wenn ich da merke, da ist etwas, bin ich dankbar dafür. Die eigene Analyse – niemand kann sie mir abnehmen, niemand! *Es gibt niemanden, der so tief in mich hineinschauen kann, wie ich selbst.* Und das geht nur in einer Ausnahmesituation, über Gefühle wie diese.

Professor Paeslack hatte mir ja bei der Entlassung aus der Querschnittsklinik gesagt, Schmerzen seien gut, denn dann würde ich nicht vergessen, welche Gnade mir zuteil wurde. Soll ich jetzt jedes Mal danke sagen, wenn ich vor Schmerzen nicht mehr weiß, ob ich stehen, liegen oder sitzen soll? Ja! Denn sonst hätte mich vielleicht auch das Thema Selbstheilung nicht interessiert. Jemanden, der gerade Schmerzen hat, aufzufordern, darüber nachzudenken, was ihm diese Schmerzen sagen wollen, ist hart. Die meisten reagieren so, dass sie sagen: Nimm mir erst die Schmerzen, dann rede ich gern mit dir darüber, wofür sie gut sein könnten.

Aus Erfahrung wissen wir aber, dass uns, nachdem uns die Schmerzen genommen sind, an diesem Thema nichts mehr interessiert. Wer mit Schmerzen konfrontiert ist und sie nicht mit chemischen Mitteln unterdrückt, der hat die große Chance, an ihnen zu lernen, sie zu untersuchen, während sie da sind.

Wie viel Schmerz hält der Mensch aus? Mit wie viel Schmerz kann ein Mensch leben? Lässt zu viel Schmerz den Menschen sterben? Leider nein. Ich bin mir nicht sicher, was ich wählen würde, wenn ich die Wahl hätte: Krankheit spüren oder Krankheit nicht spüren? Krankheit spüren ist auf dem Weg zum Glück die größere Hilfe.

Es gibt Menschen, die hören ihre Seele nicht, insbesondere dann, wenn sie sie am nötigsten hätten – in Situationen der Angst zum Beispiel, die meistens eine Existenzangst ist. Von wem geht diese Angst aus? Bestimmt nicht von der Seele. Die Seele kennt keine Existenzangst, sie weiß, dass sie unsterblich ist, aber das Ego ist sterblich. Wenn das Ego um seine Basis, insbesondere seine materielle Basis fürchtet, spüren wir das als Angst, Stress, Druck, seelische Belastung.

Darf die Seele dann zu mir sagen: »Ach was, mich belastet die Sache nicht, ich habe keine Angst vorm Tod«? Es wäre ihre ehrliche Antwort, aber die Seele ist gutherzig, auch gegenüber dem Ego, und will ihm nicht noch mehr Angst machen, indem es seine Existenzangst nicht ernst nimmt. Bevor die Seele aber die Unwahrheit sagen müsste, sagt sie lieber nichts und antwortet nicht. Und wir wundern uns, dass wir sie nicht finden.

Trotzdem, Existenzängste sind etwas Fürchterliches und man überwindet sie nur mithilfe der Seele. Es bedarf eines unerschütterlichen Glaubens an sie und ihre Qualitäten. Wenn man sowieso schon krank ist und kein Geld hat, wenn die Gefahr droht, arbeitslos zu werden, oder wenn man es schon ist und wenn man vielleicht auch noch seinen Partner verliert, dann – wenn man es am wenigsten aushält und sich viel lieber einer materiellen Versorgung hingeben würde – muss man sich an seine Seele halten. Diesem Konflikt entgehen zu wollen, mit Zigaretten, Alkohol, Haschisch oder harten Drogen strapaziert die Seele nur, verdrängt sie, macht sie stumm. Zigaretten und andere Drogen sind zwar so verbreitet, weil sie Sehnsucht transportieren und einem ein Seelenleben vorgaukeln können. Gegenüber den wirklichen Gefühlen der Seele sind Drogen jedoch eine Gemeinheit.

Drogen können Geselligkeit, Intensität, Seelenschmerz, Wehmut, Euphorie, Hingabe, also große Gefühle stimulieren, doch sie tun es auf Kosten der Wahrheit, sie lassen die Seele nur bruchstückhaft zu Wort kommen. Sie benutzen Seelenanteile, blasen sie auf, aber sagen dem großen Rest: »Halt's Maul!« An der Geschichte der Seele sind Drogen nicht interessiert, sie wollen nichts aufarbeiten, sie sind Flucht und bedeuten letztlich Folter für die Seele. Die Droge tut so, als befreie sie die Seele, lässt sie ein Stück hochkommen, aber nur, um sie von sich abhängig zu machen. Früher oder später verkümmert die Seele und kann sich nicht anders wehren, als starke körperliche Symptome mit großen Schmerzen zu produzieren, um sich volles Gehör zu verschaffen. Letztlich ist die Seele nicht tot zu kriegen und auch nicht zu betäuben. Irgendwann muss man sich ihr stellen. Es ist dann ein harter Prozess, von den Drogen wieder wegzukommen, sogar mit der Zigarette haben viele ihre Not und finden den Absprung nicht, aber letztlich gibt es kein Entrinnen, nur ein Aufschieben.

Wie viel Leid entsteht dadurch, dass ich mich meiner Seele nicht stelle, weil ich Angst vor der Wahrheit habe, auch vor der Wahrheit, dass irgendwann mein Körper stirbt und mein Ego sich auflöst? Existenzangst darf keine Entschuldigung sein, sich seiner Seele nicht zu stellen.

Was wäre beispielsweise passiert, wenn ich die Telefonnummer des Notarztes zu Ende gewählt hätte? Einige Minuten später wäre das Kommando in Orange da gewesen, hätte seine silbernen Koffer aufspringen lassen, alles an mir gemessen und kontrolliert, was zu messen und zu kontrollieren möglich ist, und dann gesagt: Wir nehmen Sie mit ins Krankenhaus zur weiteren Untersuchung. Sie hätten gesagt, dass sie selbst nichts Genaues sagen könnten, aber es lägen ausreichende Verdachtsmomente vor und wir alle wären auf der sicheren Seite, wenn ich mich in eine Klinik einweisen ließe. Okay, hätte ich gesagt, und schnell ein paar Sachen zusammengepackt, währenddessen meine Schmerzen etwas erträglicher gewesen wären, ich hätte Zweifel bekommen, ob es wirklich richtig ist, ins Krankenhaus zu gehen, aber die Entscheidung wäre bereits gefallen – ab auf die Trage und rein in den Krankenwagen.

Von diesem Moment an läuft eine Maschinerie ab, da hat man nichts mehr zu sagen, nur noch auf Formalien zu antworten. Viele kennen das: Wenn man endlich durch die Notaufnahme durch ist, im Anstaltskittelchen sein Bett bekommen hat – wenn auch noch auf dem Flur, weil noch nicht geklärt werden kann, in welches Zimmer man soll –, aber man liegt und man liegt und irgendwann fragt einen jemand: »Schmerzen?« »Ja.« »Dann nehmen Sie mal jetzt zwei davon, der Doktor kommt dann bald auch zu Ihnen, im Moment geht's zu ... wir sind vollkommen überlastet. Aber Kopf hoch, das kriegen wir schon. Sie sind der Herr Moosbauer?« »Nein, ich heiße Kuby.« »Ach, dann hab ich Sie jetzt verwechselt, aber wir kriegen das schon. Wenn heute noch ein Bett frei wird, dann nehmen wir Sie auch hier vom Flur runter. Im Moment geht es leider nicht anders.«

Ich spare mir, das ganze Szenario zu beschreiben, dem wir in einem Krankenhaus ausgeliefert sind. In meinem Fall wäre ich, wenn ich Glück gehabt hätte und noch über eine robuste Grundgesundheit hätte verfügen können, nach fünf Tagen entlassen worden und die Krankenkasse hätte eine Rechnung bekommen, die sich gewaschen hat.

Sicherlich haben alle Recht, die sagen, das Kliniksystem ließe sich verbessern, aber zuerst müssen wir mal froh und dankbar sein, dass wir es überhaupt haben. Klar, dem stimme ich zu, denn auch mir hat das Krankenhaus schon mein Leben gerettet, aber wenn es um Kostenersparnis und nachhaltige Gesundheit geht, dann bin ich für jede Methode dankbar, mit der ich es umgehen kann. Insbesondere bei akuten Schmerzen sollte man tief in sich hineinsteigen, um im Vertrauen auf seine seelischen Kräfte der Gesundheitsmaschinerie entgehen zu können, in der es sehr schwer ist, seine Seele noch zu finden.

Ich war froh, dass ich die Notarztnummer nicht zu Ende wählen konnte und mich stattdessen nachts an den Computer gesetzt habe. Um vier Uhr früh hatte ich mir alles von der Seele geschrieben, was die Schmerzen heraufbefördert haben. Tief erleichtert ging ich wieder ins Bett und konnte fünf Stunden durchschlafen. Als ich aufwachte, waren die Schmerzen so gut wie weg. Ohne irgendein Mittel. Ich las den Text aus der Nacht noch einige Male durch. Danach setzte ich mich wieder hin und schrieb die Maßnahmen und Verhaltensänderungen auf, die ich für mich als notwendig erkannt hatte. Ich schrieb sie wie Briefe an meine Seele. Ich verdichtete dann die Briefe zu Vorsätzen, bei denen ich für mich das Notwendige mit dem Durchhaltbaren verbinde. Ich versuche mich textlich aus meinen persönlichen Verstrickungen zu befreien. Am Ende finde ich manchmal eine Form, die meine Sehnsucht universell zum Ausdruck bringt: wie ein Gebet.

Mein Gott
der Du mit und ohne Universum bist
ohne Anfang und ohne Ende, immer da.
Du bist die Liebe.

Dir gehöre ich.
Von Dir komme ich.
Zu Dir gehe ich.

Meine Seele ist in Dir.
Dir übergebe ich meinen Kummer.
Du führst mich.

Ich führe Deinen Willen aus,
so, wie ich ihn verstehe,
dafür hat mein Ich zu schweigen,
seinen Kampf für sich zu beenden,
sich Dir hinzugeben,
in Deiner Liebe zu sein,
sie mir und anderen zu schenken.

Lass mich Dich niemals vergessen.
Ich will Deiner würdig sein.
In Deinem Namen
Amen

Jeder schreibt seine eigenen Gebete und Vorsätze oder übernimmt andere, wenn sie ihn tief berühren, wandelt sie ab oder ergänzt sie. Wichtig ist ihre Wirkung, indem ich sie mir täglich mindestens ein Mal laut vorlese und ihrer Wahrhaftigkeit genau nachspüre, sodass ich es in allen Gemütslagen als stimmig empfinde. Es dürfen keine Buchstaben und Zeichen im Text sein, die ich nicht aus vollem Herzen und in größter Ehrlichkeit vor mir selbst vertreten kann. Sobald ich die Übereinstimmung mit dem Text meiner Vorsätze und Selbstverpflichtungen erreicht habe, ist meist auch der seelische Konflikt gelöst, der mich krank gemacht hat. Wenn die Seele froh wird, bleibt man dauerhaft und kostengünstig gesund.

Bei dieser Seelenpflege oder -hygiene hilft einem auch der Schamane oder Heiler oder ein einfühlsamer Arzt oder Heilpraktiker oder meine guten Freunde und Partner, aber ich kann es auch alleine leisten. Bei der geistigen Intervention passiert medizinisch so gut wie nichts, auch wenn die Performance manchmal so aussieht. Der geistig Heilende verabreicht vielleicht irgendwelche Kräuterpillen oder empfiehlt eine Diät, Fasten und/oder Einlauf etc. Das ist schön und gut als psychologische Einstimmung, wie auch als Ritual. Das, was wirklich passiert, ist aber der seelische Transformationsprozess; der ist es, der die nachhaltige, kostensparende Gesundheit bringt.

Zögert man diesen Prozess zu lange hinaus, kann die Seele irgendwann auf den Körper keine Rücksicht mehr nehmen. Nach dem Motto: Wer nicht hören will, muss fühlen. Wer seine Seele ständig grob missachtet, aus welchen Gründen auch immer, muss dankbar sein, wenn er krank wird, und zwar so krank, dass er in sich geht, seine gewohnten Handlungen aussetzen muss, um sich nur noch ums Gesundwerden zu kümmern.

Bei einigen Menschen führt diese Erfahrung dazu, dass sie liebevoll, dankbar und gutherzig werden. Die Erkenntnisse, die sie dann über das Leben gewinnen, hätten sie vielleicht gerne schon früher gehabt und sich und anderen damit viel Leid erspart. Die unbearbeiteten Konflikte (selbst mit Personen, die ihren Körper bereits verlassen haben) hätten sie nicht so lange mit sich herumgetragen. Es gibt aber auch diejenigen, die trotz ihres Leidens nicht einsichtig sind und sich positiven Veränderungen verschließen. Sie belassen es bei körperlicher Pflege, sofern sie diese irgendwie einfordern können, und beharren auf ihrem Leid. Und manchmal nehmen sie ihre Prinzipien lieber mit ins Grab, als ihrer Seele zu entsprechen.

Kontinuität des Geistes

Viele glauben, durch das Verlassen des Körpers würde die Seele verschwinden oder im nächsten Leben neu starten. Irrtum, denn die psychische Bilanz ändert sich durch den Tod nicht. Wodurch auch? Die Not und die Defizite der Seele bleiben bestehen und müssen im nächsten Leben ausgeglichen werden. Wenn nicht dort, dann im übernächsten oder im überübernächsten. Für die Seele spielt Zeit keine Rolle.

Es gibt genug Kinder, die in schreckliche Verhältnisse hineingeboren werden, und man fragt sich, warum diese unschuldigen Geschöpfe solch ein Schicksal haben. Vom Bewusstsein der Kontinuität des Geistes aus gesehen hat ihre Seele im Bardo (in der Zeit zwischen Tod und Wiedergeburt) nicht genügend Ruhe gehabt, um sich einen guten Startplatz für die nächste »Runde« auszusuchen.

Man spricht davon, dass mit der Befruchtung bzw. der Geburt der Vorhang des Vergessens über einen kommt, aber das scheint ein Missverständnis zu sein, weil die Neugeborenen nicht sprechen können und erst mit dem Erlernen der Sprache Stück für Stück in das neue Leben integriert werden. Dennoch ist bei Sprachbeginn noch so viel vom früheren Leben präsent, dass eigentlich jedes Kind irgendetwas davon erzählt. Eltern, die keine Offenheit für ein Vorleben mitbringen, werten solche Erzählungen ihrer Kleinen als Träume oder Fantasien ab und versuchen sie dahin gehend zu beeinflussen, sie auf den »Boden der Realität« zu holen. Sehr bald ist von der Erinnerung an das frühere Leben vordergründig nichts mehr präsent. Im Unterbewussten fehlt freilich nichts. Die Seele weiß alles.

Würde man eine Kultur der Seelenanhörung entwickeln, könnte man detaillierte Geschichtsforschung aus erster Hand betreiben, sozusagen Zeitzeugen »vernehmen« und sie berichten lassen, wie sich was zugetragen hat. In Rückführungsseminaren treten solche Berichte an die Oberfläche. Sie werden auf

Tonband aufgenommen und dann ausgewertet. Erfahrene Rückführer gehen mit den Rückgeführten in das andere Leben und stellen immanente Fragen. Manchmal ist es möglich, Hinweise auf Ort, Zeit und sogar Namen zu erfragen. Es kommt auch vor, dass die Rückgeführten in ihre damalige Sprache fallen. Eine Tonband- oder Videoaufnahme ist in jedem Fall angeraten.

Die Seele ist in allen Dimensionen zu Hause. Sie vergisst nichts und weiß alles.

Der Amerikaner Roger Woolger, der in seinem Institut Tausende vor laufendem Aufnahmegerät rückgeführt hat, ordnet die erinnerten Leben unterschiedlicher Personen einander so zu, dass sich eine Zeitcharakterisierung herausschält – sogar bis zurück in die Steinzeit und darüber hinaus. Es gibt Rückführungen, da erinnert sich die Seele an ihr Leben als Tier, Pflanze oder einfach als »Energiekugel«.

In dem Bewusstsein zu leben, dass wir primär geistige Wesen sind, ohne Anfang und ohne Ende, darf nicht missinterpretiert werden; es darf nicht dazu führen, dass wir Materie verachten oder irgendwie in Misskredit bringen, sie verächtlich bewerten oder sonstwie diskreditieren. Jeder Mensch hängt an seinem Körper und muss ihn in Ehren halten. Der Körper ist, wie schon erwähnt, der Tempel der Seele, bis er zerfällt und die Seele erneut auf Wohnungssuche geht. Wichtig für den effektiven Umgang mit der Seele ist die Ordnung in der Einheit von Geist und Materie. Wenn das Gewordene nicht zugleich dem Vergänglichen angehört, ist weder Ordnung noch Einheit gewahrt. Wenn das Geistige sich dem Materiellen unterwerfen soll, steht die Ordnung auf dem Kopf.

Wie wir gesehen haben, identifizieren wir uns als geistiges Wesen mit einem unbegrenzten Geist, der sich für das Experiment Menschsein entschieden hat. Dieses Experiment ist gemessen an der Grenzenlosigkeit des Geistes jedoch ein kurzes Unterfangen, welches von Mal zu Mal neu gewagt werden muss. Die Reinkarnation ist ein sehr risikobelasteter Vorgang – wie oft müssen wir feststellen, dass jemand dabei nicht gerade das große Los gezogen hat.

Das Problem bemitleidenswerter Existenzen ist aus spiritueller Sicht, dass die bis zum letzten Tod nicht gelösten psychischen Probleme die Startbedingungen für das derzeitige Leben stark beeinflussen. Ein unzufriedener, unruhiger Geist kann nach dem Tod leicht in Panik geraten, weil er den körperlosen Zustand nur schwer erträgt. Er entscheidet entsprechend hastig, wann, wo und bei wem er einen neuen Körper annehmen möchte. Er hatte zu Lebzeiten nicht gelernt, still zu sitzen und das Geschehen an sich vorbeiziehen zu lassen, nagte ständig an irgendwelchen Problemen und ließ sich von Reiz zu Reiz mitreißen. Wer in einer solchen psychischen Verfassung stirbt, sehnt sich schnell wieder nach der Zwangsjacke Körper, um wenigstens physisch ein Gefühl von Ruhe zu haben.

Solange man einen Körper hat, findet die »Flipperei« hauptsächlich im Kopf und hörbar in der Sprache statt, doch wenn durch den Tod der Körper wegfällt, kommt jeder Gedanke einer Tat gleich – und das wird bei einem unruhigen Geist unerträglich turbulent. Betrachten wir allein die unterschiedlichen Orte und Personen, die wir in kurzer Zeit mit unseren Gedanken streifen können, lässt sich ermessen, welche Hektik wir ohne die Zwangsjacke Körper im Bardo auszuhalten haben.

Der Körper ist aber nicht nur eine Zwangsjacke, die uns erdet, sondern er bietet auch reizvolle, attraktive Gefühle, zum Beispiel die Sexualität, die wir als reines Geistwesen nicht erfahren können. Liebe als geistige Verbindung zwischen den Partnern ist ganz ohne einen Körper schwer lebbar. Die Sehnsucht nach diesen Gefühlen bleibt bestehen und strebt ebenfalls nach Reinkarnation.

Meditation

Der Wunsch nach einem Körper kann so stark werden, dass man bereit ist, die nächstbeste sich bietende Gelegenheit zu ergreifen, um ihn wiederzuerlangen, ohne sich die Umstände seiner Geburtssituation genauer anzusehen. Aus diesem Grund heißt es, kann man sich auf den Tod nicht besser vorbereiten als durch Meditation.

In jeder spirituellen Tradition ist Meditation zur Rückbesinnung auf uns als geistiges Wesen verankert. Beim Meditieren lerne ich, das geistige Zappen zu drosseln, oder zumindest, den sich bietenden Reizen weniger nachzugeben – und sei es auch nur dem Juckreiz an der Nase oder sonst einer Irritation. Mit ein bisschen Erfahrung in der Praxis der Meditation lernt der Geist, sich nicht ablenken zu lassen, ohne Ziel in sich zu ruhen und zu schauen, was ist. Auf Reize muss er nicht reagieren, sie gehen vorüber. Je weniger Beachtung er ihnen schenkt, desto schneller verschwinden sie. Auch den Sorgen und Verpflichtungen, die während der Meditation auftauchen, muss der Geist nicht nachlaufen, er kann sie einfach vorbeiziehen lassen, ohne sich ihnen anzuschließen.

Bereits zehn Minuten dieser Art Konzentration am Tag sind die beste Investition für eine gute Wiedergeburt. Wer für ein paar Minuten jedem auftauchenden Gedanken und Reiz die Beachtung nimmt, ihn zwar sieht, erkennt, aber nicht festzuhalten versucht und ihn vollkommen unbewertet lässt, der hat das Beste getan, was man für einen friedvollen und effektiven Tod tun kann.

Der erste Erfolg einer Meditation ist, dass die Reize und Gedanken an Energie verlieren. Das macht Meditieren so erfrischend. Obwohl das Gehirn nicht stehen geblieben ist und der Gedankenfluss nicht zum Stillstand kam, hat man schon nach kurzer Zeit das Gefühl, sich geistig erholt zu haben. Wir gönnen dies zwar täglich unserem Körper, unserem Geist jedoch höchst selten oder nie. Wir sind ständig mit der äußeren Welt beschäftigt und beobachten nicht den Geist, der diese Beschäftigung zu leisten hat. Mit der Meditation, wie ich selbst sie praktiziere, versuche ich dem Geist zuzuschauen, ihn sozusagen von mir wegzuschieben, um mir aus der Distanz bewusst zu machen, welche Gedanken er hervorbringt, ohne ihnen zu erliegen oder anzuhaften. Dadurch wird es zumindest zeitweise möglich, nicht der von seinen eigenen Gedanken Getriebene zu sein.

In der Meditation verlieren Gedanken und Reize an Energie, das erfrischt.

Nach dem Tod, wenn wir den Körper abgelegt haben und an München oder New York oder Afrika denken, sind wir schon in München oder New York oder Afrika. In manchen Träumen kann man bereits ansatzweise erfahren, wie diese abrupten Ortswechsel sich anfühlen, wenn durch den Schlafzustand die Identifikation mit dem Körper herabgesetzt ist. Im Traum ist der Geist frei von Raum und Zeit, er kann überall herumspringen. Im *Tibetischen Totenbuch*, von dem bereits mehrfach die Rede war, wird das Leben zwischen Tod und Wiedergeburt als ziemlich turbulent beschrieben.

Vergegenwärtigen wir uns nur einmal, wie schnell und wie oft unser Geist in kürzester Zeit Ort, Gefühl, Thema, Meinung etc. ändert und welche Mengen an Ideen er uns ständig, Tag und Nacht, liefert. Dies sind nicht immer nur erfreuliche, sondern vor allem auch solche, die Sorgen und Nöte bereiten. Egal, ob es einem gut oder schlecht geht, ob man wacht oder schläft, der Geist arbeitet nonstop auf vollen Touren, selbst bei denen, die sich an ihre Träume nicht erinnern; der Geist bleibt niemals stehen.

Ohne den Körper als Anker kann dies sehr anstrengend werden, sofern man zu Lebzeiten nicht gelernt hat, sich von seinem Geist zu lösen und sein illusionäres Wesen zu durchschauen. Andernfalls haftet man an seinen Aktivitäten, wie an seinem Begriff von Wahrheit. Man ist gefangen in seinem Bewusstsein. Man ist seinem Geist ausgeliefert. Man hält für wahr, was er liefert.

Ruhe in den Geist zu bringen ist die Vorbedingung für dauerhaftes Glück. Eine gute Übung dafür ist, den eigenen Geist wie auf der Leinwand zu beobachten und sich bewusst zu bleiben, dass man im Kino sitzt und ein Schauspiel betrachtet. Testen Sie bei Ihrem nächsten Kinobesuch einmal, welche Überwindung es Sie kostet, sich bei einem spannendem Film von der Leinwand zu lösen und sich in aller Ruhe die Gesichter neben Ihnen, hinter Ihnen und das ganze Drumherum anzusehen. Das wird nicht leicht sein, denn Sie spüren (und hören) die Anziehungskraft des Geschehens auf der Leinwand. Sie haben das Gefühl, etwas zu versäumen. Genau von diesem Gefühl gilt es sich in der Meditationsübung zu lösen, wenn man sich im Bardo ein gutes neues Leben aussuchen können möchte.

Wer vollkommen frei ist von jeglicher Anhaftung, der kann nicht nur exakt bestimmen, wann er wo bei wem wiedergeboren wird, für den ist es im Grunde auch gleichgültig, bei wem er wiedergeboren wird, er geht immer seinen Weg. Aber auch so starke Geister wie der Gyalwa Karmapa und der Dalai Lama haben darauf geachtet, in einer Gesellschaft wiedergeboren zu werden, der das Konzept der Wiedergeburt vertraut ist. Ich habe schon Schicksale kennen gelernt, bei denen jemand aus Tibet mit seiner Wiedergeburt den Sprung in den Westen gewagt hat, sich aber dann aufgrund einer starken, uneinsichtigen, materialistischen Familie und Umwelt nicht realisieren konnte. Solche »Tulkus«, wie man Menschen nennt, die ihre Wiedergeburt bewusst wählen können, machen schwere Krankheiten durch, bis sie ihre Spiritualität leben können, oder sie sterben sehr früh.

Kontrollierte Wiedergeburt

Viele wundern sich, wenn sie aus dem Bauch der Mutter geschlüpft sind, dass sie sich in den Slums von Kalkutta befinden. »Dumm gelaufen«, kann man dann nur sagen. »Das ist Schicksal.« Nur weil ich nicht stillsitzen konnte und durch meinen unruhigen Geist in Panik geriet, sitze ich nun im Elend. Zugegeben, das ist stark übertrieben, denn das Elend wird für uns Europäer wohl eher ein hiesiges Elend sein, weil für die Wahl der Wiedergeburt noch ein wesentlicher Faktor hinzukommt: Ein Geist, der in Panik gerät, orientiert sich an dem, was er am besten kennt, was ihm am vertrautesten ist. Das ist nicht unbedingt das, was ihm am angenehmsten ist, aber dort geht er hin. Hierzulande sind uns die Slums von Kalkutta nicht sehr vertraut, aber gewöhnt sind wir an unsere Verwandten, Freunde und Lebenspartner.

Je stärker ich mich getrieben fühle, desto willkürlicher greife ich auf Altbekanntes zurück, unabhängig davon, ob es mir gut tut. Ich halte mich an meine lieb gewonnenen Favoriten und Prioritäten und stürze mich nicht in ungewohnte, neue Abenteuer, indem ich mir eine unbekannte Kultur aussuche und dort das Kind eines x-beliebigen Paares werde, zu dem ich zuvor keinerlei Beziehung hatte. Auch wer als Europäer in seinen Rückführungen ein Leben in Ägypten oder China entdeckt, obwohl er in seinem jetzigen Verwandtschafts- und Freundeskreis niemanden aus diesen Kulturen kennt, wäre dort nicht wiedergeboren worden, ohne vorher einen wesentlichen Kontakt dorthin gehabt zu haben.

Unter allen Kontakten und Vorlieben, die wir bis zu unserem Tod gesammelt haben, können wir mit einem ruhigen Geist besonnen wählen. Zu diesen Kontakten gehören unter Umständen auch kulturfremde Erfahrungen, die mich tief beeindruckt haben. Da wäre es dann nicht verwunderlich, wenn diese im Bardo wieder auftauchten und mich zu einer entsprechenden

Wiedergeburt verleiten würden. Ich kenne Geschichten, da reichte ein verliebter Blick – und der Kontakt war tief ins Karma eingebrannt. Es gibt Wiedergeburtsgeschichten, da richtet sich alles Verlangen darauf, nur eine bestimmte Person als Mutter haben zu wollen oder nur jenen einen Mann als Vater – aber die ersehnte Person bekommt kein Kind. Es ist aufschlussreich und spannend herauszufinden, wie stark eine Seele Einfluss auf Lebende nehmen kann, bei denen sie wiedergeboren werden möchte. Nachdem ich einmal einen Vortrag über Wiedergeburt gehalten hatte, erzählte mir eine Besucherin folgende kuriose Geschichte, bei der jemand mit allen Mitteln um seine Wunschinkarnation aus dem Jenseits kämpfte:

Die Großmutter geht mit ihrer dreijährigen Enkelin am Ufer des Bodensees spazieren. Die Kleine will plötzlich in eine Telefonzelle und bittet die Oma, ihr den Hörer herunterzureichen und die Telefonzelle wieder zu verlassen. Dann beginnt die Kleine zu »telefonieren«. Die Großmutter macht das Spiel mit und beobachtet von außen, wie ihre Enkelin auf lebhafte Art ein sehr ernstes, langes Telefongespräch führt. Sie versteht durch die Scheibe kein Wort und hat auch keine Ahnung, mit wem die Kleine spielt, zu telefonieren. Als die Enkelin fertig ist, fragt die Großmutter: »Mit wem hast du denn telefoniert?«

»Mit dem Opa.«

»Na so was, der Opa ist doch seit zwei Jahren tot«, wundert sich die Großmutter. Trotzdem, die Kleine behauptet steif und fest, dass sie mit dem Opa telefoniert habe.

»Und was hat er gesagt?«, fragt die Oma einfach weiter.

»Er hat gesagt, die Mama soll aufhören, die Pille zu nehmen, der Opa möchte mein Bruder werden.«

Der Großmutter bleibt der Mund offen stehen. Erstens, was weiß die Kleine von einer Pille? Zweitens, wie kommt in die Kleine dieses Verständnis von Wiedergeburt? Und drittens kennt sie den Opa doch nur aus ihrem ersten Lebensjahr!?

Fragen, die die Großmutter mit ihrer Schwiegertochter ausführlich diskutiert, mit denen sie aber bei ihrem Sohn auf wenig Verständnis stößt. Schließlich kommen Mama, das heißt Schwiegertochter, und Oma überein, dass Mama die Pille absetzt, auch wenn Papa nicht recht dafür ist. Es dauert keine zwei Wochen, dann ist sie schwanger. Zur Welt kommt ein Junge, über den alle sagen: Ganz der Opa. Denn das Baby sieht nicht nur auf der biologischen Achse dem Opa ähnlich, sondern es ist auch im Wesen er.

Diese Verquickung von karmischer und biologischer (manche sagen auch: systemischer) Abstammung gehört zu den verbreitetsten Wiedergeburtswünschen. Insofern wird in unseren Breitengraden niemand so schnell in den Slums von Kalkutta wiedergeboren, aber doch oft zum Beispiel von der eigenen Schwiegertochter. Das ist dann unter Umständen alles andere als ein konfliktfreies Verwandtschaftsverhältnis, weil sie einem alles das antut, was man ihr im letzten Leben selbst angetan hat.

Wiedergeburten bei der geliebten/ungeliebten Verwandtschaft sind die häufigsten, denn dazu bedarf es des geringsten Entscheidungsaufwandes. Auf diese Weise kommen sogar Leute zusammen, die sich eigentlich hassen. Oft zieht einen eine psychisch unbeglichene Rechnung genau dahin, wo man nicht hinwollte. Es war aber die nächstbeste Gelegenheit, so schnell wie möglich wieder in einem Körper zu sitzen, und dazu gab es in dem Bekannten- und Verwandtenkreis, der einem dafür am vertrautesten erscheint, nur die Gelegenheit bei jener Person, der man eigentlich nie wieder begegnen wollte. Schlechtes Gewissen, Schuldgefühle, Hassliebe im vorangegangenen Leben sind starke Antriebsmomente für Inkarnationsentscheidungen.

Je schlechter man warten kann, desto öfter muss man einen völlig unsympathischen Menschen als Vater oder Mutter in Kauf nehmen, nur weil man auf eine Person als zukünftigen

Elternteil vollkommen fixiert ist und nicht die Muße und Unabhängigkeit besitzt, auf die passende Elternkonstellation zu warten. Im Bardo, wo Zeit und Raum aufgehoben sind, sollte es mir bei einigermaßen klarem Geist möglich sein, genau hinzuschauen, von wem ich mein Leben lang das Kind sein möchte. Selbst wenn ich erkenne, dass die Beziehung meiner potenziellen Eltern nicht halten wird, so kann ich mich dennoch dafür entscheiden, falls mir diese Person als meine zukünftige Mutter so wichtig ist, dass ich sie auch als Alleinerziehende haben möchte. Es kann sogar ein aktives Interesse dahinter stecken, mit der Mutter allein aufzuwachsen. (Sehr viel seltener gibt es allein erziehende Väter.)

Es ist kein Zufall, ob Geschlechtsverkehr zu Schwangerschaft führt. Auf der spirituellen Ebene gehören mehrere Energien dazu. Sicherlich hat der Koitus auf der energetisch immateriellen Ebene für die umherschwirrenden Seelen, die auf der Suche nach Verkörperung sind, die Signalwirkung eines Leuchtfeuers. Welche Seele schlussendlich sich bei diesem Akt inkarniert, hängt von vielen Faktoren ab, wie wir oben schon gesehen haben. Dass jemand ohne Verhütung nicht schwanger wird, hat auf der spirituellen Ebene ebenfalls mit den Seelen zu tun, die inkarnieren möchten, aber nicht willkommen sind. Wie viele Paare rennen von Arzt zu Arzt, weil sie keine Kinder bekommen. Wenn sie sich nicht nur die körperlichen, biologischen, sondern vor allem die seelischen Voraussetzungen für Fruchtbarkeit und Elternschaft ansehen würden, wäre das Problem oft leichter zu lösen. Dazu muss ich mir des ganzen Spektrums der Seelenwanderungen bewusst werden.

Wie gesagt, die Wahl der Mutter ist die einfachste. Die Wahl von Wunsch*eltern* hingegen ist um ein Vielfaches schwieriger, besonders schwierig wird es mit Wunsch-Geschwistern.

Eine hohe Herausforderung ist es, sich für das nächste Leben mit jemandem ganz Bestimmten als Liebes- und Lebenspartner zu verabreden. Dass das jedoch oft gelingt, bestätigen viele Paare, die nicht nur das Gefühl haben, sich schon aus einem früheren Leben zu kennen, sondern sogar Bildern und ganzen Szenen im Zusammensein begegnen, die nicht aus diesem Leben stammen können. Man stelle sich vor, welch großer Überblick nötig ist, um eine Inkarnationsentscheidung zu treffen, die diese Wiederbegegnung mit einschließt. Zu der starken Motivation und dem großen Weitblick gehört auch, dass man sich im Bardo des Inzestverbotes bewusst bleibt, sonst ist die Erfüllung eines solchen Wunsches in der Beziehung des nächsten Lebens sehr belastet bzw. macht sie unmöglich.

Für die Erfüllung ist es wohl nicht erforderlich, das zukünftige Schicksal in allen seinen Verästelungen zu erkennen, aber man sollte im gegenwärtigen Leben einem solchen Wunsch sehr viel Kraft geben, damit er sich im zukünftigen Leben auch realisiert. Es gibt immer wieder die Erfahrung, dass man das Bild eines Geliebten/einer Geliebten im Kopf trägt, ohne dieser Person in diesem Leben jemals begegnet zu sein; wenn sie dann aber tatsächlich auftaucht, geraten die Gefühle in helle Aufregung: »Das ist er!« »Das ist sie!« Liebe auf den ersten Blick. So etwas hat immer eine Vorgeschichte in einem früheren Leben. Es gibt sonst keinen anderen logischen, plausiblen Grund für solch heftige Gefühle.

Wie platziert man einen solchen Wunsch? Die Parameter, mit denen die ersehnte Wiederbegegnung programmiert werden kann, sind von übermenschlicher Kompliziertheit. Um in die Kompliziertheit des Lebens eine Ausrichtung hineinzubekommen, die zu dem gewünschten Ergebnis führt, ist keinerlei Wankelmütigkeit erlaubt. Jeder noch so geheime Zweifel in der Liebe wird schicksalhafte Verstrickungen im nächsten Leben bei der Suche nach dem Wunschpartner produzieren, und eine gemeinsame, dauerhafte Liebesbeziehung ist dann schwer zu realisieren. Es muss eine bedingungslose Liebe sein, die jede Prüfung besteht, dann besitzt sie die Energie, die so viele Faktoren beeinflusst, das heißt so viele Seelen synchronisiert, dass es zu dieser Begegnung, die nicht nur ein Seitensprung sein soll, wirklich kommt.

Kann man sich vorstellen, wie stark diese Energie sein muss? Diese Energie entsteht nicht im Bardo, da wirkt sie sich aus, entstehen muss sie im körperlichen Dasein. Diese Energie kann nicht im Heimlichen wachsen, denn damit sie sich umsetzt, das heißt realisieren kann, muss der Wunsch beidseitig bewusst vorhanden sein. Die Liebesenergie, die nötig ist, damit beide sich im nächsten Leben wieder begegnen und ihre Liebe leben können, muss noch vor dem Tod erworben sein. Das gegenseitige Versprechen, das nächste Leben als Liebespaar zu verbringen, ist mehr als ein Eheversprechen zu Lebzeiten. Dafür bedarf es eines gemeinsamen Schicksals, das von unabdingbarer Solidarität füreinander gekennzeichnet ist bzw. für das man bereit ist, mit dem Tod zu bezahlen.

Liebe ohne Zweifel trifft sich im nächsten Leben wieder.

Die Menschheitsgeschichte ist eine Kette grausamster Verbrechen, Quälereien und Morde. Wer es geschafft hat, innerhalb dieser Kette sein Herz voller Liebe zu bewahren, und sich nicht an der Fortsetzung der Negativereignisse beteiligt hat, kann großes Glück erfahren. Großes Liebesglück wird niemals in nur einem Leben erworben. Erst die Erfahrung, dass das Wiedersehen nach einer oder mehreren Bardo-Phasen wieder stattgefunden hat, beweist der Seele, wie stark die Liebe ist. Die meisten Menschen suchen nach dieser Liebe.

Partnersuche

Wie lange irrt jemand auf Partnersuche herum. Die Seele weiß, da war doch mal jemand, aber wo ist er? Es muss ihn doch irgendwo geben, vielleicht treffe ich ihn in der Disco, vielleicht im nächsten Urlaub, vielleicht gehört er/sie aber auch schon jahrelang zu meinem Bekanntenkreis? Ich suche und suche und bin dabei vielleicht auch noch unglücklich gebunden und kann mich dem eigentlichen Wunsch meiner Seele gar nicht widmen. Um ihre ungestillte Sehnsucht zu verdrängen, packe ich mich voll mit der Geschäftigkeit des täglichen Lebens und komme nicht dazu, mich darauf zu besinnen, was mir in diesem Leben bisher fehlt.

Überstürzen Sie nichts, sondern schauen Sie genau hin. Wer sind Ihre Mitmenschen und so genannte Zufallsbekanntschaften? Wie oft hat man sich schon in einem Auserwählten getäuscht und erst zu spät gemerkt, dass er es nicht gewesen sein kann, auf den meine Seele wartet. Es kostet wertvolle Jahre des kurzen Lebens, bis die Chance da ist, den Geliebten aus dem Vorleben in die Arme zu schließen. Dafür gilt es, einen ruhigen, klaren Blick zu bewahren, mutig zu sein und nicht aus dem Affekt heraus zu agieren, weder aus Existenzangst noch aus dem Sexualtrieb heraus. Der Sexualtrieb sagt schnell ja, denn der Natur geht es um Arterhaltung und dabei spielt Quantität eine größere Rolle als Qualität. Genauso sagt das Ego schnell ja, wenn es materielle Sicherheit wähnt, und allzu oft übergeht es die Seele dabei. Qualität aber bedeutet ein glückliches, liebevolles Leben, und dafür muss ich mein Bewusstsein einsetzen.

Die Seele lebt von dem wachen, reinen Bewusstsein – meinem Geist. Wenn die Seele ja sagt, dann merkt man das – und umgekehrt. Setzt man sich über ein Nein hinweg, werden einem zumindest im Nachhinein so manche Bedenken und unguten Gefühle bewusst, die auftauchten, bevor die Beziehung fixiert war, und man lebt nun mit den Konsequenzen. Die Seele sagt nur ja, wenn's wirklich stimmt. Doch dann muss ich auch den Mut aufbringen und diesem Gefühl folgen – ohne Wenn und Aber, ohne falsche Rücksichtnahme und Existenzängste. Erfüllte Liebe spült jede Existenzangst hinweg. Ein Liebespaar, das sich wiedergefunden hat, kann nichts erschüttern, denn sie sind beide schon einmal füreinander durch den Tod gegangen und haben es geschafft, sich nun wieder in den Armen zu liegen. Sie haben nichts zu befürchten. Wenn nicht einmal der Tod einen scheiden konnte, was dann? Wer schon einmal ein gemeinsames Schicksal überdauert hat mit dem Wunsch, noch einmal eine Lebenszeit miteinander zu verbringen und das schafft, hat Mut ohne Ende. Ein solches Paar bringt mehr zustande als alles, was zwei Menschen allein jemals schaffen könnten.

Karma erkennen

Solche lebensüberschreitenden Kräfte sollte man sich wieder und wieder bewusst machen. Jede Krankheit, jeder Zwist, jede Depression ist ein Hinweis darauf, dass ich mit meinem Karma hadere. Um das eigene Karma zu erkennen (der buddhistische Begriff »Karma« lässt sich auch mit *Willen meiner Seele* übersetzen), muss ich immer wieder Abstand zu meinem Alltagsleben gewinnen. Das ist dieselbe Arbeit, wie die Ursache eines Schmerzes durch *Psychohygiene* zu finden. Wichtig dabei ist zu erkennen: Der Wille der Seele ist das offene Ende einer in alle Ewigkeit zurückreichenden Kette gelebter Leben. Und wenn ich mich psychisch reinige, dann darf ich nicht nur die aktuellen Verstrickungen anschauen, sondern muss so viele karmische Faktoren mit berücksichtigen, wie ich deren habhaft werden kann.

Theoretisch kann ich vielerlei Vermutungen über mein Karma anstellen, die mir aber nichts nützen werden. Wer diese

Unsicherheit durch professionelle Hilfe ausgleichen möchte, sollte die Offenbarungen aus astrologischen Daten, Karten, Orakeln etc. genauso wenig als bare Münze nehmen wie seine eigenen theoretischen Überlegungen zu seinem Karma, sondern sie als Hypothese begreifen. Eine Hypothese muss überprüft werden. Sie soll den Blick erweitern. Ein so genanntes *Karma-Reading* stellt mein Leben und das der anderen in einen viel größeren Zusammenhang als jede psychologische Sicht auf dieses Leben.

Dieser größere Zusammenhang muss sich sowohl aus dem Gefühl als auch aus dem Verstand schlüssig ergeben. Wenn er sich nicht richtig anfühlt, sollte man diese Hypothese wieder verwerfen und sich auf sein eigenes gefühlsmäßiges Urteilsvermögen verlassen. Dazu gehört, nichts auszuschließen und mehrere Karma-Hypothesen wirken zu lassen, um prüfen zu können, wie sie sich anfühlen. Mit der Zeit wird sich Ihr Karmaverständnis verdichten und die Zusammenhänge zeigen sich immer offensichtlicher. Das Karma-Bewusstsein ist Neuland für viele und das erschließt sich nicht mit ein oder zwei Erkenntnissen. Dazu gehört viel Vertrauen in die eigene Intuition und die Beobachtung vielerlei Fälle.

Wunschkind

Nachdem unser Sohn ein Jahr auf der Welt war, dachten meine damalige Frau und ich an ein zweites Kind. Da ich inzwischen den Buddhismus kennen gelernt hatte, warf dieser Kinderwunsch die Frage auf, wer uns wohl als Eltern haben möchte? Da ich meine Großmutter sehr geliebt hatte und sie damals schon zehn Jahre tot war, sagte ich ihr, sie sei bei uns herzlich willkommen – vorausgesetzt, sie würde sich jetzt wieder inkarnieren wollen und meine Frau als ihre Mutter mögen. Ich habe mich dabei sehr geprüft, wie rein, wie tief und wie ernst ich dieses Angebot meinte.

Man könnte ja auch aus irgendeiner besonderen Vorliebe heraus John Lennon ein solches Angebot machen oder Lady Di oder der Mutter Teresa. Es gibt viele Idole, für die man schwärmen kann. Für mich aber war klar, dass ich mich am meisten über die Oma freuen würde. Stopp, sagte mein Ego, hast du die ganzen Beschwerden vergessen, die deine Mutter gegen sie vorzubringen hatte? War sie nicht eine herrschsüchtige, bisweilen harte, unbarmherzige Schwiegermutter für sie, mit der »nicht gut Kirschen essen« war? Ja, ich erinnere mich, aber ich wünsche mir ja auch nicht den perfekten Menschen, den es nicht gibt, sondern die Nähe einer Seele, die ich aus tiefstem Herzen liebe mit ihrer eigenen charakterlichen Individualität. Die mag mit der meiner Mutter vielleicht nicht harmoniert haben, aber ich bin mit ihr ja bereits verwandt und habe mir über ihren Sohn, meinen Vater, Aspekte ihres Charakters zu Eigen gemacht, die meiner Mutter fehlten. Das sind spezielle Charakterkomponenten, die vielleicht nicht jedermanns Sache sein mögen, aber ich bewundere sie und deshalb gilt mein Angebot.

Natürlich fragte ich auch meine Frau, was sie davon hielte, denn schließlich würde sie ja dann ihre Mutter werden. Doch sie teilte all diese Ideen vom Karma nicht so sehr mit mir, von daher war es ihr egal, wen ich da einlud. Außerdem wollte sie erst mal abwarten, ob sie überhaupt schwanger werden würde und ob es dann auch ein Mädchen ist. (Ich konnte mir nicht vorstellen, dass meine Oma je Lust hätte, als Mann wiedergeboren zu werden.)

Ich diskutierte nicht weiter darüber. Ein paar Wochen nach meinen Gebeten an die Oma wurde meine Frau schwanger. Das Thema Karma war für mich tabu. Auch mit anderen sprach ich nicht darüber, denn man wird schnell verlacht; nur aus meinem Kopf wollte es nicht mehr verschwinden. Ich spare mir deshalb, zu erzählen, was der Name Cosima, den ich für die Wiedergeburt gefunden hatte, mit meiner Oma zu tun hat, und was ich sah und fühlte, als ich sie das erste Mal im Arm hielt. Aber dann, als die kleine, süße Maus, die ich aus vollem Herzen liebe, zirka dreieinhalb Jahre alt war, hatte ich einen Traum – einen sehr konkreten Traum mit folgender Botschaft: »Warte, bis sie ihren 4. Geburtstag hat, dann wird sie dir sagen, wer sie ist.« Ich behielt diesen Traum für mich in meinem Tagebuch und wartete die paar Monate ab, bis sie vier wurde.

Es war ein grauer, verregneter Dezembertag. Morgens gab es eine kleine Bescherung und dann gingen wir unseren Tagesaktivitäten nach. Nach dem Essen legte sich meine Frau mit der Kleinen zum Mittagsschlaf hin. Am Nachmittag feierten wir noch ein wenig Geburtstag, doch nichts geschah – es traf keinerlei »Nachricht« ein. Ein bisschen enttäuscht war ich jetzt schon. Doch wie sagte Karl Valentin: »Träume sind Schäume.« Kurz vor Mitternacht, als wir gerade das Licht gelöscht hatten, meinte meine Frau, dass sie mir ja unbedingt noch etwas erzählen müsse. Heute vor der Mittagsruhe wäre Cosima ganz aufgeregt gewesen und hätte gar nicht schlafen wollen. Obwohl sie sie zu beruhigen versuchte, hätte sie aber weiter drauflos geplappert und erzählt, dass sie schon Mama sei:

»Ich fragte: ›So? Wie viele Kinder hast du denn?‹

›Zwei!‹

›Die Puppi und das Bärchen (ihre Kuscheltiere)?‹

›Nein, das sind doch Kuscheltiere und keine Kinder‹, sagte sie.

›Oh, Verzeihung, wer sind denn dann deine Kinder?‹

›Ein Bub und ein Mädchen.‹

›Wie heißen die denn?‹

›Er ist der Erich und sie ist die Lisel.‹

›So, Erich und Lisel. Wie alt sind die denn?‹

›Die sind schon älter, die spielen aber nicht zusammen‹, sagte sie.

Und dann hat sie noch erzählt, dass sie singen kann. Das war alles und schon schlief sie ein.«

Meine Frau fügte noch hinzu: »Ist das nicht witzig? Du hast mir doch mal vor Jahren erzählt, dass Cosima deine Oma sei, und Erich kennen wir doch auch nur einen, deinen Vater, und hatte er nicht eine Schwester?«

»Ja, die Lisel.«

»Aber ist das nicht witzig ...?«

»Ja, das ist wirklich witzig«, dachte ich, »und dass die beiden nicht zusammen spielen, ist auch bezeichnend, denn der Altersunterschied zwischen meinem Vater und seiner Schwester betrug zwölf Jahre. Und dass sie singen kann, ist ebenso aufschlussreich, denn Oma war vor ihrer Ehe Opernsängerin und hatte ein kleines Repertoire, das sie bis ins hohe Alter sang und an das ich mich noch gut erinnere.«

Wenn einem das Bewusstein von der Kontinuität des Geistes zu Eigen wird, lässt es sich in vielfältiger Weise anwenden. Es kommt darauf an, worauf man seinen Fokus ausrichtet. Im Fall meiner Tochter hilft es mir in allen Erziehungsfragen. Ich weiß, dass ich meine Oma nicht ändern kann, ich kenne also die Ausgangsstruktur meiner Tochter und brauche nicht darüber nachzudenken, warum sie sich so und nicht anders verhält. Auch wenn ich damit manchmal Probleme habe, kann ich mich immer wieder mit der Erkenntnis beruhigen, Oma hätte es nicht anders gemacht. Da sie für mich Oma ist, weiß ich, was geht und was nicht geht. Dieses Bewusstsein korrigiert ganz schnell meinen erzieherischen Impetus. Ich brauche im Grunde nicht erziehen, sondern nur die Rahmenbedingungen schaffen, in denen es Oma erlaubt ist, sich weiterzuverwirklichen.

Zum Beispiel fiel mir die 8.000-DM-Entscheidung, für Cosima ein Klavier zu kaufen, als sie noch nicht fünf Jahre alt war, ganz leicht, weil ich augenblicklich verstand, welche Interessen im Spiel sind, als die Kleine damals nicht mehr vom

Musikgeschäft weg wollte und darauf bestand, genau dieses Klavier im Schaufenster jetzt haben zu wollen. Ich dachte mir, die Oma hat ihr Leben lang Klavier gespielt, weder meine Frau noch ich tun das, aber wenn man über diese Fähigkeit in seinem Leben wieder verfügen will, dann ist es nicht verkehrt, schon mit vier Jahren weiterzumachen. Und schon hatte ich eine Investitionssicherheit, die es mir erlaubte, ohne Bedenken jetzt sofort genau dieses Klavier zu kaufen, denn Oma, das heißt Cosima, verstand von Klavier wesentlich mehr als ich. Davon war dann auch der Verkäufer beeindruckt, denn er meinte, genau dieses Klavier sei das beste in seinem Laden.

Das Bewusstsein von der Kontinuität des Geistes braucht man nicht nur in Erziehungsfragen, sondern auch, wenn man Heilen verstehen will. Man muss dabei wissen, dass man sich mit Seelen unterhält, die unendlich alt sind und schon viel durchzustehen hatten. Viele bringen ihre ungelösten Konflikte mit, und wenn diese sehr stark waren, funken sie mächtig in das heutige Leben mit unguten körperlichen Auswirkungen hinein.

Diesen Faktor gilt es zu erkennen und seine Quelle zu entdecken, dann wird man gesund. Zeit spielt da eigentlich keine Rolle. Ein schwerer, ungelöster Konflikt kann für die Seele über Nacht wieder brandaktuell werden, wie Splitter, die noch irgendwo im Körper stecken und plötzlich heftige Probleme machen. Ruhe hat man erst, wenn die Splitter alle aus dem Körper entfernt sind. Unter dem Gesichtspunkt des Karmas muss man durch den Vorhang des Vergessens hindurchschlüpfen, die Erinnerung an die alten, unverarbeiteten Verletzungen zulassen und sie seelisch entsorgen.

Antrieb Sehnsucht

Erfahrungsgemäß stirbt es sich leichter, wenn man sich wenigstens am Schluss seines Lebens dem Wiedergeburtsgedanken nähert. Ich habe mit meiner Mutter, die 91 wurde, vor ihrem Ende viel über ihre noch unerfüllten Sehnsüchte gesprochen. Man kann dies auch, ohne das Wort »Wiedergeburt« zu benutzen, indem man einfach fragt: Was würdest du wollen, wenn du noch mal jung wärst? Würdest du lieber eine Junge oder ein Mädchen sein? Würdest du deinen Mann noch einmal heiraten wollen oder nicht? Würdest du wieder in deinem jetzigen Land leben wollen oder woanders? Welche Personen hättest du von allen, die du kennst, egal, ob sie jetzt noch leben oder schon tot sind, am liebsten wieder um dich? Mit wem, würdest du sagen, bist du nicht im Reinen?

Und so weiter. Unter diesem Aspekt kann man sich wochenlang unterhalten. Ich selbst habe die Antworten meiner Mutter mitgeschrieben, denn ein Tonbandgerät wäre ihr vielleicht zu inquisitorisch vorgekommen. Diese Gespräche waren sehr wichtig, weil ihr klar wurde, an welchen Mustern sie noch hing. Hinter jedem Muster steckt ja auch eine eigene Leidensgeschichte und indem diese hochkommt und bewusst wird, lassen sich die darin gefangenen unerfüllten Sehnsüchte befreien. Nehmen wir die Erkenntnisse an, trägt dies ganz stark zu einem friedlichen Tod bei.

Wie bereits erwähnt, sind unerfüllte Sehnsüchte der stärkste Motor für unüberlegte Lebensentscheidungen im Bardo. Drei Tage nach der Befruchtung kann man bereits feststellen, dass ein individuelles Leben entstanden ist – ab dann wächst man in eine Situation hinein, in die man geboren wird, in der man aufwächst und in der man vergisst, dass genau diese neue körperliche Existenz die eigene Entscheidung gewesen ist. Beim Befruchtungsakt war man so fasziniert von dieser Inkarnationsmöglichkeit oder hat schon so darauf gewartet, dass man sich auf diesen Zellteilungsprozess festgelegt hat. Es ist also von großer Bedeutung, noch vor dem Tod abzuklären, welches die stärksten unerfüllten, noch bestehenden Sehnsüchte sind. Hass ist ebenfalls eine Sehnsucht, nur negativ gepolt, und ist damit genauso bestimmend für die Wiedergeburt wie positiv gepolte Sehnsüchte.

Wenn es einem gelingt, sich die dümmsten, schrecklichsten und absurdesten Sehnsüchte – anziehender und abstoßender Art – bis spätestens vor dem letzten Atemzug bewusst zu machen und aufzulösen, dann erspart man sich so manche harten Schicksalsschläge und Kümmernisse im nächsten Leben. Vergessen wir nie: Für die Seele spielt Zeit keine Rolle. Was in diesem Leben nicht geklärt ist, klärt sich eben im nächsten oder übernächsten oder überübernächsten usw. Irgendwann wird dieses »blöde« Ego von seinem Trip schon herunterkommen und wahre Liebe walten lassen. Ein glückliches Leben zu führen ist kein Zufall. Es ist entschlossener Fortschritt im Guten bereits im vorangegangenen Leben oder in diesem Leben für das Glück im nächsten Leben.

Wer seine unerfüllten Sehnsüchte auflösen kann, sorgt gut für seine Wiedergeburt.

Karma-Therapie

Als der erste König des vereinten Tibets, Songtsen Gampo, dem Übersetzer Marpa vor 1.300 Jahren den Auftrag erteilte, den Buddhismus aus Indien nach Tibet zu importieren, stellte sich das Problem, dass es bei dieser Lehre hieß, man erreiche Erleuchtung (also Auflösung des Egos) nach zirka 500 Leben. Songtsen Gampo kannte sein Volk und wusste, dass es sich darauf nicht einlassen würde. Die Tibeter waren vor dem Buddhismus Bön-gläubig und in der Bön-Religion hieß das erste Gesetz: Wer nicht Bön ist, Kopf ab. Mit dieser Mission waren die wilden Stämme Tibets auf ihren schnellen kleinen Pferden vom Dach der Welt heruntergekommen und hatten sich bis vor Peking durchgeköpft.

Nur dadurch, dass Sangston Gampo aufgrund höherer Diplomatie zwei Frauen hatte – die Kaiser-Prinzessin des Nachbarn im Nordosten, China, sowie die Königs-Prinzessin des Nachbarn im Südwesten, Nepal, änderte sich etwas. Beide Frauen waren Buddhisten. Sie rieten ihrem Mann, sein Volk ein wenig zu befrieden und dafür den Buddhismus als Lehre (sozusagen als »Therapie«) einzuführen. Doch eine Lehre, deren Früchte man erst nach 500 Leben würde ernten können, brauchte man nach Tibet erst gar nicht zu importieren. Also übersetzte Marpa nur solche Texte aus dem Buddhismus, die für einen schnelleren Erfolg gut waren.

Verbreitet werden musste diese gestraffte Buddhismus-Lehre von Patmasambava. Dies war zwar ein Kamikaze-Job, aber Patmasambava war furchtlos und er hatte zwölf Helferinnen. Er konnte, wann immer es nötig war, Blitz und Donner, Hagel und Sonnenschein präsentieren, um die tibetischen Bön-Rabauken mächtig zu beeindrucken. Er vertrat also nicht mehr das »Große Fahrzeug zum Gipfel des Glücks« (Mahajana), welches seit zirka 300 n.Chr. in Indien gelehrt wurde (vorher wurde 1.000 Jahre lang »das kleine Fahrzeug« [Hinajana] gelehrt), sondern das »diamantene Fahrzeug« (Vajrajana). Mit ihm, hieß es, könne man in einem einzigen Leben Buddhaschaft erreichen oder, anders ausgedrückt, den Gipfel des Glücks erklimmen. Um das zu schaffen, musste man alles dafür tun, um vollkommen gereinigt, ohne falsche Sehnsüchte und störende Hassgefühle ins Bardo zu kommen.

In Tibet begegnet man Wiedergeburten, die sich mit diesem lebensübergreifenden Konzept exzellente Lebensbedingungen geschaffen haben. Hier geht es nicht um materielle Werte, sondern um seelische, charakterliche Qualitäten. Ich denke dabei nicht nur an den Dalai Lama und den Gyalwa Karmapa, sondern an all die Jungs und Mädchen aus dem tibetischen Volk (vor allem Jungs, denn Bön war ein ziemlich patriarchales Lebenskonzept, das sich auch auf den importierten Buddhismus noch stark ausgewirkt hat), die eine unglaublich intensive Ausstrahlung besitzen und die Verhaltensweisen an den Tag legen, bei denen einem der Atem stockt. Man sieht ihnen ihre innere Klarheit sofort an. Erleuchtung ist dafür der richtige Ausdruck, denn bei diesen Menschen, vor allem bei den jungen, hat man das Gefühl, sie leuchten. Ihr Blick ist der, den ich auch von Karmapa kenne. Dies ist keine individuelle Wahrnehmung von mir – davon kann sich jeder Tourist überzeugen, der deshalb aber nicht nach Tibet reisen muss, sondern nur in eines der vielen tibetischen Klöster in Nepal gehen braucht, um einem leuchtenden Menschen zu begegnen. Mein Dokumentarfilm *Living Buddha* transportiert diese Qualität. Ohne das Konzept der Wiedergeburt ist eine solche Seelenstärke nicht entwickelbar.

Wenn ich keine langfristige Strategie in meine Charakterentwicklung hineinbringe, fange ich in jedem Leben wieder (fast) von vorne an. Irgendetwas lernt man zwar immer, denn Alter macht in gewisser Weise auch weise, aber das reicht nicht, um seine Sehnsüchte so zu bearbeiten, dass sie einen beim Neustart nicht zum unbewussten »Triebtäter« werden lassen. Man muss die Sehnsüchte ins Bewusstsein holen und dafür gibt es heute unzählige verschiedene Möglichkeiten. Manchmal reicht auch schon das offene, ehrliche Gespräch mit einem anderen Menschen.

Die wirksamste Methode dabei ist, sich selbst und anderen Fehler zu verzeihen. Die Seele weiß, dass es als Mensch unmöglich ist, keine Fehler zu machen, auch wenn sie jedes Mal darunter leidet. Zum Ausgleich wünscht sie sich jedoch eine Entschuldigung. Das ist nicht eine Sache von mal eben denken:

»Entschuldigung, war ja nicht so gemeint«. Nein, eine wirksame Entschuldigung muss Konsequenzen haben, bis in die eigenen Charakterzüge, dann ist die Seele wieder zufrieden und die Entwicklung geht ein Stückchen weiter, der Energiehaushalt ist weniger blockiert, das System fließt wieder ein wenig besser und in der Summe fühlt man sich wohler.

Um sich wirklich zu entschuldigen, braucht es das ehrliche, egofreie, intensive Zwiegespräch mit der Seele. Am besten man schreibt die Entschuldigung deutlich auf, samt ihrer Konsequenzen, und druckt sich seine Einsichten und Vorsätze auch noch aus und hängt sie sich in seinem privaten Bereich neben das Bett, ins Badezimmer und in die Küche, um sie in jedem Moment wieder ins Bewusstsein zu holen, wenn man nicht zu seinen alten unguten Gewohnheiten im Denken, Sprechen und Handeln zurückkehren möchte.

Mit dieser Methode schafft man es ohne professionelle, kostenaufwändige Hilfe, sich so zu ändern, dass man wieder gesund wird, wenn ein Fehlverhalten einen bereits krank gemacht hat. Die Arbeit besteht darin, genau hinzuhören, was die Seele einem sagt, was sie schon immer sagen wollte und worauf wir bisher nicht gehört haben. Es ist manchmal ausgesprochen schwer, diesem zarten Stimmchen zu glauben, wenn die gesamte gesellschaftliche Ego-Prägung so laut ist.

Wir liegen unter einer kollektiven Decke kultureller, gesellschaftlicher, familiärer Prägungen und wer immer sich darunter aus der Norm erhebt, muss die ganze Decke mit hochstemmen. Eine Bewusstseinsentwicklung ohne gesellschaftliche Decke oder über ihr ist nicht möglich. Insofern sind die Sprünge zäh und klein und immer nur in Relation zur gesamten Gesellschaft zu sehen.

Was geschieht mit Ihnen, wenn Sie eine Halsentzündung haben, die Einnahme eines Antibiotikums ablehnen und der Arzt sagt: »Wissen Sie, was passiert, wenn Sie das Mittel nicht nehmen? Dann kann der Infekt zu Ihrem Herzen wandern und in kürzester Zeit müssen Sie mit dem Schlimmsten rechnen, das wünsche ich niemandem.« Ihr ganzer Mut, alles, was Sie sich in Ihrem Bewusstsein über Jahre erarbeitet haben, bricht in wenigen Minuten weg. Und Sie sagen: »Her mit den Tabletten. Ich nehm sie, sei's drum, dann ist meine Darmflora halt wieder kaputt und mein Imunsystem geschwächt, egal.«

Natürlich wäre es irgendwie auch anders gegangen. Der Heilpraktiker bietet homöopathische Mittel an, die wenigstens keine dieser katastrophalen Nebenwirkungen haben wie die »Waffen« der Allopathie. Ganz gleich wie: Im Krankheitsfall fordert die Angst ums Überleben das Vertrauen in die geistige Dimension stark heraus. Jede medizinische Maßnahme, die eine materielle Intervention mit einschließt, wird gestützt durch die materielle Prägung unserer Gesellschaft und bezieht daraus einen Großteil ihrer Wirksamkeit. Es bedarf großen Mutes und unerschütterlichen Vertrauens in unsere primär geistige Existenz, im Krankheitsfall auf jegliche materielle Intervention zu verzichten.

Umgekehrt zeigt sich schnell, wie wirkungsstark unser Geist ist. Wer ein Antibiotikum absolut ablehnt, sich nicht überreden lässt und trotz seiner Angst es nicht akzeptiert, aber verabreicht bekommt, bei dem wirkt es meistens nicht. Ein solcher Patient gilt unter Umständen als resistent oder allergiegefährdet. Wie auch immer, sein Körper nimmt das Medikament bewusst oder unbewusst nicht an. Wenn jemand den Arzt, die Therapie und die Mittel ablehnt, ist auch die Behandlung meist nicht erfolgreich.

Insofern wissen die meisten Ärzte, dass auch sie letztlich Schamanen sind, und viele nutzen dieses Talent auch. Sie wissen, dass ihre Autorität und die Wirkung ihrer Behandlung steigen, wenn sie ihren weißen Kittel tragen. Ein kariertes Hemd und Jeans machen weniger Eindruck als die weiße Robe, und steht auf dem Schildchen noch Prof. Dr. med XY und wird XY von einem Assistenzarzt und der Akte des Patienten begleitet, dann wirkt der Satz »In drei Tagen sind wir übern Berg« wie ein Wunder. Ein guter Arzt gibt das zu. Er weiß, dass er seine Autorität in die Waagschale wirft, damit Heilung erfolgt.

Es kommt hinzu, dass er selbst über diesen Mechanismus überhaupt nicht nachdenken muss. Die Autorität des Arztes ist in unserer Gesellschaft schon von vornherein in jedem Patienten installiert. Der Arzt muss seine Autorität nicht selbst herausstellen. Seine Ausbildung und der ärztliche Werdeprozess verleihen ihm seine schamanische Kraft, die mit seinen medizinischen Qualitäten unter Umständen nur sehr wenig zu tun hat. Ein Arzt kann sehr, sehr viel falsch machen, bis diese Autorität ihre Macht verliert. Das gesamte Anerkennungsverfahren, wer wann und wo Arzt sein darf, erhöht die Autorität gewaltig.

Das wissen auch die Heilpraktiker. Bei ihnen ist es dasselbe. Sie achten sehr darauf, dass ihre Ausbildung und ihre Verbandszugehörigkeit etc. wichtig genommen werden, denn das stärkt ihre Autorität in unserer Gesellschaft entscheidend.

Diese Autorität wird auch den medizinischen Mitteln selbst verliehen. In unserem materialistischen Weltbild sind wir vom Vertrauen in die reine Geisteskraft sehr weit weg. Behandlungen, bei denen nichts physiologisches eingesetzt wird, haben es in unserer Gesellschaft sehr schwer, das heißt, sie haben es schwer, sich in unserer eigenen Psyche unzweifelhafte Anerkennung zu verschaffen.

Um das materialistische Weltbild aufrechtzuerhalten, treibt man einen riesigen Aufwand, mit dem die Wirksamkeit materieller Interventionen »nachgewiesen« wird. Was diesbezüglich mit welchen Methoden zu welchen Prozentsätzen als wirksam, weniger wirksam und gar nicht wirksam ermittelt wird, darf man teilweise nicht laut erwähnen, weil sonst ein allgemein verankertes Glaubenssystem zusammenstürzen und stark an Wirkung verlieren würde.

Dies ist aus meiner Sicht keine Kritik an der materiellen Intervention, sprich der Pharmakologie, und soll ihr nicht die Existenzberechtigung absprechen, sondern es macht nur klar, was der Geist unserer gesellschaftlichen Ausprägung gemäß braucht, um Selbstheilungskräfte zu mobilisieren. Welcher Aufwand auch immer getrieben wird: Unter Medizinern, egal, ob Ärzte oder Heilpraktiker, wird anerkannt, dass der Mensch sich letztlich nur selbst heilen kann. Die Frage ist lediglich, welche Methoden eingesetzt werden, um diesen Selbstheilungsprozess auszulösen.

Im Wesentlichen ist dies eine Erziehungsfrage und keine medizinische Frage. Bei dem einen kann ich diesen Selbstheilungsprozess nur auslösen, wenn ich ihn in ein teures Krankenhaus einweise, ihn mit sündhaft teuren Medikamenten behandle und ihm eine ärztliche Kapazität präsentiere; der andere ist so gestrickt, dass er gesund wird, wenn ihm ein altes Kräuterweiblein eine seit Urzeiten überlieferte, selbst gesammelte, selbst gestoßene und eigenhändig angerührte Kräutersalbe aufträgt. Einem spirituell erzogenen Menschen zeigt man eine Ikone seines Glaubens und der Selbstheilungsprozess beginnt.

Die Wirkung eines Medikaments hängt stark vom kollektiven Glauben ab.

Wer um diese verschiedenen Methoden Krieg führt, hat das Menschsein nicht verstanden. Solche Vertreter sollte man, bevor man sie Gesetze machen lässt, lehren, wie das Gehirn arbeitet, dann wüssten sie, dass alles eine Frage des Glaubens ist. Das Problem beim Glauben ist: Man kann nicht alles glauben, was man gerne glauben möchte, denn das Gehirn spielt nur in einem gewissen gesellschaftlich anerkannten Rahmen mit –

weil der allgemeine Glaube, was falsch und richtig ist oder was wirksam und nicht wirksam ist, so viele Male stärker ist als der individuelle Glaube.

Das eigene Weltbild oder der individuelle Glaubensrahmen wird durch Sozialisation und Karma so stark geprägt, dass unser Gesundheitssystem zusammenbrechen würde, wenn man von heute auf morgen alle Medikamente zu Placebos erklärte, was sie geistig gesehen sind. Ein solches Experiment ist natürlich Utopie. Doch ich bin der Meinung, es würde sich gegebenenfalls zu einem signifikant hohen Prozentsatz herausstellen, dass es nicht darauf ankommt, was in den Medikamenten enthalten ist, sondern wie sie von den Medien und damit von der breiten, öffentlichen Meinung bewertet werden, um zu wirken.

Natürlich sind mir auch Beispiele bekannt, die dieser These zu widersprechen scheinen. Im kolonialen Indien wurde der Volksstamm der Todas von den Engländern mit Syphilis infiziert, woran die Hälfte der 1.000 Mitglieder starb. Die Inder verabreichten nach ihrer Unabhängigkeit 1945 dem Stamm eine Penizillinkur. 30 Jahre später war die alte Bevölkerungszahl wieder erreicht. Es bedurfte einer starken Aufklärung der Todas, bei der ihnen das Penizillin als Wundermittel angepriesen wurde, bevor sie sich behandeln ließen. Mit ihrer eigenen Medizin von den bereits erwähnten zirka 250 Heilmitteln aus ihrer Dschungel-Apotheke konnten sie sich offenbar vor der Syphilis nicht retten.

Ein anderes Beispiel: Ich selbst hatte mich auf einer meiner Fernreisen mit sehr schwerem Typhus angesteckt und konnte nur mit hohen Dosen Antibiotika überleben. Keiner weiß, ob die Todas oder ich wieder gesund geworden wären, wenn wir Placebos bekommen hätten. Hier stoße ich selbst an die Grenze meines Vertrauens in Geistiges Heilen. Es gibt Schamanen und Heiler, für die gilt diese Grenze nicht. Ihr Vertrauen in die geistige Dimension ist um so vieles höher als das meine. Ob sie es geschafft hätten, bei 500 Todas die Selbstheilungskräfte ohne eine materielle, heftige Gabe zu mobilisieren, wage ich nicht zu beurteilen.

Als Gegenbeispiel kann Evgeny Boderenko gelten, von dem in diesem Buch schon die Rede war. Er hat mit einer Helferin 28 radioaktiv verstrahlte Kinder aus der Todeszone von Tschernobyl mit großem Erfolg geistig behandelt. Er und seine Helferin sind jedes Mal ohne jede Kontaminierung aus der Todeszone wieder herausgekommen. Die Helferin, die selbst nichts mit Geistigem Heilen zu tun hat, war vor allem auch davon beeindruckt, dass Evgeny bei ihr keine große Angst vor der nachweislich vorhandenen, starken radioaktiven Strahlung um den GAU vom Tschernobyler Atomkraftwerk aufkommen ließ. Für die Kontrolleure, die sie und Evgeny täglich auf Radioaktivität zu messen hatten, kam dies einem Wunder gleich.

Dieses überragende Vertrauen in die Kraft des Geistes fehlt mir persönlich noch durch meine Sozialisation. Um es so auszubauen, wie ein Evgeny es in sich trägt, bedarf es eines hohen Einsatzes. Es ist wie bei musisch hoch begabten Kindern: Wenn sie nicht von Anfang an ständig üben, üben und nochmals üben, erreichen sie als Erwachsene keine Weltklasse. Würde man den musischen Frühunterricht flächendeckend ausweiten, würde man viel mehr Hochbegabte erkennen und das gesamte musische Niveau in der Bevölkerung stark anheben, sodass es im täglichen Leben nach ein bis zwei Generationen sehr viel mehr eigene Musik zu hören gäbe, wie beispielsweise in Irland.

Ähnlich verhält es sich beim Geistigen Heilen. Was man mit ihm wirklich alles erreichen kann, wissen wir vermutlich erst in zwei oder drei Generationen, sofern wir jetzt konsequent damit beginnen, die Selbstheilungskräfte stärker ins Bewusstsein zu holen. Aber selbst dann ist der Erfolg ungewiss, denn das materialistische Bewusstsein wird nach diesem Zeitraum sicherlich noch nicht verschwunden sein. Nach wie vor wird es Rahmenbedingungen für Geistiges Heilen geben, die es einem noch immer schwer machen, von der gottgleichen Kraft seines Geistes überzeugt zu sein. Man darf der Entwicklung seine Unterstützung durch einen Alles-oder-nichts-Standpunkt aber nicht versagen.

Es wäre schon viel gewonnen, wenn unterschiedliche Therapien und Ansätze, Heilung herbeizuführen, in Toleranz und Respekt füreinander und gleichberechtigt nebeneinander existieren könnten. Sobald das erreicht ist, werden Urteile über Geistiges Heilen wesentlich anders ausfallen als heute. Unbestritten haben wir in der Gesundheitsversorgung einen massiven Notstand. Es muss dringend etwas geschehen.

Bevor ich auf Reisen ging, dachte ich immer, Schamanismus sei etwas Exotisches; deshalb fuhr ich in exotische Länder. Nach jahrelanger Beschäftigung mit Schamanen geht es mir nun so wie jemandem, der zum ersten Mal ein rotes Auto fährt und nun vollkommen überrascht ist, dass es viel mehr rote Autos gibt, als er jemals wahrgenommen hat. So geht es auch Schwangeren und jedem, der sich auf etwas Spezielles fokussiert, so auch mir mit den Schamanen – sie begegnen mir jetzt überall. In jeder Vorführung meines Films beispielsweise sitzen ein oder zwei, die anschließend sagen: »Was dieser Film zeigt, praktizieren wir schon seit Jahren.« Schamanen gibt es plötzlich wie Sand am Meer. Das Problem ist nur, sie zeigen sich nicht gerne. Viele Heilerinnen erzählten mir, dass sie nicht einmal ihrem Mann sagen, was sie tun. Sie haben Angst, für verrückt erklärt zu werden. Geistiges Heilen wird hierzulande oftmals wie eine konspirative Sache behandelt, nur gegenüber Eingeweihten gibt man sich zu erkennen. Die Fähigkeiten der Menschen sind da, man zeigt sie nur nicht.

Schamanen gibt es überall.

Mit meinem Film und diesem Buch möchte ich dazu beitragen, dass diesen Menschen mehr und mehr Respekt entgegengebracht wird. Je offener sie ihr Können beweisen müssen, desto effektiver behandeln sie. Der Austausch untereinander birgt große innovative Kräfte und jeder kann vom anderen lernen. Die geistige Intervention hat unendlich viele Möglichkeiten und niemand kann im Voraus ausschließen, was wirkt und was nicht wirkt. Viele Heilungsmethoden geistiger Art sind eine Frage des Mutes. Wenn ich an etwas glaube, habe ich auch den Mut, es auszuprobieren.

Gier regiert

Mancher hat vielleicht schon erlebt, wie man Warzen besprechen kann, um sie zum Verschwinden zu bringen. Meinem kleinen Sohn wuchs auf seinem Handrücken eine Warze, bis sie dick und unangenehm wurde. Ein Freund, mit dem wir zufällig darüber sprachen, sagte fast lakonisch: »Schick ihn vorbei, ich kauf ihm die Warze ab.« Gesagt, getan, und mein 7-Jähriger kam freudestrahlend zurück: »Der Hans bezahlt mir 50 Mark (das war noch vor der Währungsumstellung), wenn ich ihm meine Warze gebe. Bis in drei Wochen muss ich sie abgeben, wenn ich das Geld haben will.«

Noch zwei Tage vor dem Termin hatte sich die Warze nicht verändert, am Tag vorher wurde sie etwas kleiner und am Stichtag war sie weg – vollkommen weg! Mein Sohn erhielt 50 Mark und war sehr stolz auf dieses Geschäft. Und unser Freund hatte seinen Spaß daran, denn er war sich – ehrlich gesagt – nicht ganz sicher gewesen, ob es denn wirklich klappen würde. Er hatte seine Vorgehensweise aber so selbstsicher vertreten, dass kein Zweifel aufkam, der die Wirkung unterminiert hätte. Schamanismus im Alltag.

Schaut man in eine Kultur etwas tiefer hinein, findet man in jeder ein umfangreiches schamanisches Wissen. Vieles ist in Volkssprüchen festgehalten, und praktiziert wird es meistens vollkommen unsystematisch. Es ist deshalb erforderlich, Standards zu entwickeln, die eine systematische und legale Grundlage für geistig Heilende bietet.

Wenn wir den hohen Wirkungsgrad geistiger Intervention medizinisch nutzen, wird dies zu enormen Kostensenkungen im Gesundheitswesen führen und zugleich die Risiken von unerwünschten Nebenwirkungen chemischer Therapieformen drastisch verringern. Heiler sollte man auf den gelben Seiten der Telefonbücher genauso finden wie Ärzte. Was würde passieren, wenn jeder sich Heiler nennen dürfte, so wie jeder Therapeut das tun darf, ohne dafür eine offizielle Ausbildung oder Anerkennung vorweisen zu müssen? Wie würde das zu unserer kapitalistischen Gesellschaft passen?

Als Motor für das gesellschaftliche Geschehen hat man sich aus dem Spektrum menschlicher Eigenschaften vor ca. 300 Jahren für den Egoismus oder, genauer gesagt, für die Profitgier entschieden. Eine andere Möglichkeit, das gesellschaftliche Geschehen zu gestalten, wären der Altruismus oder das Solidarprinzip gewesen, nach der jede Familie funktioniert.

Doch die Mächtigen wählten den anderen Weg, weil er ihnen effektiver für den Aufbau der Industriegesellschaft erschien. Seither regiert die Gier und die Erde wird urbanisiert. Zugleich aber produziert der entfesselte Egoismus ständig Konflikte, die für das gesellschaftliche Geschehen schnell kontraproduktiv wirken. Krise und Krieg sind nicht zu vermeiden. Nach jeder Katastrophe schwören die Nutznießer dieses Systems, die Gier könne sich durch Angebot und Nachfrage selbst im Zaume halten. Weit gefehlt. Dieses Credo wird auf dem freien Markt nur insoweit angewendet, wie es die Vorteile der Gierigsten verteidigt. Das Wirtschaftsleben ist gespickt von Regelungen, die mehr oder weniger demselben Zweck dienen, nämlich den Profitkuchen unter möglichst wenig Essern zu verteilen. Damit diese Regelungen zugunsten der Gierigsten durchgesetzt werden können, missbraucht man den Staat mit seiner Justiz und Polizei.

Innerhalb dieses gesellschaftlichen Systems befindet sich auch das Gesundheitswesen. Hier herrschen besonders viele Regularien, weil Profitgier und Gesundheit eigentlich nicht zusammenpassen. Genauso wenig, wie Profitgier und Natur zusammenpassen und es deshalb auch in der Landwirtschaft so vieler Regularien bedarf. Der Kompromiss, den man im Gesundheitswesen zu praktizieren scheint, heißt, den Kunden in einem zahlungsfähigen Krankenstand zu halten. Damit ist das Notwendige für die Gesundheit geleistet und der Gier das Mögliche gegeben. Die Gefahr für den Profit besteht allerdings darin, dass der Kunde so krank wird, dass er als Zahler ausfällt, weil er stirbt.

Im Interesse eines florierenden Gesundheitswesens hat man zwischen Patient und Arzt die Krankenkasse geschaltet, die den Patienten entmündigt, und der Arzt bestimmt, mit welchen Maßnahmen er wie viel verdient.

Nun aber ist auch dieses System ausgereizt, weil die Krankenkassenbeiträge die Lohnnebenkosten so hoch getrieben haben, dass der Wirtschaftsstandort Deutschland insgesamt für sehr viele Profiteure unattraktiv geworden ist. Also sucht man sich Arbeitskräfte im billigen Ausland. Das aber wirkt sich nachteilig auf das Wirtschaftsleben im Inland insgesamt aus. Eine der letzten Ideen, wie man dieses Dilemma entschärfen könnte, ist, die Pflegeversicherung den Profiteuren zu opfern. Das macht insofern Sinn, weil man aus alten Leuten den geringsten Profit ziehen kann. Es schadet dem Wirtschaftsleben und den Profiten im Gesundheitswesen am wenigsten, wenn die Menschen, nachdem sie ausgebrannt sind, sich nicht mehr pflegen können und deshalb früher sterben.

Aber auch diese Maßnahme wird die Gier nicht befriedigen. Nach den brutalen Zerstörungen durch die beiden Weltkriege konnte man das Wirtschaftsleben wegen der enormen Wachstumsraten mit der Gier erfolgreich ankurbeln. Inzwischen sind die Märkte gesättigt, die Gier aber nicht, sie ist eher noch unersättlicher geworden. Reiche werden immer reicher, Arme werden immer ärmer.

Eine ähnliche Entwicklung müssen wir auch im Gesundheitswesen verzeichnen. Man konnte bislang mit Gesundheit viel Geld verdienen, indem man imstande war, das Sterbealter für viele Menschen um Jahre zu erhöhen. Inzwischen ist diese Wachstumssparte ausgereizt, denn selbst wenn man das Durchschnittsalter auf 100 Jahre brächte, macht es keinen Sinn, da Menschen ab der Arbeitsunfähigkeit dem System der Gier nicht weiter ausreichend dienen können.

Ein Raubzug im Gesundheitswesen, wie wir ihn auf dem Energiesektor mit dem Irak erlebt haben, ist nur in Form eines Raubbaus an der Volksgesundheit möglich, wie sie die parteiübergreifende Gesundheitsreform beschlossen hat. Die Profitgier der anderen Branchen aber braucht leistungsfähige, halbwegs gesunde Arbeitnehmer. Wie kann man also die Misere im Gesundheitswesen überwinden, um allen zu dienen? Im Moment hat darauf niemand eine Antwort.

Innovation im Gesundwerden

Kapitalistisch, pragmatisch gesehen, muss Gesundheit durch stark rationalisierte Verfahren erzielt werden, wenn Kosten eingespart und damit Profite gesichert werden sollen. Dafür müssen neue, innovative Anbieter auf den Gesundheitsmarkt kommen, die alle Marktteilnehmer zu dieser Rationalisierung zwingen.

Mit Recht appellieren die Krankenkassen an die Eigenverantwortlichkeit des Patienten. Wer sich selbst heilen kann, ist der günstigste Patient. Wer zur Mobilisierung seiner Selbstheilungskräfte Hilfe bedarf, sollte den Stimulus dafür frei wählen können. Jeder bezahlt die Hilfe zur Selbsthilfe, an die er glaubt. Wer dafür die teure Gerätemedizin braucht, sollte sie bekommen, müsste sie aber auch selbst bezahlen. Wem die Vehikel der Homöopathie zur Stimulierung seiner Selbstheilungskräfte genügen, müsste ebenfalls dafür bezahlen. Jeder entsprechend seinem Bewusstsein.

Der Staat, dem es um die Gesamtkosten im Gesundheitswesen geht, tut gut daran, möglichst früh, am besten schon bei den Kindern, das Bewusstsein für die Selbstheilungskräfte zu fördern. Wie uns Heiler lehren, sind die Selbstheilungskräfte auch ohne teure Vehikel zu mobilisieren. Die geistige Intervention ist sehr viel kostengünstiger als jede materielle, physiologische Intervention, weil sich erfahrungsgemäß der Erfolg, wenn, dann sehr schnell einstellt. Ärzte werden deshalb die geistige Intervention ebenfalls in ihr Programm nehmen. In jedem Fall sollten verantwortliche Politiker und Krankenkassenvertreter daran interessiert sein, das Bewusstsein über die Mobilisierung der Selbstheilungskräfte der gesamten Bevölkerung nahe zu bringen.
Von denen, die dabei helfen sollen, kann man allerdings keinen anderen Antriebsmotor erwarten als von allen anderen in unserer Gesellschaft auch. Wie sollte ein Heiler seine Hilfe zur Selbsthilfe kostenlos leisten, wenn sein Vermieter, sein Supermarkt, sein Autohändler, sein Ölhändler etc. allesamt nach Profiten gieren, er aber altruistisch zu handeln hat? Das macht selbst die Kirche nicht. Heiler, wenn sie dem Gesundheitssystem nützen sollen, muss man ebenso auf dem Boden der Profitgier arbeiten lassen wie alle um sie herum auch, sonst können sie nicht existieren.

In England hat man das bereits seit langem erkannt und lässt eine Klinik für Geistiges Heilen genauso zu einem Rentabilitätsprojekt (Profitcenter) werden wie jedes andere Unternehmen auch. Auch bei den Heilern sollten wir kapitalistisch korrekt vorgehen und sagen: Die Gier regelt der Markt. Der schlechte Heiler wird weniger verdienen als der bessere.

Man muss damit rechnen, dass die bisherigen Marktteilnehmer am Kuchen »Krankheit« heftig aufschreien werden, wie in jeder Branche, wenn innovative, neue Anbieter mitessen wollen. Hier ist der Staat gefordert, das übergeordnete Interesse der Profitsucht zu verteidigen. Jede Regierung wird daran gemessen, wie attraktiv sie den Wirtschaftsstandort ihrer Wähler für die Profitgier gestaltet.

Weil gerade die Krankheitsbranche den Wirtschaftsstandort Deutschland ernsthaft gefährdet, könnte die Regierung auch zu ernsthaften Maßnahmen greifen und den neuen innovativen Anbieter auf den Markt lassen. Im kapitalistischen Konkurrenzsystem muss man dem bisherigen Anbieter einen neuen Marktteilnehmer vor die Nase setzen, damit innovative Bewegung in den Markt kommt. Das Marktsegment »Krankheit« würde sich mit der geistigen Medizin schnell umstrukturieren und das Preis-Leistungs-Verhältnis wieder ins Lot bringen.

Geistige Medizin kann für die Gesellschaft weit reichende Impulse bringen.

Die bisherigen Marktbeherrscher wurden in ihrer bisher leicht zu befriedigenden Gier blind gegenüber dem innovativen Fortschritt. Dieses Problem gibt es immer und in jeder Branche, solange Gier der Motor für gesellschaftliches Geschehen ist. Reagiert wird erst, wenn das Futter ausbleibt. Die Krankenkassenbeiträge haben die Schmerzgrenze überschritten. Das Preis-Leistungs-Verhältnis ist außerhalb von jeder vertretbaren Relation geraten. Nur noch wenige Marktteilnehmer fahren mit dem Geschäft »Krankheit« wirklich hohe Profite ein. Die Ärzte leiden unter den Arbeitsbedingungen und ihrer Bezahlung. Sie haben jahrzehntelang gut an ihren Kunden gesaugt, aber inzwischen sind die Kosten dafür zu sehr gestiegen.

Wer immer noch Profite macht, sind die Pharmaindustrie und zum Teil auch die privaten Versicherungen. Alle anderen können ihre Gier am Kranken nicht mehr ausreichend befriedigen und die Kranken selbst werden wegen steigender Kosten und schlechter Versorgung langsam renitent. Das Vertrauen in das Gesundheitssystem ist im Keller. Der Staat muss sich dringend etwas einfallen lassen, um den Krankheitsmarkt seinem Zweck gerecht werden zu lassen. Ohne eine einschneidende Umstrukturierung geht es nicht. Der Staat hat die Pflicht, einzugreifen, wenn durch Einzelinteressen die Gesamtwirtschaft ins Schlingern gerät oder sogar droht, aufzulaufen. Er hat für einen Interessensausgleich zu sorgen.

Wenn die Patienten anfangen, sich selbst geistig zu heilen, dann würde das natürlich die Pharmaindustrie bremsen und die Arztkosten insgesamt reduzieren, die Krankenhauskosten mindern und dadurch zur Senkung der Krankenkassenbeiträge spürbar beitragen.

Die Einbußen, die die Pharmaindustrie und die Ärzte dann befürchten, werden nicht so groß ausfallen, dass bei den Betroffenen unmittelbare Not ausbricht. Die Erleichterung für die Gesamtwirtschaft durch sinkende Lohnnebenkosten wird vielmehr die partiellen Einbußen um ein Vielfaches wettmachen. Die Arbeitsfähigkeit der gesünder gewordenen Arbeitnehmerschaft wird in allen Branchen den Unternehmern durch weniger Ausfallzeiten höhere Profite sichern. Der Arbeitnehmer fühlt sich besser, wenn er mehr leisten kann, weil er weniger krank ist. Und es freuen sich die Arbeitgeber und -nehmer gleichermaßen, wenn netto mehr übrig bleibt.

Der aufsehenerregende Zulauf bei allem, was mit Geistigem Heilen zu tun hat, sowohl bei Veranstaltungen als auch in den Medien (und dabei besonders stark im Printbereich), zeigt, dass es in der Bevölkerung ein großes Interesse daran gibt, die eigene Fähigkeit zur Selbstheilung zu entwickeln. Meine Erfahrung mit Kinoveranstaltungen und Seminaren bestätigt mir, dass die Kompetenz zur Eigenverantwortung weitaus höher ist, als die bisherige Erziehung vermuten ließe. Bei vielen herrscht zwar noch staunende Unsicherheit vor, welchen Grad an Eigenverantwortung sie sich für ihre Gesundheit zutrauen dürfen. Doch indem sie sich austauschen und in ihren positiven, wenn auch noch fragmentarischen Erfahrungen bestätigen, wächst das Zutrauen in die eigenen Selbstheilungskräfte schlagartig, wie bei einem Aha-Effekt.

Hierzulande gibt es bereits ein ungeahnt großes Reservoir an Menschen, die geistig heilen. Die meisten machen es in erster Linie mit sich selbst und helfen anderen nur im gut bekannten Freundeskreis. Diejenigen, die es wagen, über ihren Freundeskreis hinaus Menschen zu helfen, sich selbst zu heilen, leben in einer juristischen Grauzone, die für unsere Gesellschaft ein Schandfleck ist. Man schätzt diesen Kreis auf mindestens 10.000 Menschen. Sie sind heute diejenigen, die anderen das Vertrauen in ihre (christlich gesehen) göttliche Fähigkeit zu Selbstheilung geben. Der Staat müsste sich seiner Verantwortung wegen schützend vor diese Helfer stellen, sie fördern und fordern. Sie haben das von Zweifeln befreite Bewusstsein des Menschen als geistiges Wesen und können daher nicht nur Kranken helfen, sich selbst zu heilen, sondern sie können auch die Fähigkeit des Geistigen Heilens über Ausbildung an angehende und praktizierende Ärzte, Heilpraktiker, Psychotherapeuten und an viele andere in Heilberufen weitergeben. Momentan halten sie sich noch in sehr großer Zahl versteckt, weil sie von den Mitbewerbern am Markt als Konkurrenten ausgegrenzt und verfolgt werden. Wenn der Staat jedoch ihre positiven Kräfte nutzen und die Umstrukturierung des Marktes vorantreiben will, dann lassen sich Heiler in jeder Gemeinde aktivieren.

Kirche und Heiler

Neben Krankenkassen, Pharmaindustrie, Ärzten, Heilpraktikern und etlichen anderen Heilberuflern spielen auch die Kirchen eine gewichtige Rolle auf dem riesigen Gesundheitsmarkt. Sie haben die Macht, jederzeit in das Marktgeschehen einzugreifen, und natürlich auch dann, wenn es um die Einführung des Geistigen Heilens geht.

Die Kirche sagt: Letztlich finden wir nur durch Gott Heilung. So gesehen könnte die Kirche vor allen anderen das Geistige Heilen befürworten und ihren Anhängern helfen, sich selbst direkt mit Gottes Hilfe zu heilen. Dem ist aber leider nicht so. Die Kirche schickt ihre Kranken zum Arzt. Kaum ein Priester oder Pfarrer praktiziert in seiner Gemeinde das Gesundbeten. Meistens vertraut er selbst mehr auf den Doktor als auf Gott.

Ist die Kirche schon so materialistisch geworden, dass sie zu ihrer eigenen Spiritualität kein Vertrauen mehr hat? Offensichtlich halten Christen die materiellen (also organischen und anorganischen chemischen, physiologischen und strahlentherapeutischen) Maßnahmen für wirksamer, als die geistige Intervention. Doch eigentlich müssten Christen sich primär als beseelte, geistige Wesen verstehen, in denen ein alles umfassender Geist oder Gott regiert. Dies mit Geistigem (göttlichem) Heilen auf die Probe zu stellen, birgt aber das Risiko von Kirchenaustritten, wenn es nicht funktioniert. Passiert das beim Arzt, betrifft das nicht die Kirche, denn der Arzt bezieht sich normalerweise nicht mehr auf Gott, sondern auf die Wissenschaft. Insofern vertraut die Kirche ihre Kranken lieber dem Arzt als ihrem Gott an, das schützt den Mitgliederbestand.

Wenn mit anderen als dem christlichen Glaubenskonzept die Selbstheilungskräfte erfolgreich aktiviert werden, drohen ebenfalls Kirchenaustritte. Deshalb stellt Geistiges Heilen für die Kirchen letztlich eine Art Konkurrenz dar, die erst gar nicht aufkommen soll. Erfolgreiches Geistiges Heilen untergräbt die Glaubwürdigkeit der Kirchen. Schließlich hält die Kirche noch immer ihren allein selig machenden Anspruch aufrecht. Insofern fühlt sie sich von Heilern bedroht, aber nicht von Ärzten.

Mit ihrem Hegemonialstreben steht die Kirche nicht allein. Auch die Wissenschaft erhebt einen Alleinvertretungsanspruch auf Wahrheit. Seit der Aufklärung beherrschen beide Glaubenssysteme nebeneinander das Denken der Menschen. Die Tatsache, dass es unendlich viele Glaubenssysteme gibt, wollen sie aus reinen Machterhaltungsgründen nicht zulassen und tun so, als besäßen sie jeweils die allein gültige Wahrheit. Dass das Gehirn dafür sorgt, dass jeder Mensch seine eigene Wahrheit hat, das darf nicht wahr sein, obwohl diese Erkenntnis in beiden Glaubenssystemen vorkommt. Auf der unteren kirchlichen Ebene gibt es einige Geistliche, die sogar Heiler und Schamanen mit anderen Glaubenskonzepten einladen, um mit ihrer Gemeinde Geistiges Heilen zu praktizieren. Auf der Ebene der Kirchenvorstände aber wird oft nicht so tolerant gedacht. Ihnen geht es um Besitzsicherung, und das ist bei den beiden großen deutschen Kirchen ein heikler Punkt.

Deutschland ist das einzige Land der Welt, in dem die Amtskirchen bundesweit durch eine Staatsabgabe finanziert werden. In keinem Staat ist das Verhältnis zur Kirche enger als in Deutschland. Selbst während des NS-Staates, der sein Glaubenskonzept an die Stelle der Kirche setzen wollte, gelang die Trennung von Staat und Kirche nicht. Ganz im Gegenteil – Hitler erkannte schnell, dass er die Kirchen als Verbündete und zumindest als Stillhalter für seine großen Verbrechen, für Krieg und KZs brauchte. Einig wurden sich Hitler und der Papst mit dem 3. Konkordat von 1933. Danach besorgten die Nationalsozialisten, entgegen ihrem ursprünglichen Plan, weiterhin das Inkasso für die Kirchen. Das Kirchensteueraufkommen stieg von 1933 bis 1945 um das Vierfache. Nicht einmal in Mussolinis faschistischem Italien hat der Vatikan ein so gutes Verhältnis zum Staat bekommen wie in Deutschland während der NS-Zeit. An diesem Verhältnis hat sich auch im demokratischen Deutschland dann nichts geändert. Noch immer treibt der Staat per Gesetz das Geld für die Kirchen zwangsweise ein. Das Finanzierungsmonopol durch Steuereinnahmen erlaubt es den Amtskirchen auch, ihren geistigen Alleinvertretungsanspruch aufrechtzuerhalten.

Es wäre enorm viel gewonnen, wenn sich in Deutschland die Kirchen genauso finanzieren müssten, wie in allen anderen Ländern auch: über Spenden. Das würde den Wettbewerb auf dem Gesundheitsmarkt stark entzerren, weil sich dann unterschiedliche Glaubenskonzepte behaupten könnten. Für ein bestimmtes Glaubenssystem der Bevölkerung eine Staatsabgabe abzuverlangen, erinnert an den mittelalterlichen Gottesstaat. Ein säkularisierter, demokratischer Staat müsste so wirtschaftlich denken, dass er sich aus der Umarmung der Kirchen löst, um den Ausschließlichkeitsanspruch sowohl geistig als auch steuerlich zu überwinden.

Die Kirchen hätten sehr viel engagiertere und vor allem gläubigere Mitglieder, wenn sie ausschließlich von freiwilligen Spenden leben müssten. Entfällt die Zwangssteuer für den christlichen Glauben, dann wird ein riesiges spirituelles Potenzial befreit, weil jeder das glauben darf, was bei ihm wirkt. Kindergärten, Schulen und Krankenhäuser, die jetzt von den Kirchen gemanagt werden, sollten von toleranten, weltoffenen, nicht konfessionell gebundenen Räten verwaltet werden, die nicht aus Kirchsteuern bezahlt werden.

So wären diese Einrichtungen befreit von Dogmatismus und viele Wege zu Glück und Gesundheit könnten begangen werden. Wer maßt sich an, andere geistige Wege zu verhindern, nur weil es nicht der eigene ist? Diese Zeiten sollten vorbei sein. Intolerantes Denken bremst eine in jeder Hinsicht gesunde Weiterentwicklung und die Reform des Gesundheitssystems.

Wer heilt, hat Recht

Es ist mir unerträglich, wenn man Heilern, Ärzten, Heilpraktikern, Schamanen und allen, die sich ganz individuell um Geistiges Heilen bemühen, den Vorbehalt des Betrugs machen möchte. Ich habe über Jahre hinweg viele dieser Menschen kennen gelernt und kann sagen, dass sie kein bisschen schlechter, unredlicher oder ethisch zweifelhafter als die Gruppe ihrer Widersacher sind; ganz im Gegenteil – ich habe noch keinen geistig Heilenden getroffen, der einem materialistisch Heilenden seine Berechtigung abgesprochen hätte. Dabei muss man sich nur die Zahlen ansehen, die zeigen, wie viel Pfusch, grobe Fehler und bewusst eingegangenes Leid von den Widersachern des Geistigen Heilens produziert werden. 15.000 Tote gibt es jährlich auf Grund von schädlichen Nebenwirkungen zugelassener Medikamente und Heilungsverfahren! Wenn das keine Zahl ist, um die Staatsanwaltschaft auf den Plan zu rufen? Man fragt sich, was eigentlich die Widersacher des Geistigen Heilens verteidigen? Was berechtigt sie, Gesetze zu lancieren, um geistig Heilenden den Prozess machen zu können?

Selbst wenn jemand nicht versteht, was es mit dem Geistigen Heilen auf sich hat, so darf er dennoch nicht mit Unterstellungen arbeiten, die reiner Projektion entspringen, nur um sich selbst als den Seriöseren, Rechtschaffeneren und Wissenderen zu protegieren. Die Erfolge beim Geistigen Heilen sprechen schon immer für sich. Wer will behaupten, er wisse, wie man heilt? Jede Theorie über das unendlich komplexe Wesen Mensch hat aus ihrer subjektiven Sicht ihre Logik und damit auch ihre Berechtigung, aber das berechtigt nicht, seine Theorie zu der allein gültigen zu erklären.

Wenn es erlaubt ist, eine Medizin zu betreiben, die nicht nur heilt, sondern auch neues Leid produziert, nur weil sie es nicht besser kann, dann müssen wir umgehend Menschen praktizieren lassen, die Leiden lindern, ohne dass sie neues Leid schaffen. Man sollte nicht vom mündigen Bürger sprechen und ihm gleichzeitig verbieten, zum Geistheiler zu gehen. Ist die Gefahr der Konkurrenz so groß? Für die Widersacher des Geistigen Heilens gibt es kein Argument, geistige Intervention gegenüber physiologischen, chemischen und Strahlen-Interventionen in irgendeiner Weise zu diskreditieren. Es sei denn, sie werden von der Angst getrieben, Patienten könnten erkennen, dass Selbstheilung möglich ist, und daher immer öfter auf teure, krank machende und gefährliche Behandlungen verzichten wollen.

Die Verunglimpfung von geistig Heilenden als Scharlatane und als Kompetenzanmaßung bedeutet nichts anderes, als dass die Gegner niemanden anderen in das Geschäft mit der Krankheit hereinlassen wollen. Der Staat, Gerichte und Krankenkassen sollten jedoch das Wohl der gesamten Gesellschaft im Auge haben und keinerlei Partikularinteressen unterstützen. Krankenkassen und Staat muss es um die Volksgesundheit gehen. Zur Erfüllung ihres Auftrags sollten die Gesetze so gestaltet sein, dass mit Methoden geholfen wird, die dem ganzen Menschen, also seinem Geist, seiner Seele und seinem Körper entsprechen.

Jedem sollte erlaubt sein, sich die Hilfe zu holen, von der er überzeugt ist, dass sie ihm gut tut. Geistiges Heilen ist eine friedliche, harmlose und absolut ungefährliche Methode. Ich hoffe, dass diejenigen, denen es um die Volksgesundheit geht, ihren Auftrag sehr ernst nehmen und die geistig Heilenden so schnell wie möglich ins Boot holen, um das Gesundheitswesen von seinem ruinösen Kurs wegzulotsen.

Angst vor Krankheit und Tod verlieren

Am Ende meines Films sagt die Heilerin: »Als Uwe vollkommen in Trance war, sah es aus, als wäre er gestorben. In gewissem Sinn ist das auch richtig, denn die Angst vor dem Tod, die ein ständiger Kampf mit Krankheiten ist, diese Angst muss sterben.« – Eine wahrhaftige Aussage, denn wenn es um Heilung geht, geht es letztlich darum, die Angst vor Krankheit und Tod zu verlieren.

Solange man die Frage nicht stellt, wozu Schmerzen, Krankheiten und Verletzungen gut sind, findet man keine neue Perspektive, damit umzugehen. Viele, denen die Schulmedizin nicht mehr helfen kann, stellen sich diese Frage schicksalhaft, sie können ihr nicht länger entrinnen.

Auch mir geht es so mit meinen Schmerzen. Medizinisch gesehen sind sie ein klarer Fall, nur ändern kann die Medizin daran nichts, denn bei einem zerschmetterten Wirbel sind Schmerzen noch die angenehmsten Folgen. Meine Hoffnung auf Schmerzfreiheit kann ich also beiseite legen, doch ich muss mich fragen, wozu sind sie gut?

Beim Schreiben dieses Buches begannen die Schmerzen zu toben. Einen gravierenden physischen Grund konnte ich dafür nicht finden. Mit dem Schreiben über meine Verletzung erinnerten sich meine Zellen und kehrten in denselben Schmerzzustand zurück, der nach dem Fenstersturz herrschte. Über 20 Jahre hatte ich nicht daran gerührt und noch nie wirklich darüber nachgedacht, weshalb ich wieder laufen kann. Mit diesem Buch lege ich darüber zum ersten Mal vor mir Rechenschaft ab und das schmerzt. Ich ahnte, dass sich meine Nerven erst wieder beruhigen würden, wenn dieses Buch fertig gestellt ist.

Heute, wo ich auf den letzten Seiten angelangt bin, kann ich schmerzfrei über Schmerzen schreiben, das ist mein persönlicher Gewinn aus dieser Arbeit. Vielleicht geht es ja einigen Lesern ähnlich und sie können während der Lektüre ihre Beschwernisse ein wenig lindern oder gar auflösen? Es wäre eine Freude! Der Film *Unterwegs in die nächste Dimension* hatte bei einigen Zuschauern bereits diesen Effekt. Ich finde es aufregend, die Wirkung des Geistigen Heilens zu beobachten und zu sehen, welch tief greifende Änderungen es auf den verschiedensten menschlichen Ebenen nach sich ziehen kann. Die erweiterte Bewusstseinserfahrung und das gestärkte Vertrauen in die eigene Kraft können unter anderem auch dazu befähigen, die Angst vor dem Tod vollständig zu überwinden.

Als meine Mutter 90 wurde und Schmerzen hatte, gab man ihr Morphium. Wegen ihres hohen Alters stimmte ich mit meinen Geschwistern dieser Maßnahme zu. Wir akzeptierten, wenn man so will, eine gewollte Verdrängung. Sie ist trotz dieser Verdrängung ein Jahr später friedlich gestorben, sicherlich nicht absolut konfliktfrei, aber nicht an einer Krankheit, das heißt ohne seelische Knoten.

Schon zehn Jahre vor ihrem Tod diagnostizierte man unter ihrem Herzen ein Aneuyrisma. Immer wenn sie starken Konflikten ausgesetzt war oder selbst solche hatte, wurde das Aneuyrisma faustdick und man konnte es fühlen und als Hautwölbung sehen. Die Ärzte meinten, es könne jeden Moment platzen, man solle es herausschneiden und die Aorta mit einem Plastikschlauch flicken. Meine Mutter lehnte eine solche OP ab, denn an irgendetwas müsse man ja sterben, sagte sie, und ein platzendes Aneuyrisma sei nicht der schlechteste Tod; also blieb es drin und wurde ein Gradmesser für ihr seelisches Befinden. Die Ärzte mochten das zwar nicht, aber wir stimmten unserer Mutter zu. Zum Glück hielten sich die Zeiten, in denen das Aneuyrisma anschwoll, in Grenzen, und sie schaffte es friedlich, ohne Schmerzen, ohne Verkrampfungen oder Zuckungen, ganz entspannt zu sterben.

Es war der Tag nach ihrem 91. Geburtstag, an dem sie noch einmal viel Besuch hatte, genau Pfingstsonntag, so, wie sie es sich sieben Jahre vorher schriftlich gewünscht hatte.

Sterben will gekonnt sein

An jenem Pfingstsonntag kommen zwei ihrer fünf Kinder plus einer Schwiegertochter und zwei ihrer zehn Enkel mehr oder weniger zufällig zu ihr um 9.25 Uhr ins Zimmer. Die Glocken der katholischen Kirche schräg gegenüber rufen genau jetzt zum Empfang des Heiligen Geistes. Sie legt die Hände zusammen, atmet zum letzten Mal vollkommen friedlich aus und ihr Herz steht still.

Für die Kinder und insbesondere für die Enkel ist es ein bleibendes und auch gutes Erlebnis, zu sehen, wie friedlich ihre über alles geliebte Mutter und Großmutter ihr Leben beendet. Es schmerzt sie natürlich noch lange und immer wieder, sie verloren zu haben, aber sie erhalten ein friedliches Bild des Todes. Mutters Gesichtszüge entspannen sich vollkommen und ihre Haut wird immer glatter. Stunden danach sieht sie so schön aus wie im besten Alter. Sie bleibt vollkommen kontinent. Meine Geschwister wickeln sie in ein Tuch, das sie vor 40 Jahren in Griechenland für diesen Zweck erstanden hat, und legen sie in den Sarg, den ihr ein Freund und begabter Kunstschreiner auf ihre Bitte hin vor zehn Jahren gezimmert hatte. Der Tod war ihr immer etwas gewesen, worauf sie sich freute.

Als ich bei ihrem Leichnam sitze, habe ich ein sehr inniges Gefühl zu ihr, fast näher als vorher, als ihr Herz noch schlug. Ihr Geist ist nun so voluminös, so umfassend, so herzerfrischend frei um mich herum, dass ich mich vollständig mit ihr verbunden fühle. Als wir mit ihren Nächsten an ihrem Grab stehen, soll jedes ihrer vier noch lebenden Kinder etwas sagen. Ich finde in ihrem Schreibtisch am Tag vorher zwei handgeschriebene Zettel von vor zwölf Jahren mit folgendem Text für diesen Anlass:

»Vielleicht sagt Clemens Folgendes: Unsere Mutter möchte Euch, ihren Kindern, Schwieger- und Enkelkindern, ein paar Worte sagen am Rande ihres Grabes.

Sie hat aufgeschrieben:

Ich habe 47 Jahre gebraucht, bis ich anfing zu begreifen, was das ist: Heiliger Geist. Ich hatte unendlich Glück schon 1957, also mit 47 Jahren, einen Lehrer, Pak Subuh, zu haben, der eine Meditationspraxis lehrte, die gemünzt war auf die desolate Verfassung des westlichen Menschen – auch die meine.*

Inständig wünschte ich, dass meine Kinder auch an ein Erleben herankämen, das Trauer und Verzweiflung über den Zustand der Welt entgegenwirken kann. Dieser Wunsch erfüllte sich mir erst im Alter. Ja allgemein wird mehr und mehr begriffen, was das für eine innere Realität ist, ›Heiliger Geist‹. Das geschieht jetzt unter der Erfüllung der Bitte im 90. Psalm: ›Herr, lehre uns bedenken, dass wir sterben müssen, auf dass wir klug werden.‹ Dieses Klugsein und das Glücklichsein liegen ganz nah zusammen: Man schaut nicht mehr in die finstre Nacht, sondern ist sich der Sonne bewusst und endlich findet man sie im Inneren.

Mehr als 60 Jahre lang begleiteten mich die Zeilen in Hölderlins Gedicht Das Landleben: *›Drum bewundert er Dich, Gott in der Morgenflur, in der steigenden Pracht Deiner Verkünderin, Deiner herrlichen Sonne.‹ Jemand nannte es bei mir wirklichkeitsferne Euphorie. Das Adjektiv ist falsch und Euphorie, wo, wenn*

---

* *Pak Subuh ist ein indonesischer Mystiklehrer.*

nicht da, ist sie am Platz? Und mit diesem Licht, das sich im Inneren festsetzt, gewinnt man das Gefühl eines Durchblicks und man ist fähig, die Ansatzstellen für ein neues, menschenwürdiges Weltverstehen zu erkennen. Das war so lange Zeit einfach falsch.

Vers 15 des 90. Ps. Da heißt es: ›Erfreue uns nun wieder, nachdem Du uns so lange plagtest, nachdem wir so lange Unglück leiden, so wollen wir rühmen und fröhlich sein unser Leben lang.‹

Das ist's, was ich Euch allen wünsche, und ich werde mir von oben aus die Lebensenergie der Liebe zu Euch richten, das geht gewiss besser von oben, als hier unten, wo so leicht Sand im Getriebe ist.

Ich träume davon, euch Liebesenergie schicken zu können aus reinem Egoismus, denn nichts macht einen selbst glücklicher, als diese köstliche Energie geliebten Menschen, Euch, zuzusenden, nicht wahr?«

Ich will es sogleich ausprobieren. Ich habe in den Wochen vor ihrem Tod ein dickes Problem mit einem Protagonisten meines letzten Films bekommen. Dieser Protagonist ist in meinem Film sehr prominent vertreten. Er hat jetzt kurz vor der Premiere über seinen Anwalt verlangt, dass er in meinem Film nicht vorkommen will. Da ich mit ihm keinen schriftlichen Vertrag habe, muss ich mit einer einstweiligen Verfügung rechnen und nicht nur den Kinostart platzen lassen, sondern den gesamten Film komplett umschneiden. Ein Desaster, sowohl inhaltlich als auch finanziell. Meine Schlichtungsbemühungen sind darin geendet, dass ich nur noch mit seinem Anwalt und nicht mehr mit ihm direkt sprechen darf. Eingedenk der Worte, die meine Mutter hinterlassen hat, fasse ich den heiklen Entschluss, sie im Geiste um Hilfe zu bitten. Ich spreche sehr langsam und jedes Wort mit Gewicht:

»Liebe Mutti, da du nun von deinem Körper befreit bist, kannst du mir bitte helfen? Ich schildere dir jetzt den Fall, um den es geht. Bitte gehe in die Stadt XY – Bist du dort? Okay!

Geh bitte in die Straße Soundso – siehst du sie? Ja?! Und nun in die Hausnummer 23. Genau! Der Seiteneingang. Dort gehe bitte in den dritten Stock, die erste Tür rechts. Bist du da? … Wenn du jetzt hineingehst, wirst du den XY antreffen. Außer ihm wird niemand in der Wohnung sein. Geh bitte in sein Bewusstsein und mache ihm klar, dass er durch seine Veröffentlichung in meinem Film keinerlei Nachteile erfahren wird, im Gegenteil – sein Erscheinen darin wird für viele Zuschauer ein Segen sein. Keiner wird schlecht über ihn denken, sie werden es ihm vielmehr danken. Mutti, du verstehst, worum es geht, und mein Motiv auch? Ja? Ja!!!«

So habe ich das Gefühl, sie hat mich verstanden. Am nächsten Vormittag reizt es mich, bei dem Protagonisten anzurufen. Schon nach der dritten Ziffer auf meinem mobilen Telefon zögere ich. Warum soll ich mir eine blutige Nase holen? »Lass es«, sage ich mir.

Die Idee, meine Mutter einzuspannen, war ja vom Prinzip her nicht schlecht, vor allem verstehe ich jetzt den Ahnenkult, wie ich ihn bei den Todas in Indien und den Sufis im Sudan erlebt habe. Es ist ganz etwas anderes, wenn man »da oben« jemand kennt. Ich könnte natürlich auch Jesus um einen solchen Gefallen bitten, aber Jesus kenne ich nicht persönlich. Ich weiß nicht genau, wie er reagiert, wie ich mit ihm sprechen soll, ob er Zeit hat und ob er sich für mein Problem im Moment wirklich interessiert. Bei meiner Mutter sind all diese Fragen geklärt und ich weiß, sie hat Zeit, und ich weiß auch genau, wie ich mit ihr sprechen muss, damit sie mich versteht.

Es ist übrigens ein sehr weit verbreitetes Phänomen, das andere auch so empfinden wie ich, dass unsere gutwilligen, hilfsbereiten Ahnen da oben vollkommen unterbeschäftigt sind, weil wir nicht an ihre Hilfe glauben und deshalb erst gar nicht probieren, sie in Anspruch zu nehmen. Wir rackern uns hier auf der Erde ab, dabei sind unsere Lieben im Jenseits zu jeder Tag-

und Nachtzeit bereit, für uns einzuspringen. Sie wünschen sich das sogar von ganzem Herzen. Sie wollen etwas zu tun haben, sie können sogar heilen, sie können Lösungen finden, sie können sehr viel mehr als zu ihren Lebzeiten und weit mehr, als man ihnen zutraut.

Der Einwand lautet meistens: »So eine Verbindung ist schön und gut, ich glaube aber nur daran, wenn sie funktioniert.« Wie soll sie funktionieren, wenn man nicht daran glaubt? Es ist das alte Problem: Henne oder Ei? Womit beginnt es? Ich jedenfalls lasse die Bitte an meine Mutter erst mal auf sich beruhen. Am späten Nachmittag werde ich wieder unruhig und greife noch einmal zum Telefon. Ich tippe die ganze Nummer meines Protagonisten, aber noch vor dem ersten Klingelzeichen lege ich blitzschnell wieder auf. Ich will keine Enttäuschung riskieren, dafür steht zu viel auf dem Spiel. Ich rufe nicht an, solange ich ein so schlechtes Gefühl dabei habe.

Als wir am Abend mit der Begräbnisnachsorge so weit fertig sind, dass ich nach Hause fahren kann, ist es 23 Uhr. Ich fahre trotzdem. Es sind noch 1½ Stunden nach Hause. Als ich über die leere Autobahn mit 200 Sachen dahinjage, denke ich plötzlich: Ruf an!! Es ist kurz vor Mitternacht, trotzdem wähle ich die Nummer mit der Wahlwiederholtaste und aus der Freisprechanlage ertönt die Stimme meines Protagonisten, noch bevor ich es habe läuten gehört: »Hallo?«

»Guten Abend, hier ist Clemens.«

»Hallooo!«

»Ich wollte mit dir noch mal reden ...«

Er unterbricht mich: »Warte mal, bevor du anfängst, ich muss dir was sagen. Ich habe mir das Ganze mit deinem Film noch mal gründlich überlegt und bin zu dem Schluss gekommen, ich mach's.«

Fast fliege ich von der Fahrbahn. Ich trete in die Bremsen. Beende das Gespräch, fahre raus auf den nächsten Parkplatz, steige aus dem Auto und gehe auf die Knie: »DANKE!«

Nachuntersuchung

Vor ein, zwei Jahren suchte ich in München einen Orthopäden zu meiner Rückenkontrolle auf. Ich hatte wieder einmal heftige Schmerzen gehabt, aber heute, zum Untersuchungstermin, sind sie natürlich wieder weg. Die Sprechstundenhilfe bittet mich, im Behandlungszimmer 3 Platz zu nehmen. »Der Doktor kommt gleich. Machen Sie schon mal den Rücken frei.« Nach zehn Minuten springt die Seitentür des Behandlungszimmers auf und der Herr Doktor kommt hereingeweht. Meine frischen Röntgenaufnahmen der Wirbelpartie um den L2 hängen am erleuchteten Lichtkasten.

Er begrüßt mich kurz mit einem »Guten Tag« und wendet sich sofort den Röntgenbildern zu. »Das sind Sie?«

»Ja.«

Er schweigt, nimmt seine Brille hoch und schaut sich die Bilder sehr nah, sehr genau an. Ohne sich umzudrehen, fragt er: »Wo haben Sie Ihren Rollstuhl?«

Ich antworte: »Ich habe keinen Rollstuhl.«

»Wie sind Sie denn hereingekommen?«, fragt er weiter, ohne sich umzudrehen.

»Ich kann laufen.«

»Sie können nicht laufen«, sagt er und studiert weiter meine Bilder.

»Doch, ich kann laufen.«

Er dreht sich abrupt um und fragt: »Sind das Ihre Bilder?«

»Ich denke schon.«

»Dann können Sie nicht laufen!«

»Schauen Sie, ich kann aufstehen.«

Er wendet sich wieder den Bildern zu und überprüft die Daten.

»Sie heißen Clemens Kuby?«

»Ja. – Schauen Sie, ich kann aufstehen.«

»Bleiben Sie sitzen, Sie können nicht laufen. Mit einer solchen Fraktur ist man querschnittsgelähmt oder das sind nicht Ihre Bilder.« Bei den letzten Worte wird er laut.

Ich halte dagegen: »Normalerweise schon, aber ich laufe.«

Er beendet das Thema: »Was führt Sie zu mir?«

»Ich hatte die letzten Tage große Schmerzen und wollte von Ihnen wissen, wie sich die L2-Fraktur entwickelt hat.«

»Sie hatten keine Untersuchungen, seit Sie wieder laufen können?«

»Nein.«

Wir reden noch eine Weile hin und her. Schließlich gibt er mir zu verstehen, dass ich mich über nichts zu beklagen brauche, denn alles, was nicht Rollstuhl ist, ist ein absolutes Geschenk des Himmels. Kein Arzt kann das toppen.

Dank

Für meine Ge-danken möchte ich mich be-danken bei allen, die mich beeinflusst haben. Welche dies schon in meinen Vorleben getan haben, weiß ich nicht genau. In diesem Leben begann die Prägung mit meinen Eltern. Ihrer beider Einfluss auf dieses Buch ist klar zu erkennen. Vater und Mutter haben sich in mir aufs trefflichste vereinigt. Ich danke ihnen, dass sie mich in Liebe gewollt, gezeugt und bis ich 13 war gemeinsam aufgezogen haben und mir dann, als sie sich trennten, mir meinen eigenen Willen ließen, auf die Odenwald-Internatsschule zu gehen, wo ich glücklich war. Ihr Verständnis für mich war immer so groß, dass ich mich niemals von ihnen distanzieren wollte, im Gegenteil: Bis zum heutigen Tage fühle ich mich mit meinen Eltern vom Schicksal aufs höchste beschenkt.

Dank gebührt auch meinen älteren und jüngeren Geschwistern, die sich durch unsere gemeinsamen Eltern mit mir verbunden fühlen; insbesondere meinem Bruder Benedikt, der mich gerettet hat, indem er mich in die Querschnittsklinik Heidelberg-Schlierbach hat verlegen lassen.

Für meine Lebensfreude danke ich allen Frauen, mit denen ich mein Leben teilen durfte. Vom sechsten bis zum zehnten Lebensjahr waren Conni und ich ein unzertrennliches Liebespaar. Die Beziehungen ab meinem 16. Jahr prägten mich mehr als alles andere: Marion, Annette, Cornelia, Helma, Uta, Inge, Rosie, Beate und seit 2001 Astrid.

Inge gebar unser erstes Kind, Iwan, der drei Tage nach der Geburt starb; mit Rosie kamen ’83 und ’85 unsere Kinder Oliver und Cosima und mit Beate 1999 Eliza zur Welt.

Meinen geliebten Kindern widme ich dieses Buch, weil es Zeit von mir in Anspruch genommen hat, die ich gerne ihnen geschenkt hätte. In Gedanken haben sie mich bei jeder Zeile begleitet und ich hoffe, sie profitieren eines Tages davon. Ich danke ihren Müttern mit großem Respekt, die das Ihre dazu beigetragen haben, dass ich mächtig stolz auf meine Kinder bin. Sie sind immer in Liebe mit offenen Armen erwartet und finden mich in einem glücklichen Leben mit Astrid. Ohne Astrid wäre das Buch nicht entstanden. Mit ihr teile ich alle Gedanken darin und finde die Balance und Konzentration, die das Schreiben verlangt.

Natürlich danke ich auch meinen spirituellen Mentoren, zu denen alle gehören, die ich im Buch erwähne, an erster Stelle Seine Heiligkeit der Dalai Lama, aber auch noch andere, die in diesem Buch keinen Platz gefunden haben. Ohne ihre Offenheit und Zuwendung hätte ich nicht die geistige Zufriedenheit erlangt, mit der ich heute leben darf.

Die mich tief inspirierenden Begegnungen mit ihnen fanden fast ausschließlich deshalb statt, weil mich Menschen unterstützten, die mir aus ihrem persönlichen Engagement heraus Zeit und Geld dafür bereitstellten. Wenn ich jemanden vergessen haben sollte, möge er mir das bitte verzeihen. Es ist mir bewusst, dass ohne alle diese mutigen Menschen ich nicht weitergekommen wäre:

Filmförderungsanstalt Berlin; Bayerische Filmpreisjury; Bert Curti; Deutsche Filmpreisjury; Arturo Dy; Klaus Eck (Goldmann); Rüdiger und Rosi Findeisen; Bruno Fischli (Goethe-Institut); Barbara Frankenstein (SFB); Christian Friedel; Walter Gunz; Uwe Herprich (WDR); Gerhard Honal (WDR); Karl Bernhard Koepsell (WDR); Silvia Koller (BR); Lothar Kompatzki (SFB); Uli Maass, Christian Meinke; Filmstiftung NRW; Christoph Ott; Packy Packleppa; Efriede Parg (BR); Günter Poll; Bettina Reitz (BR); Karl Schüttler (SWR); Gabriela Sperl (BR); Hubert von Spreti (BR); Jürgen Tomm (SFB); Luggi Waldleitner; Wolf Wies und andere.

Bedanken möchte ich mich auch bei all denen, die gegen kleinere und größere Honorare sich für meine Arbeit einsetzten.

Ohne sie wären die Filme und somit auch meine Entwicklung in dieser Weise nicht zustande gekommen:

Valerio Albisetti; Shashi Anand; Galina Antoschewskaja; Rudolf J. Bartsch; Ulrich Bassenge; Ricarda Benndorf; Phuntsok Bist; Raoul Bose; Anja Buczkowski; Christian Bühner; Michael Busch; Anna Crotti; Agape Dorstewitz; Nani Dursum; Thomas Falke; Wangchuck Fargo; Peter Gardner; David Greedon; Fritz von Hadenberg; Holger Hagen; Hans Hager; Peter Haller; Manfred Hochholzer; Andrea Jonasson; Judith Kaufmann; Gisela Keiner; Ben Kingsley, Michael Knight; Sherab W. Lama; Ursula Lüders; Thomas Mauch; Gerardo Milsztein; Klaus Moderegger; Andreas Neumann; Ulli Olvedi; Dimutri Plushin; Ivan Push; Nikki Rabanus; Udo Radek; Anton Rädler; Patricia Reiter; Hartwig Rohrmann; Anja von Rüxleben; Horst Schier; Petra Schmid; Jörg Schmidt-Reitwein; Anja Schmidt-Zäringer; Helge Schröder; Robert Schuster; Werner Semper; Naveen Shetty; Büdi Siebert; Munni Singh-Witt; Palden Tawo; Liane Theuerkauf; Christian Trenker; Alok Upadhaya; Dirk Vanoucek; Alexis Ward; Gabriele Wengler; Thomas Wingen und viele, viele andere.

Last but not least bedanke ich mich bei dem Verlag dieses Buches in der Person seines Leiters Dr. Christoph Wild, insbesondere bei meiner idealen Lektorin Ulrike Reverey und den äußerst fleißigen und umsichtigen Mitarbeitern des Verlages.

Clemens Kuby

Kontakt zu Clemens Kuby

Filmwerke

Titel		**DVD/CD**	**Video**		**Min**
Der große Kinofilm zu diesem Erfolgsbuch:					
Unterwegs in die nächste Dimension		DVD	PAL		81
Shamanic Healing		DVD	PAL	NTSC	81
Die preisgekrönte Buddhismus-Trilogie:					
Teil I	***Das Alte Ladakh***	DVD	PAL		86
	Ladakh – in Harmony with the Spirit	DVD	PAL	NTSC	86
Teil II	***Tibet – Widerstand des Geistes***	DVD	PAL		96
	Tibet – Survival of the Spirit	DVD	PAL	NTSC	96
Teil III	***Living Buddha, die wahre Geschichte***	DVD	PAL		108
	Living Buddha, the true Story	DVD	PAL	NTSC	108
	Living Buddha Original Filmmusik	CD			44
Vertiefende Filme zur Buddhismustrilogie:					
Teil I	***Dalai Lama: Frieden des Geistes***		PAL		23
	Dalai Lama: Peace of Mind		PAL	NTSC	23
Teil II	***Die Not der Frauen Tibets***		PAL		23
Teil III	***Der Dreh zu Living Buddha***		PAL		60
	The Making of Living Buddha		PAL	NTSC	60
Gewinner des »One Future Preis« 1996:					
Todas – am Rande des Paradieses		DVD	PAL		92
The Toda – on the Edge of Paradise		DVD	PAL	NTSC	92
The Toda Original Filmmusik		CD			48

Für sämtliche Filme muss bei der Vertriebsfirma pro erworbener Kassette/DVD eine einmalige, kleine Vorführlizenz für die öffentliche, nicht-gewerbliche Wiedergabe, d.h. für alle nicht-privaten Vorführungen außerhalb des Kinos, bezahlt werden. Der Kauf eines Filmes berechtigt ausschließlich für private Vorführungen im kleinen Kreis und in privaten Räumen (*Home-Video-Recht*).

Alle Produkte und Infos direkt bei:

Medienvertrieb
mind films GmbH
Kreuzeckweg 16, D – 85748 Garching
Tel. 089 326 798 11, Fax 089 326 798 12
info@mindfilms.com, www.clemenskuby.de

Veranstaltungen

Kuby-Vision
Die bisherigen Erfahrungen von Clemens Kubys Auftritten bei Vorführungen seiner Filme zeigen, dass ein großes Bedürfnis danach besteht, nicht nur seine Kinofilme zu sehen, sondern auch von ihm selbst mehr über die Hintergründe und Entstehungsgeschichten der Filme zu erfahren. Bei diesen exklusiven Film-Abenden, der Kuby-Vision, werden jeweils zwei Filme von Clemens Kuby, ein weniger bekannter und ein thematisch verbundener Kinofilm, gezeigt. Die Kinobesucher haben so die Gelegenheit, in einem ansprechenden Ambiente mit Clemens Kuby persönlich eine intensive Aussprache über das jeweils angebotene Thema zu führen. Die aktuellen Termine können aus dem Internet unter www.clemenskuby.de entnommen werden.

Kuby-Vorträge
Clemens Kuby hat sich über seine langjährigen Reisen, Recherchen und Dreharbeiten, die intensiven Erfahrungen mit den Protagonisten seiner Filme und Bücher ein tiefes Verständnis für seine Themen erworben. Er fasziniert ein großes wie kleines Publikum gleichermaßen, ob auf einem Ärztekongress, dem Kirchentag oder den Basler PSI-Tagen – seine Vorträge sind das Highlight der Veranstaltungen. Die Termine für die Vorträge, auch zu seinen Kinofilmen und Büchern, finden Sie im Internet unter www.clemenskuby.de

Kuby-Seminare
Im Laufe der Jahre entwickelte sich, insbesondere durch seine eigene intuitive Heilung von einer 1981 erlittenen Querschnittslähmung, eine erlernbare Methode zur Selbstheilung, die er in seinen Selbsterfahrungsseminaren anwendet und trainiert. Sein tiefes Verständnis für die Stimulierung von Selbstheilungskräften und seine engagierte und sensible Vermittlung der Inhalte führt bei den Seminarteilnehmern zu tief greifenden Erfahrungen durch Bewusstseinserweiterung. Die Seminare finden im Rahmen der Europäischen Akademie für Selbstheilungsprozesse (SHP) statt und können im Internet gebucht werden unter: **www.shp-akademie.eu.com** oder unter **www.clemenskuby.de**.

Kuby-Stiftung
Aus tiefer Dankbarkeit für seine Heilung hat Clemens Kuby mit seiner Frau Astrid eine Stiftung, die **Europäische Akademie für Selbstheilungsprozesse (SHP®)**, ins Leben gerufen. Die SHP ist Anlaufstelle für diejenigen, die lernen wollen, sich aus eigener Kraft gesund zu erhalten oder gesund zu werden. Sie vereint Wissenschaft, Spiritualität und Ratsuchende. Ihre Veranstaltungen finden in kooperierenden Seminarzentren europaweit statt. Ab 2006 können Hilfesuchende von SHP-Experten und heilenden Fachkräften zur Aktivierung ihrer Selbstheilungskräfte auch direkt telefonisch beraten werden. Weitere Informationen sowie das Ausbildungs- und Veranstaltungsprogramm der SHP finden Sie im Internet.

SHP www.shp-akademie.eu.com
SHP-Hotline 01805 74 75 00 (12ct/Min).